高职高专机电类专业系列教材

工程材料基础

主　编　张文灼　赵振学

副主编　赵宇辉　孙宏强　丁　倩

参　编　杨宜宁　李　宾　吴国华　李海涛

　　　　马　军　李秀娜　赵　玉　白玉伟

　　　　刘战涛

主　审　续永刚

机械工业出版社

本书分 10 章，系统地介绍了工程材料及其性能、金属学基础知识、铁碳合金及碳素钢、钢的热处理、合金钢及硬质合金、铸铁、有色金属及其合金、非金属材料及新型材料、机械零件材料的选择、零件毛坯成形概论，书末还附有 4 个简明实验。

本书是作者在总结多年教学实践经验并结合国家高职高专教育教学改革、示范院校建设基础上编写的，体现了"必需、够用和少而精"的原则，删减理论、整合内容、突出基本应用。主要特色为：（1）专门针对高职高专学生特点，做到教师"好教"、学生"易学"，叙述精炼、深入浅出，在内容编排上极大降低了理论难度，理论浅显化、知识条理化，突出常见工程材料的基本性能及其典型应用；（2）每章以贴近社会生活或工程应用的浅显易懂、有趣而又典型的"引导案例"为切入点，提出疑问，引出相关内容，并在章末给出"案例释疑"，提高了"教师教"与"学生学"的积极性和趣味性；（3）每章都有学习重点及难点、本章小结，还备有简明典型的思考与练习题；（4）全书所有重点名词均为黑体，便于阅读、讲授。

本书可作为高职高专院校数控、机电、模具、机械制造与自动化以及其他近机械类相关专业的教材，也可作为应用型本科院校、中职院校、成教学院相关专业的教材，还可作为相关专业上岗人员的技术培训教材以及相关工程技术人员的参考用书。

为方便教学，本书备有电子课件、电子教案（word）、课后思考与练习的参考答案等，凡选用本书作为授课教材的学校，均可来电索取，咨询电话：010 - 88379375，E - mail：cmpgaozhi@sina. com。

图书在版编目（CIP）数据

工程材料基础/张文灼，赵振学主编. —北京：机械工业出版社，2010.1
（2023.8 重印）
高职高专机电类专业系列教材
ISBN 978 -7 -111 -29512 -9

Ⅰ. 工… Ⅱ.①张…②赵… Ⅲ. 工程材料 – 高等学校：技术学校 – 教材 Ⅳ. TB3

中国版本图书馆 CIP 数据核字（2010）第 003087 号

机械工业出版社（北京市百万庄大街 22 号　邮政编码 100037）
策划编辑：王宗锋　责任编辑：王宗锋　版式设计：霍永明
封面设计：陈　沛　责任校对：李　婷　责任印制：邓　博
北京盛通商印快线网络科技有限公司印刷
2023 年 8 月第 1 版第 10 次印刷
184mm×260mm·12.5 印张·304 千字
标准书号：ISBN 978 -7 -111 -29512 -9
定价：39.80 元

电话服务　　　　　　网络服务
客服电话：010-88361066　机　工　官　网：www.cmpbook.com
　　　　　010-88379833　机　工　官　博：weibo.com/cmp1952
　　　　　010-68326294　金　书　网：www.golden-book.com
封底无防伪标均为盗版　机工教育服务网：www.cmpedu.com

前　言

目前，很多机械工程材料相关教材，多以理论为主，内容繁杂、抽象，学生普遍感到难学，教师感到难教。就现今的高职人才培养定位来看，在制造业一线应用中极少直接用到诸如"工程材料的成分"、"组织结构"、"合金相图"等一些过深的纯理论性的内容，而当前的很多教材恰恰对这些"纯理论内容"大篇幅地加以叙述，给讲授、学习均带来不便，"浪费"了课时。

本书是作者在总结多年教学实践经验并结合国家高职高专教育教学改革、示范院校建设基础上编写的，体现了"必需、够用和少而精"的原则，删减理论、整合内容、突出基本应用，设计方式和内容选择注重激发学生的好奇心和求知欲，可使其在愉悦的学习过程中逐步拓宽视野。

本书主要特色为：(1)专门针对高职高专学生特点，做到教师"好教"、学生"易学"，叙述精炼、深入浅出，内容编排上极大降低了理论难度，理论浅显化、知识条理化，突出常见工程材料的基本性能及其典型应用；(2) 每章以贴近社会生活或工程应用的浅显易懂、有趣而又典型的"引导案例"为切入点，提出疑问，引出相关内容，并在章末给出"案例释疑"，提高了"教师教"与"学生学"的积极性和趣味性；(3) 每章都有学习重点及难点、本章小结，还备有简明典型的思考与练习题；(4) 全书所有重点名词均为黑体，便于阅读、讲授。

本书由河北工业职业技术学院张文灼、赵振学任主编；河北工业职业技术学院赵宇辉、石家庄学院孙宏强、石家庄科技信息职业学院丁倩任副主编。参加编写的还有：山西工程职业技术学院杨宜宁，石家庄信息工程职业学院李宾、吴国华，潍坊职业学院李海涛，河北工业职业技术学院马军、李秀娜、赵玉、白玉伟，石家庄科技信息职业学院刘战涛。张文灼、赵振学负责对全书编写思路与大纲的总体策划，对全书统一修改并定稿。

石家庄职业技术学院副教授续永刚任主审，他对全书进行了认真细致的审阅，并提出了许多宝贵意见和建议，石家庄市职教中心韩开生也为本书提出了不少建议，在此谨表谢意。

由于高职高专教育教学改革在不断探索和深化中，加之编者视野范围和专业水平有限，书中难免有疏漏和不妥之处，敬请广大同行和读者批评指正，也请各位专家学者不吝赐教，以便下次修订时改进，所有建议和意见敬请发至 JXGCCL@126.COM，我们将不胜感激。

编　者

目　　录

第1章　工程材料及其性能

● **学习重点及难点**

　　◇ 工程材料的概念及分类

　　◇ 金属材料的常用力学性能指标

　　◇ 金属材料的物理、化学及工艺性能

● **引导案例**

　　许多机械零件，如高速旋转的传动轴，有时在正常工作状况、甚至空载时，会发生突然断裂；使用频繁的弹簧有时会突然发生脆断；汽车变速齿轮会产生崩齿现象；内燃机汽缸盖上的螺栓会断裂；另据报道，一辆货运卡车空车正常行驶，拖车挂钩突然断裂，失控的拖车与对面驶来的客车发生交通事故，而挂钩断口看起来却很新。这些破坏现象是因何发生？为何有时会在没有任何征兆的情况下突然破坏？

　　其实这些不可思议的零件破坏现象都可以用材料的相关力学性能指标轻松解释。

1.1　工程材料概述

　　材料是用来制作有用器件的物质，是人类生产和生活所必须的物质基础。从日常生活用的器具到高技术产品，从简单的手工工具到复杂的航天器、机器人，都是用各种材料制作而成或由其加工的零件组装而成的。材料的发展水平和利用程度已成为人类文明进步的重要标志。

1.1.1　材料的发展

1. 石器时代

　　早在公元前 6000 年～公元前 5000 年的新石器时代，中华民族先人就能用黏土烧制陶器，到东汉时期又出现瓷器，并流传海外。

2. 青铜器时代

　　在 4000 年前的夏朝，我们的祖先就已经能够炼铜，到殷、商时期，我国的青铜冶炼和铸造技术已经达到很高的水平。司母戊方鼎是中国商代后期王室祭祀用的青铜方鼎，1939 年 3 月 19 日在河南省安阳市武官村的农地中出土，因其腹部著有"司母戊"三字而得名，现藏于中国国家博物馆。司母戊方鼎器型高大厚重，又称司母戊大方鼎，高 133cm、口长 110cm、口宽 79cm、重 832.84kg，鼎腹长方形，上竖两只直耳，下有四根圆柱形鼎足，是中国目前已发现的最重的青铜器。

3. 铁器时代

　　人们从春秋战国时期开始大量使用铁器，东汉时传入欧洲，从西汉到明朝的 1500 多年间其技术均远远领先于欧洲。

1

4. 合成材料新时代

19 世纪发展起来的现代钢铁材料，推动了机器制造工业的飞速发展，为 20 世纪的物质文明建设奠定了基础。半个多世纪以来，合成高分子材料、新兴陶瓷材料、复合材料如雨后春笋般涌现出来，大大丰富了我们的生产和生活。每一种新材料的发现，每一项新材料技术的应用，都会给社会生产和人类的生活带来巨大改变，将人类文明推向前进。

1.1.2 工程材料的分类

工程材料是指在机械、船舶、化工、建筑、车辆、仪表、航空航天等工程领域中用于制造工程构件和机械零件的材料。工程材料分类如下：

（1）**按化学组成分** 分为金属材料、有机高分子材料、陶瓷材料和复合材料。

（2）**按使用性能分** 分为结构材料和功能材料。

（3）**按使用领域分** 分为信息材料、能源材料、建筑材料、机械工程材料和生物材料。

金属材料是以金属元素或金属元素为主构成的具有金属特性的材料的统称。包括纯金属、合金、金属化合物和特种金属材料等。金属材料是现代机械制造业的基本材料，广泛地应用于工业生产和生活用品制造。

1.2 金属材料的常用力学性能

1.2.1 金属材料所受载荷与常用力学性能

1. 金属材料承受的载荷

金属材料在加工和使用过程中所受到的外力称为**载荷**。按外力的作用性质，常分为如下三种：

（1）**静载荷** 大小不变或变化很慢的载荷。如：桌上放置重量不变的箱子，桌子所受的力；机床的床头箱对机床床身的压力等。

（2）**冲击载荷** 突然增加或消失的载荷。如：在墙上钉钉子，钉子所受的力；空气锤锤头下落时锤杆所承受的载荷；冲压时冲床对冲模的冲击作用等。

（3）**交变载荷** 周期性的动载荷，如机床主轴就是在交变载荷的作用下工作的。

根据作用形式不同，载荷又可分为拉伸载荷、压缩载荷、弯曲载荷、剪切载荷和扭转载荷等，如图 1-1 所示。

2. 载荷下的变形

（1）**弹性变形** 随外力消除而消失的变形称为弹性变形。

（2）**塑性变形** 当外力去除时，不能恢复的变形称为塑性变形。

3. 常用力学性能指标

金属材料的**力学性能**是指材料在各种载荷作用下表现出来的抵抗变形和断裂的能力。常用的力学性能指标有：强度、塑性、硬度、冲击韧度及疲劳强度等，它们是衡量材料性能和决定材料应用范围的重要指标。

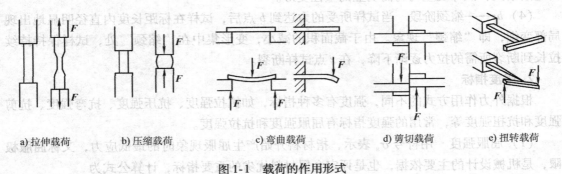

　　　a) 拉伸载荷　　　　　b) 压缩载荷　　　　　c) 弯曲载荷　　　　d) 剪切载荷　　　　e) 扭转载荷

图 1-1　载荷的作用形式

1.2.2　强度

　　金属材料在载荷作用下抵抗塑性变形或断裂的能力称为**强度**。材料强度越高，可承受的载荷越大。不同金属材料的强度指标，可通过拉伸试验和其他力学性能试验方法测定。

1. 拉伸实验

　　实验前，将被测试的金属材料制成标准试样，将标准试样装夹在拉伸试验机上，然后对其逐渐施加拉伸载荷 F，同时连续测量力和试样相应的伸长，直至试样被拉断，可得到拉力 F 与伸长量 Δl 的关系曲线图，如图 1-2 所示，即 F—Δl 拉伸曲线，纵坐标表示力 F，单位为 N；横坐标表示绝对伸长量 Δl，单位为 mm。F—Δl 曲线反映了金属材料在拉伸过程中从弹性变形到断裂的全部力学特性。

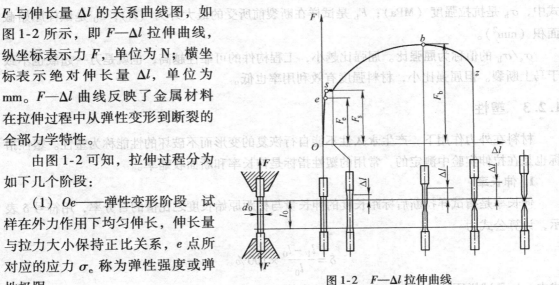

图 1-2　F—Δl 拉伸曲线

　　由图 1-2 可知，拉伸过程分为如下几个阶段：

　　（1）Oe——弹性变形阶段　试样在外力作用下均匀伸长，伸长量与拉力大小保持正比关系，e 点所对应的应力 σ_e 称为弹性强度或弹性极限。

　　（2）es——屈服阶段　试样所受的载荷大小超过 e 点后，材料除产生弹性变形外，开始出现塑性变形，拉力与伸长量之间不再保持正比关系，拉力达到图形中 s 点后，即使拉力不再增加，材料仍会伸长一定长度，即 s 点右侧的接近水平或锯齿状的线段。此现象称为"**屈服**"，标志着材料在此时丧失了抵抗塑性变形的能力，并产生微量的塑性变形。s 点所对应的应力 σ_s 称为**屈服强度**或**屈服极限**。

　　（3）sb——塑性变形阶段　试样所受的载荷大小超过 s 点后，试样的变形随拉力的增大而逐渐增大，试样发生均匀而明显的塑性变形。

（4）bz——缩颈阶段　当试样所受的力达到 b 点后，试样在标距长度内直径明显地出现局部变细，即"缩颈"现象。由于截面积的减小，变形集中在"缩颈"处，试样保持持续拉长到断裂所需的拉力逐渐下降，在 z 点试样断裂。

2. 强度指标

根据外力作用方式的不同，强度有多种指标，如抗拉强度、抗压强度、抗弯强度、抗剪强度和抗扭强度等，常用的强度指标有屈服强度和抗拉强度。

（1）屈服强度　用符号 σ_s 表示，指材料开始产生屈服现象时的最低应力，又称**屈服极限**，是机械设计的主要依据，也是评定金属材料优劣的重要指标，计算公式为

$$\sigma_s = F_s / S_0$$

式中，σ_s 是屈服强度（MPa）；F_s 是试样开始屈服时所受的外力（N）；S_0 是试样原始截面积（mm²）。

无明显屈服现象的材料，用试样标距长度产生 0.2% 塑性变形时的应力值作为屈服强度，用 $\sigma_{0.2}$ 表示，称为**条件屈服强度**，意义同 σ_s。

（2）抗拉强度　用符号 σ_b 表示，指材料抵抗外力而不致断裂的最大应力值，是机械零件评定和选材时的重要强度指标，计算公式为

$$\sigma_b = F_b / S_0$$

式中，σ_b 是抗拉强度（MPa）；F_b 是试样在断裂前所受的最大外力（N）；S_0 是试样原始截面积（mm²）。

σ_s / σ_b 的值称为**屈强比**。屈强比越小，工程构件的可靠性越高，也就是万一超载也不致于马上断裂。但屈强比小，材料强度有效利用率也低。

1.2.3　塑性

材料在外力作用下，产生永久性不能自行恢复的变形而不破坏的性能称为塑性。塑性指标也是在拉伸实验中测定的，常用的塑性指标是伸长率和断面收缩率。

1. 伸长率

伸长率是指试样拉断后标距长度的伸长量与标距原始长度之比值的百分率，用符号 δ 表示，计算公式为

$$\delta = \frac{l_1 - l_0}{l_0} \times 100\%$$

式中，l_0 是试样原始长度（mm）；l_1 是试样拉断后的标距长度（mm）。

2. 断面收缩率

断面收缩率是指试样拉断后缩颈处截面积的最大缩减量与原始横截面积的百分比，用符号 ψ 表示。ψ 不受试样尺寸的影响，计算公式为

$$\psi = \frac{S_0 - S_1}{S_0} \times 100\%$$

式中，S_0 是试样原始横截面积；S_1 是试样拉断后缩颈处截面积。

3. 塑性的工程意义

材料的 δ 和 ψ 值越大，表示塑性越好。塑性好的金属材料，如铜、铝、铁等，可以发生大量塑性变形而不被破坏，便于通过各种压力加工获得形状复杂的零件。工业纯铁的 δ 可达 50%，ψ 可达 80%，可以拉成细丝、压成薄板，进行深冲成形；铸铁的塑性很差，δ 和 ψ 几乎为零，不能进行塑性变形加工。塑性好的材料在受力过大时，由于首先产生塑性变形而不致发生突然断裂，所以较安全。

1.2.4　硬度

硬度通常是指金属材料抵抗更硬物体压入其表面的能力，是金属抵抗其表面局部变形和破坏的能力，简单说就是材料的软硬程度。

通常材料越硬，其耐磨性越好。机械制造业所用的刀具、量具、模具等，都应具备足够的硬度，才能保证使用性能和寿命。有些机械零件如齿轮、轴承等，也要求有一定的硬度，以保证足够的耐磨性和使用寿命。

目前常用的硬度测量方法是压入法，主要有布氏硬度试验、洛氏硬度试验和维氏硬度试验等，布氏硬度和洛氏硬度应用较为广泛。

1. 布氏硬度

（1）原理与测定方法　布氏硬度试验原理如图 1-3 所示，用直径为 D 的硬质合金球作为压头，以规定的压力 F 压入被测试样表面，保持规定时间后去除外力，在试样表面留下球形压痕。依据球面压痕单位表面积（由尺寸 d 计算）上所承受的平均压力来测定布氏硬度值。布氏硬度常用符号 HBW 表示，可按下面公式计算：

$$HBW = 0.102F/S$$

式中，F 是试验的载荷力（N）；S 是压痕面积（mm²）。

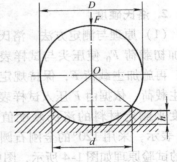

图 1-3　布氏硬度试验

注意：工程实际中，在试验后，硬度值不需按照数学公式计算，可用读数放大镜测出压痕直径 d，然后根据压痕直径与布氏硬度对照表（见附录 B）查出相应的布氏硬度值即可。

（2）特点　一般来说，布氏硬度值越小，材料越软，其压痕直径越大；反之，布氏硬度值越大，材料越硬，其压痕直径越小。布氏硬度测量的优点是具有较高的测量精度，压痕面积大，能在较大范围内反映材料的平均硬度，测得的硬度值也较准确，数据重复性强。

（3）应用　布氏硬度测量法适用于铸铁、非铁合金、各种退火及调质的钢材，不宜测定太硬、太小、太薄和表面不允许有较大压痕的试样或工件。

（4）试验规范　测定硬度值时，由于金属材料有硬有软，被测工件有厚有薄，有大有小，如果只采用一种标准的试验力 F 和压头直径 D，就会对某些材料和工件产生不适应的现象，因此国家标准规定了常用布氏硬度试验规范，见表 1-1。

5

表1-1 常用布氏硬度试验规范

金属类型	硬度范围/HBW	试件厚度/mm	载荷 F 与压头直径 D 的关系	钢球直径 D/mm	载荷 F/kN	载荷保持时间/s
黑色金属	140~450	6~2	$F=30D^2$	10	29.42 (3000kgf)	10~15
		4~2		5.0	7.355 (750kgf)	
		<2		2.5	1.839 (187.50kgf)	
	<140	>6	$F=10D^2$	10.0	9.807 (1000kgf)	10~15
		6~3		5.0	2.452 (250kgf)	
		<3		2.5	0.613 (62.50kgf)	
有色金属	>130	6~3	$F=30D^2$	10	29.42 (3000kgf)	30
		4~2		5.0	7.355 (750kgf)	
		<2		2.5	1.839 (187.50kgf)	
	36~130	9~3	$F=10D^2$	10.0	9.807 (1000kgf)	30
		6~3		5.0	2.452 (250kgf)	
		<3		2.5	0.613 (62.50kgf)	
	8~35	>6	$F=2.5D^2$	10.0	2.452 (250kgf)	30
		6~3		5.0	0.613 (62.50kgf)	
		<3		2.5	0.153 (15.60kgf)	

2. 洛氏硬度

（1）原理与测定方法 洛氏硬度试验以钢球、硬质合金球或金刚石圆锥作为压头，先施加初载荷 F_0 使压头与试样表面良好接触，再施加主载荷 F，保持规定时间后卸掉主载荷，依据由 F 压入试样表面留下的深度来测定材料的洛氏硬度值，用符号 HR 表示，采用 120°的金刚石圆锥作为压头的试验原理如图 1-4 所示，图中 h_3 为卸掉主载荷，压痕回弹后留下的深度，由主载荷压入的深度为 h_3-h_1，即 e。

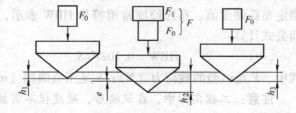

图 1-4 洛氏硬度试验

材料的压痕深度越浅，其洛氏硬度越高；反之，洛氏硬度越低。计算公式为

$$HR=\frac{K-e}{0.002}$$

式中，K 是常数，用金刚石圆锥作为压头时 K 取 0.2mm，用淬火钢球作为压头时 K 取 0.26mm；e 是卸掉主载荷后试样表面由主载荷形成的压痕深度（mm）。

注意：实际测定时硬度值的大小可直接由洛氏硬度计表盘上读出。

（2）优缺点 洛氏硬度测定设备简单，操作迅速方便，可用来测定各种金属材料的硬度。测定时仅产生很小的压痕，并不损坏零件，因而适合于成品检验。但只测一点无代表性，不准确，需多点测量，然后取平均值。

（3）试验条件及应用 根据压头的种类和总载荷的大小，洛氏硬度常用的表示方式有 HRA、HRB、HRC 三种，见表 1-2，其中以 HRC 应用最广，如洛氏硬度 62HRC，表示用金刚石圆锥压头、总载荷为1471N时测得的洛氏硬度值。

表1-2 常见洛氏硬度的试验条件及使用范围

硬度符号	压头	总载荷	表盘刻度颜色	硬度值范围	使用范围
HRA	金钢石圆锥	588.4N（60kgf）	黑色	70~85HRA	硬质合金、表面淬硬层、渗碳层等
HRB	ϕ1.588mm 钢球	980.7N（100kgf）	红色	25~100HRB	有色金属、退火及正火钢等
HRC	金钢石圆锥	1471N（150kgf）	黑色	20~67HRC	调质钢、淬火钢等

1.2.5 冲击韧度

机械零件如活塞销、锤杆、冲模和锻模等，除在静载荷下工作外，还经常承受具有更大破坏作用的冲击载荷。因此，这些部件不仅要满足静载荷作用下的强度、塑性、硬度等性能指标，还必须具备足够的韧性。**冲击韧度**是指金属材料抵抗冲击载荷而不破坏的能力。

1. 冲击试验

金属材料的冲击韧度是通过冲击试验来测定的，如图1-5所示。试验时将试样安放在试验机的机架上，使试样的缺口位于两支架中间，并背向摆锤的冲击方向。

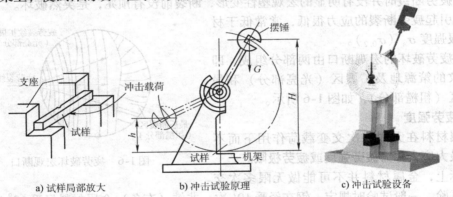

a) 试样局部放大   b) 冲击试验原理   c) 冲击试验设备

图1-5 冲击试验

将摆锤 G 升高到规定高度 H，使摆锤从 H 高度自由落下，冲断试样后向另一方向回升至高度 h，摆锤将产生势能差 A_K，A_K 是消耗在试样断口上的冲击吸收功，A_K 的数值计算在此省略。

2. 冲击韧度

冲击韧度用符号 a_K 表示，计算如下：

$$a_K = \frac{A_K}{S_0}$$

式中，a_K 是冲击韧度值（J/cm^2）；A_K 是冲击吸收功（J）；S_0 是试样缺口处的截面积（cm^2）。

3. 工程意义

冲击吸收功主要消耗于裂纹出现至断裂的过程。冲击韧度值 a_K 的大小，反映出金属材料韧性的好坏。a_K 越大，表示材料的韧性越好，抵抗冲击载荷而不被破坏的能力越大，即受冲击时不易断裂能力越大。所以，在实际生产制造中，对于长期在冲击作用力下工作的零件，需要进行冲击韧度试验，如冲床的曲柄、空气锤的锤杆、发动机的转子等。

冲击韧度值 a_K 一般只作为选材的参考，并不直接用于强度计算。

注意：实际生产中承受冲击载荷的机械零件，很少因受到大能量的一次冲击而破坏，大多都是受到小能量多次冲击后才失效破坏的。因此，材料抵抗大能量一次冲击的能力取决于材料的塑性，而抵抗小能量多次冲击的能力取决于材料的强度。所以，在机械零件设计时，不能片面地追求高的 a_K 值，a_K 过高必然要降低材料的强度，从而导致零件在使用过程中因强度不足而过早失效。

1.2.6 疲劳强度

1. 疲劳破坏

许多机械零件，如轴、齿轮、轴承、叶片、弹簧等，在工作过程中各点的应力随时间作周期性的变化，这种随时间作周期性变化的应力称为交变应力（也称循环应力）。在交变应力作用下，虽然零件所承受的应力低于材料的抗拉强度 σ_b 甚至低于材料的屈服强度 σ_s（$\sigma_{0.2}$），但经过较长时间的工作后会产生裂纹或突然发生完全断裂，这种现象称为金属的疲劳。

2. 疲劳破坏的特征

1）疲劳断裂时并没有明显的宏观塑性变形，断裂前没有预兆，是突然破坏。

2）引起疲劳断裂的应力很低，常常低于材料的屈服强度 σ_s（$\sigma_{0.2}$）。

3）疲劳破坏的宏观断口由两部分组成，即疲劳裂纹的策源地及扩展区（光亮部分）和最后断裂区（粗糙部分），如图1-6所示。

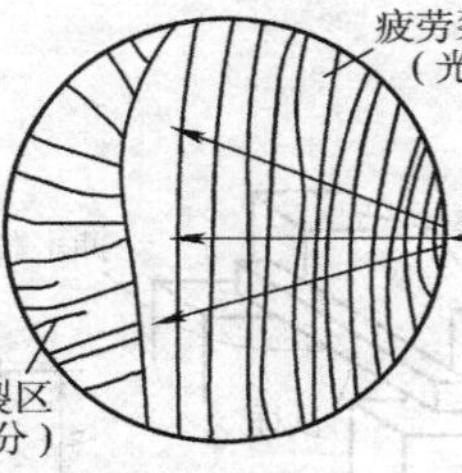

3. 疲劳强度

金属材料在无限多次交变载荷作用下而不破坏的最大应力称为**疲劳强度**或**疲劳极限**。

实际上，金属材料并不可能做无限多次交变载荷试验。一般试验时规定，钢在经受 10^7 次、非铁（有色）金属材料经受 10^8 次交变载荷作用时不产生断裂时的最大应力称为疲劳强度。

图1-6 疲劳破坏宏观断口

据统计，在机械零件失效中大约有 80% 以上属于疲劳破坏，而且疲劳破坏前没有明显的变形，疲劳破坏经常会造成重大事故，所以对于轴、齿轮、轴承、叶片、弹簧等承受交变载荷的零件要选择疲劳强度较好的材料来制造。

4. 疲劳破坏的原因

机械零件之所以产生疲劳断裂，是由于材料表面或内部有缺陷（夹杂、划痕、显微裂纹等），这些部位的局部应力大于屈服强度 σ_s（$\sigma_{0.2}$），从而产生局部塑性变形而导致开裂。这些裂缝随应力循环次数的增加而逐渐扩展，直至最后承载的截面减小到不能承受所加载荷而突然断裂。

5. 提高疲劳强度的措施

合理选材，改善材料的结构形状，避免应力集中，减小材料和零件的缺陷；提高零件表面光洁度；对表面进行强化，喷丸处理等。

1.3 金属材料的物理性能和化学性能

1.3.1 物理性能

金属材料在固态时所表现出来的一系列物理现象的性能称为**物理性能**。包括密度、熔点、导热性、导电性、热膨胀性和磁性等。

1. 密度

物质单位体积的质量称为该物质的**密度**，用符号 ρ 表示，单位为 kg/m^3。

机械工程中通常用密度来计算材料或零件的质量（$m = \rho V$）。体积相同的不同金属，金属密度越大质量也越大，密度越小质量也越小。

2. 熔点

金属从固态转变为液态时的最低熔化温度称为**熔点**。

3. 热膨胀性

金属材料在受热时体积增大、冷却时体积缩小，这种热胀冷缩的性能称为**热膨胀性**。利用材料的热膨胀性，可使过盈配合的两个零件紧固在一起或使原来紧配的两零件加热松弛而卸下；铺设铁轨时，两钢轨衔接处应留有一定的空隙，使钢轨在长度方向有伸缩的余量。

4. 导热性

金属材料传导热量的能力称为**导热性**，金属材料的热导率越大，说明导热性越好。

5. 导电性

金属材料传导电流的能力称为**导电性**。金属及其合金具有良好的导电性能，银的导电性能最好，铜、铝次之，但银较贵，故工业上常用铜、铝及其合金作导电材料，如电线、电缆、电器元件等。导电性差、电阻率高的金属可用来制造电阻器和电热元件。

1.3.2 化学性能

金属的**化学性能**是指金属在室温或高温下抵抗外界化学介质侵蚀的能力，主要包括耐腐蚀性和抗氧化性等。

1. 耐腐蚀性

金属材料会与其周围的介质发生化学作用而使其表面被破坏，如钢铁的生锈，铜产生铜绿等，这种现象称为**锈蚀**或**腐蚀**，金属材料抵抗锈蚀或腐蚀的能力称为**耐腐蚀性**。

2. 抗氧化性

金属材料在高温下容易被周围环境中的氧气氧化而遭破坏，金属材料在高温下抵抗氧化作用的能力称为**抗氧化性**。

1.4 金属材料的工艺性能

金属材料工艺性能的好坏直接影响制造零件的工艺方法、质量及成本。

1. 铸造性能

材料铸造成形获得优良铸件的能力称为**铸造性能**。衡量铸造性能的指标有如下三种：

（1）流动性　熔融材料的流动能力称为**流动性**。主要受化学成分和浇注温度等因素的影响，流动性好的材料容易充满型腔，从而获得外形完整、尺寸精确和轮廓清晰的铸件。

（2）收缩性　铸件在凝固和冷却过程中，其体积和尺寸减小的现象称为**收缩性**。铸件收缩不仅影响尺寸，还会使铸件产生缩孔、疏松、内应力、变形和开裂等缺陷。因此用于铸造的材料收缩性越小越好。

（3）偏析　铸件凝固后，内部化学成分和组织的不均匀现象称为**偏析**。偏析严重的铸件各部分的力学性能会有很大差异，降低产品的质量。一般来说，铸铁比钢的铸造性能好，金属材料比工程塑料的铸造性能好。

2. 锻造性能

锻造性能是指材料是否易于进行压力加工的性能，取决于材料的塑性和变形抗力，塑性越好，变形抗力越小，材料的锻造性能越好。例如，纯铜在室湿下就有良好的锻造性能，碳素钢在加热状态锻造性能良好，铸铁则不能锻造。热塑性塑料可经挤压和压塑成形，与金属挤压和模压成形相似。

3. 焊接性能

两块材料在局部加热至熔融状态下能牢固地焊接在一起的能力称为该材料的**焊接性能**。碳素钢的焊接性主要由化学成分决定，其中含碳量的影响最大。例如，低碳钢具有良好的焊接性，而高碳钢、铸铁的焊接性不好。

4. 热处理性能

生产上，热处理既可用于提高材料的力学性能及某些特殊性能以进一步充分发挥材料的潜力，亦可用于改善材料的加工工艺性能，如改善切削加工、拉拔挤压加工和焊接性能等。常用的热处理方法有退火、正火、淬火、回火及表面热处理（表面淬火及化学热处理）等。

5. 切削加工性能

材料接受切削加工的难易程度称为切削加工性能。切削加工性能主要用切削速度、加工表面光洁度和刀具使用寿命来衡量。影响切削加工性能的因素有工件的化学成分、组织、硬度、导热性及加工硬化程度等。一般认为，具有适当硬度（170～230HBW）和足够脆性的金属材料切削性能良好。所以灰铸铁比钢切削性能好，碳素钢比高合金钢切削性能好。改变钢的成分（如加入少量铅、磷等元素）和进行适当的热处理（如低碳钢进行退火，高碳钢进行球化退火）可改善钢的切削加工性能。

● 案例释疑

分析：案例中涉及到的机械部件均为长期承受交变应力作用的金属材料，这些部件有可能"疲劳破坏"。"疲劳破坏"是指金属材料在小于屈服强度极限的循环载荷长期作用下发生破坏的现象。疲劳断裂与静载荷下断裂不同，无论在静载荷下显示脆性还是韧性的材料，在疲劳断裂时，都不产生明显的塑性变形，断裂是突然发生的，甚至会在小载荷工况下断裂，因此具有很大的危险性，常常造成严重的事故。

结论：在设计、制造各类机械零件时，应尽量采用合理的结构形状，避免表面划伤、腐蚀，尽可能采用表面强化方法等手段，尽可能降低残余内应力，避免发生疲劳破坏；另外要在可能发生疲劳破坏前采取相应保护措施，如更换或加固零部件等。

本 章 小 结

（1）工程材料是指在机械、船舶、化工、建筑、车辆、仪表、航空航天等工程领域中用于制造工程构件和机械零件的材料。

（2）金属材料的常用力学性能指标有：强度、塑性、硬度、冲击韧度及疲劳强度等，它们是衡量材料性能和决定材料应用的重要指标。

（3）金属材料工艺性能的好坏直接影响制造零件的工艺方法、质量及成本。

思考与练习

1. 什么是弹性变形？什么是塑性变形？

2. $\sigma_{0.2}$ 的含义是什么？

3. 什么是抗拉强度？

4. 什么是疲劳强度？

5. 布氏硬度测量法适用于测量什么类型的材料的硬度？

6. 下列硬度写法是否正确？为什么？

（1）80～85HRC　　（2）HBW350～400

7. 下列几种工件应该采用何种硬度试验法测定其硬度？

（1）锉刀　　（2）黄铜轴套　　（3）供应状态的各种碳素钢钢材　　（4）硬质合金刀片

第2章 金属学基础知识

❖ **学习重点及难点**
　　◇ 纯金属的晶体结构与结晶
　　◇ 合金的晶体结构
　　◇ 金属在发生冷塑性变形后性能的变化
　　◇ 冷塑性变形金属加热后的回复与再结晶
　　◇ 金属的热塑性变形及对其性能的影响

❖ **引导案例**

　　制糖为中国首创，早在三千多年前中国就有用谷物制作饴糖的记载。根据《齐民要术》的记载，后汉时期中国已经生产蔗糖和冰糖了。冰糖是砂糖的结晶再制品，有白色、微黄、微红、深红等色，结晶如冰状，故名冰糖。冰糖以透明者质量最好，纯净，杂质少，口味清甜，半透明者次之。中医认为冰糖具有润肺、止咳、清痰和去火的作用；冰糖也是泡制药酒、炖煮补品的辅料，还可作糖果食用。

　　在市场上，大家都知道冰糖有单晶冰糖和多晶冰糖，一般单晶冰糖要贵一些。很多人会问，单晶和多晶冰糖除了价格不一样，其他地方有区别吗？营养价值哪个更好？

　　其实上述问题可以通过本章对金属结晶过程的分析加以解释，因为冰糖与金属的结晶过程相似。

2.1　纯金属的晶体结构

2.1.1　晶体与非晶体

1. 晶体

　　固态下原子（或分子）呈规则排列而形成的聚集状态，称为**晶体**，如纯铝、纯铁、纯铜等都属于晶体。

2. 非晶体

　　原子（或分子）呈无规则的无序堆积的聚集状态，称为**非晶体**，如松香、玻璃、沥青、石蜡等都属于非晶体。绝大多数金属和合金在固态下都属于晶体。

2.1.2　晶体结构

1. 晶格

　　晶体内部原子是按一定的几何规律排列的。为了便于理解，把金属内部的原子近似地看成是刚性小球，则金属晶体就可看成是由刚性小球按一定几何规则紧密堆积而成的物体，如图 2-1a 所示。

　　为形象地描述晶体内部原子的排列规律，可以将原子抽象为一个个的几何点，用假想的线条将这些点连接起来，构成有明显规律性的空间格架。这种表示原子在晶体中排列规律的空间格架称为**晶格**，如图 2-1b 所示。

2. 晶胞

由图 2-1b 可见，晶格是由许多形状、大小相同的最小几何单元重复堆积而成的。能够完整地反映晶格特征的最小几何单元称为**晶胞**，如图 2-1c 所示。

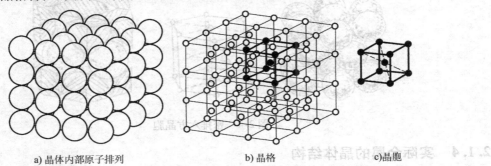

a) 晶体内部原子排列   b) 晶格   c)晶胞

图 2-1 晶体内部原子排列、晶格及晶胞

2.1.3 金属晶格的类型

工业上常用的金属中，除少数具有复杂晶体结构外，室温下有 85% ~90% 金属的晶体结构都属于比较简单的三种类型：**体心立方晶格、面心立方晶格和密排六方晶格**。

1. 体心立方晶格

晶胞是一个立方体，原子位于立方体的八个顶角上和立方体的中心，如图 2-2 所示。属于这种晶格类型的金属有铬（Cr）、钒（V）、钨（W）、钼（Mo）及 α – 铁（α – Fe）等金属。

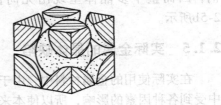

图 2-2 体心立方晶胞

2. 面心立方晶格

晶胞也是一个立方体，原子位于立方体的八个顶角上和立方体六个面的中心，如图 2-3 所示。属于这种晶格类型的金属有铝（Al）、铜（Cu）、铅（Pb）、镍（Ni）及 γ – 铁（γ – Fe)等金属。

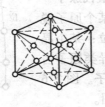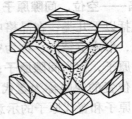

图 2-3 面心立方晶胞

3. 密排六方晶格

晶胞是一个正六棱柱体，原子排列在柱体的每个顶角上和上、下底面的中心，另外三个原子排列在柱体内，如图2-4所示。属于这种晶格类型的金属有镁（Mg）、铍（Be）、镉（Cd）及锌（Zn）等。

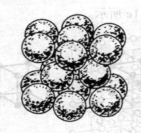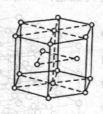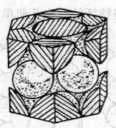

图2-4 密排六方晶胞

2.1.4 实际金属的晶体结构

金属内部的晶格位向完全一致的晶体称为单晶体，如图2-5a所示。单晶体在自然界几乎不存在，但可用人工方法制成某些单晶体（如单晶硅、冰糖）。

实际金属材料都是多晶体，由许多不规则的、颗粒状的小晶体（称为**晶粒**）组成，晶粒与晶粒之间的界面称为**晶界**，每个晶粒内部的晶格位向是一致的，而各小晶体之间位向却不相同，使得各晶粒的有向性互相抵消，因而整个多晶体呈现出无向性，如图2-5b所示。

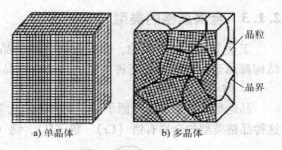

a) 单晶体   b) 多晶体

图2-5 金属的晶体结构

2.1.5 实际金属的晶体缺陷

在实际使用的金属材料中，由于加入了其他种类的原子，并且材料在冶炼后的凝固过程中受到各种因素的影响，所以使本来有规律的原子堆积方式受到干扰，不像理想晶体那样规则，存在原子不规则排列的局部区域，这些区域称为**晶体缺陷**。

晶体缺陷按几何形态可分为：点缺陷、线缺陷和面缺陷。三种晶体缺陷都会造成晶格畸变，使变形抗力增大，从而提高材料的强度、硬度。

1. 点缺陷——空位、间隙原子、置代原子

点缺陷包括以下几类：在晶格中某个原子脱离了平衡位置，形成空结点，称为**空位**；某个晶格间隙挤进了原子，称为**间隙原子**；异类原子占据晶格的结点位置的缺陷称为**置代原子**。图2-6为空位、间隙原子和置代原子的示意图。

空位、间隙原子和置代原子周围的晶格偏离

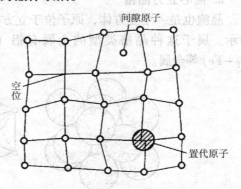

图2-6 空位、间隙原子和置代原子示意图

了理想晶格，即发生了"晶格畸变"，点缺陷的存在，提高了材料的硬度和强度，点缺陷是动态变化着的，它是造成金属中物质扩散的原因。

2. 线缺陷——刃形位错、螺形位错

线缺陷是在晶体中某处有一列或若干列原子发生了有规律的错排现象。晶体中最普通的线缺陷就是位错，这种错排现象是由晶体内部局部滑移造成的，根据局部滑移的方式不同，可以分别形成螺形位错和刃形位错。图2-7为较简单的刃形位错示意图，在这个晶体的某一水平面（ABCD）的上方，多出一个原子面（EFGH），中断于ABCD面上的EF处，这个原子面如同刀刃一样插入晶体，故称刃形位错。

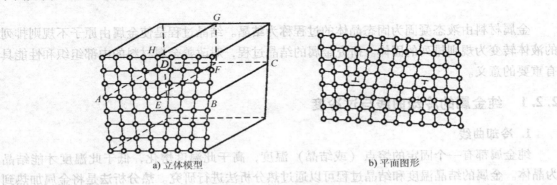

a) 立体模型   b) 平面图形

图2-7 刃形位错示意图

在位错周围，由于原子的错排使晶格发生了畸变，使金属的强度提高，但塑性和韧性下降。实际晶体中往往含有大量位错，生产中还可通过冷变形后使金属位错增多，能有效地提高金属强度。

3. 面缺陷——晶界、亚晶界

实际金属多是由大量外形不规则的晶粒组成的多晶体。每个晶粒相当于一个单晶体，所有晶粒结构完全相同，但彼此之间的位向不同，一般相差几度或几十度，晶界处的原子排列是不规则的，此处的原子处于不稳定的状态，如图2-8a所示。

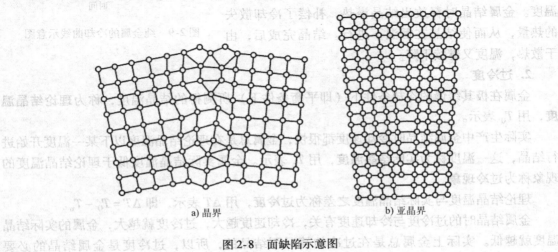

a) 晶界   b) 亚晶界

图2-8 面缺陷示意图

即使在一颗晶粒内部，其晶格位向也不像理想晶体那样完全一致，而是分隔成许多尺寸很小、位向差很小（只有几分，一般小于 1°～2°）的小晶块，它们相互嵌镶成一颗晶粒，这些小晶块称为**亚晶粒**（或**嵌镶块**）。亚晶粒之间的界面称为**亚晶界**，此处的原子排列与晶界相似，也是不规则的，如图 2-8b 所示。

面缺陷同样使晶格产生畸变，能提高金属材料的强度。通过细化晶粒可增加晶界的数量，也是强化金属的有效手段，同时，细晶粒的金属塑性和韧性也得到改善。

2.2　金属的结晶

金属材料由液态凝固为固态晶体的过程称为**结晶**。结晶过程是使金属由原子不规则排列的液体转变为规则排列的固体。研究金属的结晶过程，对改善金属材料的内部组织和性能具有重要的意义。

2.2.1　纯金属的冷却曲线与过冷度

1. 冷却曲线

纯金属都有一个固定的熔点（或结晶）温度，高于此温度熔化，低于此温度才能结晶为晶体。金属的结晶温度和结晶过程可以通过热分析法进行研究。**热分析法**是将金属加热到熔化状态，然后使其缓慢冷却，在冷却过程中，每隔一定时间测量一次温度，直至冷却到室温，然后将测量数据画在温度—时间坐标图上，便得到一条金属在冷却过程中温度与时间的关系曲线，这条曲线称为**冷却曲线**，如图 2-9 所示。

由图 2-9 可见，液态金属随着冷却时间的延长，温度不断下降，但当冷却到某一温度时，在曲线上出现了一个水平线段，则其所对应的温度就是金属的结晶温度。金属结晶时释放出结晶潜热，补偿了冷却散失的热量，从而使结晶在恒温下进行。结晶完成后，由于散热，温度又继续下降。

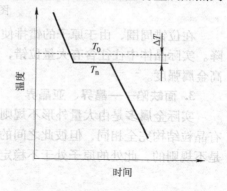

图 2-9　纯金属的冷却曲线示意图

2. 过冷度

金属在极其缓慢的冷却条件下（即平衡条件下）所测得的结晶温度，称为**理论结晶温度**，用 T_0 表示。

实际生产中金属结晶时冷却速度都很快，金属总是在理论结晶温度以下某一温度开始进行结晶，这一温度称为**实际结晶温度**，用 T_n 表示。金属实际结晶温度低于理论结晶温度的现象称为**过冷现象**。

理论结晶温度与实际结晶温度之差称为**过冷度**，用 ΔT 表示，即 $\Delta T = T_0 - T_n$。

金属结晶时的过冷度与冷却速度有关，冷却速度越大，过冷度就越大，金属的实际结晶温度就越低。实际上金属总是在过冷的情况下结晶的，所以，过冷度是金属结晶的必要条件。

2.2.2 纯金属的结晶过程

纯金属的结晶过程是在冷却曲线上的水平线段所经历的时间内发生的，是一个不断形成晶核和晶核不断长大的过程。

液态金属的结晶，不可能在瞬间完成，必须经过一个由小到大，由局部到整体的发展过程。大量实验证明，纯金属结晶时，首先是在液态金属中形成一些极微小的晶体，然后以这些微小晶体为核心不断吸收周围液体中的原子而不断长大，这些小晶体称为晶核。在晶核不断长大的同时，又会在液体中产生新的晶核并开始不断长大，直到液态金属全部消失并且形成的晶体彼此接触为止。每个晶核长成一个晶粒，这样，结晶后的金属便是由许多晶粒所组成的多晶体结构，纯金属的结晶过程示意图如图2-10所示。

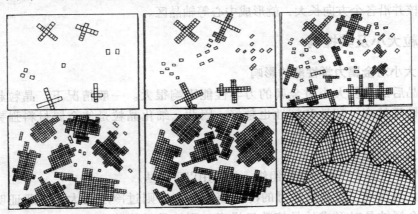

图2-10 纯金属结晶过程示意图

2.2.3 合金铸件（或铸锭）结晶后的组织结构

工业上应用的零部件通常由两种途径获得：一种是由合金在一定几何形状与尺寸的铸模中直接凝固而成，称为**铸件**；另一种是通过合金浇注成方或圆的铸锭，然后开坯，再通过热轧或热锻，最终通过机加工和热处理甚至焊接来获得部件的几何尺寸和性能。

金属和合金凝固后的晶粒较为粗大，通常是宏观可见的，铸件的组织结构是不均匀的，图2-11所示为铸锭结构示意图。

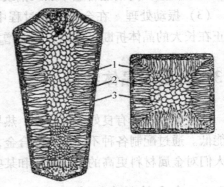

图2-11 铸锭结构示意图
1—表层细晶区 2—柱状晶区 3—中心等轴晶区

1. 表层细晶区

当液态合金注入锭模中后，型壁温度低，与型壁接触的很薄一层熔液产生强烈过冷，而且型壁可作为非均匀形核的基底，因此，立刻形成大量的晶核，这些晶核迅速长大至互相接触，形成由细小的、方向杂乱的等轴晶粒组成的细晶区。

2. 柱状晶区

随着"细晶区"壳形成，型壁被熔液加热而不断升温，使剩余液体的冷却变慢，并且由于结晶时释放潜热，故细晶区前沿液体的过冷度减小，形核生成变得困难，只有细晶区中现有的晶体向液体中生长。在此情况下，只有一次轴（即生长速度最快的晶向）垂直于型壁（散热最快方向）的晶体才能得到优先生长，而其他取向的晶粒，由于受邻近晶粒的限制而不能发展，因此，这些与散热相反方向的晶体择优生长而形成柱状晶区，各柱状晶的生长方向是相同的。

3. 中心等轴晶区

柱状晶生长到一定程度，由于前沿液体远离型壁，散热困难，冷却速度变慢，而且熔液中的温差随之减小，这将阻止柱状晶的快速生长，当整个熔液温度降至熔点以下时，熔液中出现许多晶核并沿各个方向长大，就形成中心等轴晶区。

2.2.4 晶粒大小及其控制

1. 晶粒大小对金属力学性能的影响

金属结晶后的晶粒大小对金属的力学性能影响很大。一般情况下，晶粒越细小，金属的强度和硬度越高，塑性和韧性也越好。因此，细化晶粒是使金属材料强韧化的有效途径。

2. 晶粒大小的控制

工业生产中，为了获得细晶粒组织，常采用以下方法：

（1）增大过冷度 金属结晶时的冷却速度越大，则过冷度越大。实践证明，增加过冷度，会使金属结晶时形成的晶核数目增多，则结晶后将获得细晶粒组织。如在铸造生产中，常用金属型代替砂型来加快冷却速度（金属型导热散热快），以达到细化晶粒的目的。

（2）变质处理 变质处理是在浇注前向液态金属中人为地加入少量被称为变质剂的物质，以起到晶核的作用，使结晶时晶核数目增多，从而使晶粒细化。例如，向铸铁中加入硅铁或硅钙合金，向铝硅合金中加入钠或钠盐等，都是变质处理的典型实例。

（3）振动处理 在金属结晶过程中，采用机械振动、超声波振动、电磁振动等方法，使正在长大的晶体折断、破碎，也能增加晶核数目，从而细化晶粒。

2.3 合金的晶体结构

纯金属一般具有良好的电导性、热导性和金属光泽，但其种类有限，生产成本高，力学性能低。通过配制各种不同成分的合金，可以有效地改变金属材料的结构、组织和性能，满足人们对金属材料更高的力学性能和某些特殊的物理、化学性能的要求。

2.3.1 合金的基本概念

1. 合金

合金是由一种金属元素为主导，加入其他金属或非金属元素，经过熔炼或其他方法结合而成的具有金属特性的材料。

同纯金属相比，合金材料具有优良的综合性能，应用比纯金属要广泛得多。例如，工业上广泛使用的普通钢铁就是由铁和碳组成的铁碳合金。

2. 组元

组元是组成合金的最基本的独立物质，简称元。组元可以是金属或非金属元素，如铁、碳、铜和锌等元素。有时较稳定的化合物也可以构成组元，如 Fe_3C、Al_2O_3 等。普通黄铜是由铜和锌两种金属元素组成的二元合金。

3. 相

合金中具有相同的化学成分、相同的晶体结构且性能相同的均匀组成部分称为**相**，相与相之间有明显的界面。液态物质称**液相**，固态物质称**固相**。例如水和冰虽然化学成分相同，但物理性质不同，因此为两个相；冰可击成碎块，但还是同一个固相。

4. 组织

借助肉眼或显微镜所观察到的金属材料内部的相的组成、各相的数量、相的形态分布和晶粒的大小等部分称**组织**。

数量、形态、大小和分布方式不同的各种相组成合金组织。组织可由单相组成，也可由多相组成。合金的性能一般由组成合金各相的成分、结构、形态、性能及各相的组合形式共同决定，组织是决定材料性能的最终关键因素。

2.3.2 合金的相结构

若合金是由成分、结构都相同的同一种晶粒构成的，各晶粒之间虽有界面分开，但它们仍属于同一种相；若合金是由成分、结构都不相同的几种晶粒构成的，则它们属于不同的几种相。例如，纯铁在常温下是由单相的 $\alpha-Fe$ 组成的；在铁碳合金中，铁与碳相互作用形成一种化合物 Fe_3C（渗碳体），Fe_3C 的成分、结构与 $\alpha-Fe$ 完全不同，因此在铁碳合金中 Fe_3C 属于一个新相。

根据合金中晶体结构特征的不同，合金的基本相结构分为固溶体、金属化合物和机械混合物。

1. 固溶体

合金由液态结晶为固态时，一种组元的原子溶入另一组元的晶格中所形成的均匀固相称为**固溶体**。溶入的元素称为**溶质**，而基体元素（占主要地位）称为**溶剂**。

固溶体的晶格类型仍然保持溶剂的晶格类型。例如，铜镍合金就是以铜（溶剂）和镍（溶质）互相溶解形成的固溶体，固溶体具有与溶剂金属同样的晶体结构。

根据固溶体晶格中溶质原子在溶剂晶格中占据的位置不同，分为置换固溶体和间隙固溶体两种。如图 2-12 所示，图中"●"代表溶质原子，"○"代表溶剂原子。

（1）间隙固溶体　溶质原子溶入溶剂晶格原子间隙之中而形成的固溶体，称为**间隙固溶体**，如图 2-12a 所示。

（2）置换固溶体　溶质原子置换溶剂晶格结点上的部分原子而形成的固溶体，称为**置换固溶体**，如图 2-12b 所示。

如图 2-12 所示，无论是间隙固溶体还是置换固溶体，由于溶质原子的溶入，都使晶体的晶格发生畸变。晶格畸变使位错运动阻力增大，从而提高了合金的强度和硬度，但塑性下

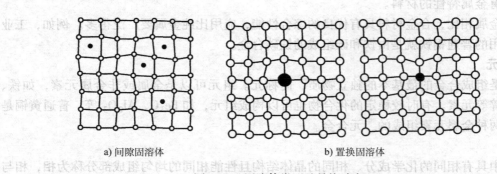

a) 间隙固溶体　　　　　　　　　　b) 置换固溶体

图 2-12　固溶体类型及晶格畸变

降，此现象称为**固溶强化**。固溶强化是提高金属材料力学性能的重要途径之一。例如在低合金钢中利用 Mn、Si 等元素来强化铁素体。

2. 金属化合物

金属化合物是指合金各组元的原子按一定的整数比化合而成的一种新相。其晶体结构不同于组成元素的晶体结构，而且其晶格一般都比较复杂。其性能特点是熔点高、硬度高、脆性大，例如铁碳合金中的 Fe_3C（渗碳体）。当合金中出现金属化合物时，能提高其强度、硬度和耐磨性，但会降低其塑性和韧性。

3. 机械混合物

当组成合金的各组元在固态下既互不溶解，又不形成化合物，而是按一定的重量比例以混合方式存在着，就形成各组元晶体的机械混合物。组成机械混合物的物质可能是纯组元、固溶体或者是化合物各自的混合物，也可能是它们之间的混合物。

混合物中的各组成相既不溶解，也不化合，它们仍然保持各自的晶格结构，其力学性能取决于各组成相的性能，并由其各自形状、大小、数量及分布而定。它比单一的固溶体或金属化合物具有更高的综合性能。通过调整混合物中各组成相的数量、大小、形态和分布状况，可以使合金的力学性能在较大范围内变化，以满足工程上对材料的多种需求。

2.4　金属的冷塑性变形

在工业生产中，经熔炼而得到的金属锭，如钢锭、铝合金锭或铜合金铸锭等，大多要经过轧制、冷拔、锻造、冲压等压力加工，使金属产生塑性变形而制成型材或工件，如图2-13所示。

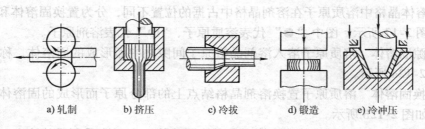

a)轧制　　　b)挤压　　　c)冷拔　　　d)锻造　　　e)冷冲压

图 2-13　压力加工方法

金属材料经压力加工后，不仅改变了外形尺寸，而且改变了内部组织和性能。研究金属的塑性变形，对于选择金属材料的加工工艺、提高生产率、改善产品质量和合理使用材料等均有重要意义。

2.4.1 金属的塑性变形

金属在外力作用下，首先发生弹性变形，载荷增加到一定值后，除发生弹性变形外，还发生塑性变形，即弹塑性变形，继续增加载荷，塑性变形将逐渐增大，直至断裂。

当外力消除后，发生弹性变形的金属能恢复到原来形状，组织和性能不发生变化。发生塑性变形的金属的组织和性能发生变化，不能完全恢复原状，较弹性变形复杂得多。

1. 单晶体的塑性变形

单晶体的塑性变形主要是以滑移方式进行，即晶体的一部分沿一定晶面和晶向相对于另一部分发生滑动。由图2-14可见，要使某一晶面滑动，作用在该晶面上的力必须是相互平行、方向相反的切应力（垂直该晶面的正应力只能引起伸长或收缩），而且切应力必须达到一定值，滑移才能进行。当原子滑移到新的平衡位置时，晶体就产生了微量的塑性变形，如图2-14d所示。

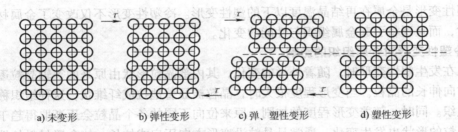

a) 未变形　　　　　b) 弹性变形　　　　c) 弹、塑性变形　　　d) 塑性变形

图2-14 晶体在切应力作用力下的变形

许多晶面滑移的总和形成了宏观的塑性变形，图2-15为锌单晶体滑移变形时的情况。

2. 多晶体的塑性变形

常用金属材料都是多晶体。多晶体中各相邻晶粒的位向不同，并且各晶粒之间由晶界相连接，因此，多晶体的塑性变形主要具有下列一些特点：

（1）晶粒位向的影响　由于多晶体中各个晶粒的位向不同，在外力的

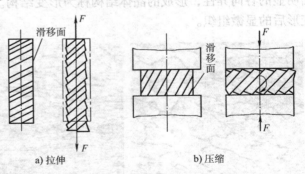

a) 拉伸　　　　　b) 压缩

图2-15 锌单晶体滑移变形示意图

作用下，有的晶粒处于有利于滑移的位置，有的晶粒处于不利于滑移的位置。当处于有利于滑移位置的晶粒要进行滑移时，必然受到周围位向不同的其他晶粒的约束，使滑移的阻力增加，从而提高了塑性变形抗力。同时，多晶体各晶粒在塑性变形时，受到周围位向不同的晶粒与晶界的影响，使多晶体的塑性变形呈逐步扩展和不均匀的形式，其结果之一就是产生内应力。

（2）晶界的作用 晶界对塑性变形有较大的阻碍作用。一个只包含两个晶粒的试样经受拉伸时的变形情况如图 2-16 所示。由图可见，试样在晶界附近不易发生变形，出现了所谓的"竹节"现象。这是因为晶界处原子排列比较紊乱，阻碍位错的

a) 变形前　　　　b) 变形后

图 2-16　只包含两个晶粒的试样在拉伸时的变形

移动，因而阻碍了滑移。很显然，晶界越多，晶体的塑性变形抗力越大。

（3）晶粒大小的影响 在一定体积的晶体内，晶粒数目越多，晶界就越多，晶粒就越细，并且不同位向的晶粒也越多，因而塑性变形抗力也越大。细晶粒的多晶体不仅强度较高，而且塑性和韧性也较好。因为晶粒越细，在同样变形条件下，变形量可分散在更多的晶粒内进行，使各晶粒的变形比较均匀，不致过分集中在少数晶粒上而使其变形严重。另一方面，晶粒越细，晶界就越多，越曲折，越有利于阻止裂纹的传播，从而在其断裂前能承受较大的塑性变形，吸收较多的功，表现出较好的塑性和韧性。由于细晶粒金属具有较好的强度、塑性和韧性，因此生产中总是尽可能地细化晶粒。

2.4.2　冷塑性变形对金属组织和性能的影响

冷塑性变形是金属在再结晶温度以下的塑性变形。冷塑性变形不仅改变了金属材料的形状与尺寸，而且还将引起金属组织与性能的变化。

1. 冷塑性变形对金属组织的影响

金属在发生塑性变形时，随着外形的变化，其内部晶粒形状由原来的等轴晶粒逐渐变为沿变形方向伸长的晶粒。当变形程度很大时，晶粒被显著地拉成纤维状，这种组织称为**冷加工纤维组织**。同时，随着变形程度的加剧，原来位向不同的各个晶粒会逐渐取得趋于一致的位向，晶粒的形状也发生变化，通常是晶粒沿变形方向压扁或拉长，使金属材料的性能呈现出明显的各向异性，形成的晶体结构称为形变结构。图 2-17 为工业纯铁经不同程度冷塑性变形后的显微组织。

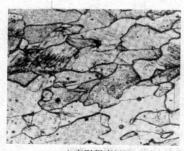

a) 变形程度20%　　　　b) 变形程度50%　　　　c) 变形程度70%

图 2-17　工业纯铁经不同程度冷塑性变形后的显微组织（放大 150 倍）

2. 冷塑性变形对金属性能的影响

冷塑性变形对金属的力学性能影响较大，容易发生加工硬化。此外，还会使金属某些物理、化学性能发生变化，如电阻增加、化学活性增大、耐蚀性降低等。

（1）加工硬化现象 金属经冷塑性变形后，会使其强度、硬度提高，而塑性、韧性下

降，这种现象称为**加工硬化（形变强化）**。此外，在金属内部还产生残余应力。一般情况下，残余应力不仅降低了金属的承载能力，而且还会使工件的形状与尺寸继续发生变化。随塑性变形程度的增加，金属的强度、硬度提高，而塑性、韧性下降。图 2-18 所示为纯铜和低碳钢的强度及塑性随变形程度增加而变化的情况。

（2）加工硬化的优点　加工硬化是强化金属的重要手段，尤其对不能用热处理强化的金属材料显得更为重要。此外，加工硬化还可使金属具有偶然的抗超载能力，一定程度上提高了构件在使用中的安全性。加工硬化是工件能用塑性变形方法成形的必要条件。例如在图 2-19 所示的冷冲压过程中，r 处变形最大，当金属在 r 处变形到一定程度后，首先产生加工硬化，使随后的变形转移到其他部分，这样便可得到壁厚均匀的冲压件。

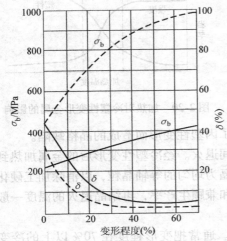

实线——冷轧的纯铜　虚线——冷轧的低碳钢
图 2-18　冷塑性变形对金属力学性能的影响

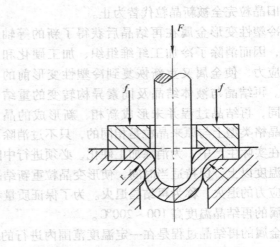

图 2-19　冲压示意图

（3）加工硬化的缺点　由于材料塑性的降低，加工硬化给金属材料进一步冷塑性变形带来困难。为使金属能继续变形加工，必须进行中间热处理，以消除加工硬化，因此增加了生产成本，降低了效率。

2.4.3　冷塑性变形后在加热时的回复与再结晶

金属经冷塑性变形后，其组织结构发生变化，而且因金属各部分变形不均匀，会引起金属内部残余内应力，使金属处于不稳定状态，具有自发地恢复到稳定状态的趋势。但在室温下，由于原子活动能力不足，恢复过程不易进行。若对其加热，原子活动能力增强，就会使组织与性能发生一系列的变化。随着加热温度的升高，这种变化过程可分为回复、再结晶及晶粒长大三个阶段，如图 2-20 所示。

1. 回复

当加热温度较低时，原子活动能力尚低，故冷塑性变形金属的组织无明显变化，仍保持着纤维组织的特征。此时，因晶格畸变已减轻，使残余应力显著下降。但造成加工硬化的主要原因未消除，故其力学性能变化不大。

在工业生产中，为保持金属经冷塑性变形后的高强度，往往采取回复处理，以降低内应力，适当提高塑性。例如冷拔钢丝弹簧加热到 250～300℃，青铜丝弹簧加热到 120～150℃，就是进行回复处理，使弹簧的弹性增强，同时消除加工时带来的内应力。

2. 再结晶

当冷塑性变形金属加热到较高温度时，由于原子活动能力增加，原子可以离开原来的位置重新排列，畸变晶粒通过形核及晶核长大而形成新的无畸变的等轴晶粒，此过程称为**再结晶**。

再结晶过程首先是在晶粒碎化最严重的地方产生新晶粒的核心，然后晶核吞并旧晶粒而长大，直到旧晶粒完全被新晶粒代替为止。

冷塑性变形金属在再结晶后获得了新的等轴晶粒，因而消除了冷加工纤维组织、加工硬化和残余应力，使金属又重新恢复到冷塑性变形前的状态。再结晶与液体结晶及同素异构转变的重结晶不同，再结晶过程并未形成新相，新形成的晶

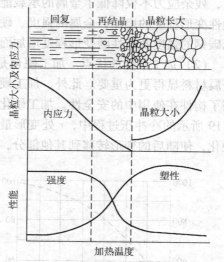

图 2-20 加热对冷塑性变形金属的影响

粒在晶格类型上与原来晶粒是相同的，只不过消除了因塑性变形而造成的晶格缺陷。

在实际生产中，为消除加工硬化，必须进行中间退火。经冷塑性变形后的金属加热到再结晶温度以上，保持适当时间，使形变晶粒重新结晶为均匀的等轴晶粒，以消除加工硬化和残余应力的退火，称为**再结晶退火**。为了保证质量和兼顾生产率，再结晶退火的温度一般比该金属的再结晶温度高 100～200℃。

金属的再结晶过程是在一定温度范围内进行的。通常把变形程度在 70% 以上的冷变形金属经 1h 加热能完全再结晶的最低温度，定为**再结晶温度**。实验证明，金属的熔点越高，在其他条件相同时，其再结晶温度也越高。金属的再结晶温度大致是其熔点的 0.4 倍。

3. 晶粒长大

冷变形金属再结晶后，一般都得到细小均匀的等轴晶粒。但继续升高加热温度或延长保温时间，再结晶后的晶粒又会逐渐长大，使晶粒粗化、力学性能变坏，应当注意避免。

2.5 金属的热塑性变形

2.5.1 热加工与冷加工的区别

金属的冷塑性变形加工和热塑性变形加工是以再结晶温度来划分的。凡在金属的再结晶温度以上进行的加工称为**热加工**，在再结晶温度以下进行的加工称为**冷加工**。例如钨的再结晶温度为 1200℃，对钨来说，在低于 1200℃的高温下加工仍属于冷加工，而锡的最低再结晶温度约为 -7℃，在室温下进行的加工已属于热加工。

热加工时，由于金属原子的结合力减小，而且加工硬化过程随时被再结晶过程所消除，从而使金属的强度、硬度降低，塑性增强，因此其塑性变形要比冷加工时容易得多。

2.5.2　热加工对金属组织和性能的影响

1. 消除铸态金属的组织缺陷

通过热加工，可使钢锭中的气孔大部分焊合，铸态的疏松被消除，提高金属的致密度，使金属的力学性能得到提高。

2. 细化晶粒

热加工的金属经过塑性变形和再结晶作用，一般可使晶粒细化，因而可以提高金属的力学性能。热加工金属的晶粒大小与变形程度和终止加工的温度有关。变形程度小，终止加工的温度高，会使再结晶晶核少而晶核长大快，加工后得到粗大晶粒。但终止加工温度不能过低，否则将造成加工硬化及残余应力。因此，制定正确的热加工工艺规范，对改善金属的性能有重要的意义。

3. 形成锻造流线

在热加工过程中，铸态组织中的夹杂物在高温下具有一定的塑性，沿着变形方向伸长而形成锻造流线（纤维组织）。由于锻造流线的出现，使金属材料的性能在不同的方向上有明显的差异。通常沿流线的方向，其抗拉强度及韧性高，而抗剪强度较低。在垂直于流线方向上，抗剪强度高，而抗拉强度较低。

采用正确的热加工工艺，可以使流线合理分布，保证金属材料的力学性能。图 2-21 为锻造曲轴和切削加工曲轴的流线分布，很明显，锻造曲轴流线分布合理，因而其力学性能较好。

4. 形成带状组织

如果钢在铸态组织中存在比较严重的偏析，或热加工终锻（终轧）温度过低时，钢内会出现与热形变加工方向大致平行的条带所组成的偏析组织，这种组织称为带状组织。图 2-22 为高速钢中带状碳化物组织。带状组织的存在是一种缺陷，会引起金属力学性能的各向异性，一般可用热处理方法加以消除。

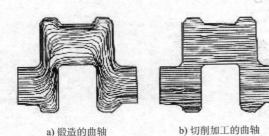

a) 锻造的曲轴　　　　b) 切削加工的曲轴

图 2-21　曲轴流线分布

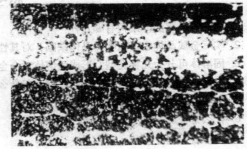

图 2-22　高速钢中带状碳化物组织

● 案例释疑

分析：单晶冰糖又称颗粒状冰糖，20 世纪 60 年代由天津市新华食品厂首先研制成功。其优点是甜味甘纯、质地洁白，无添加剂；因为是颗粒状，所以食用方便。冰糖的生产方法有两种，第一种生产方法是挂线结晶养大法，即将热的精炼饱和糖溶液缓缓倒入挂有细棉线的桶中，在结晶室中经过 7 天以上缓慢冷却结晶，蔗糖结晶围绕棉线形成并养大成大粒、大块冰糖，即多晶冰糖。第二种生产方法是投放晶种养大法，即在一摇床式结晶槽中，放入热的精炼饱和糖液，投入定量的晶种在摆动槽中边摆动边缓慢降温（水套夹层保温、控温），使晶粒长大，形成单晶冰糖。两种冰糖都是以热的精炼饱和糖溶液为原料结晶而成的，与纯金属的结晶过程相似，是一个不断形成晶核和晶核不断长大的过程。

结论：单晶和多晶冰糖都是以热的精炼饱和糖溶液为原料结晶而成，只不过是结晶过程不同，所以营养价值是一样的，单晶冰糖比多晶冰糖纯度更高，又加上生产工艺过程不同，价格稍贵。

本 章 小 结

（1）工业上常用的金属中，室温下多数金属的晶体结构都属于比较简单的三种类型：体心立方晶格、面心立方晶格和密排六方晶格。

（2）实际金属材料都是多晶体，由许多不规则的、颗粒状的小晶体（晶粒）组成。

（3）晶体缺陷按几何形态分为点缺陷、线缺陷和面缺陷。三种晶体缺陷都会造成晶格畸变，使变形抗力增大，从而提高材料的强度、硬度。

（4）金属结晶后的晶粒大小对金属的力学性能影响很大。一般情况下，晶粒越细小，金属的强度和硬度越高，塑性和韧性也越好。细化晶粒是使金属材料强韧化的有效途径。

（5）通过配制各种不同成分的合金，可以有效地改变金属材料的结构、组织和性能，满足人们对金属材料更高的力学性能和某些特殊的物理、化学性能的要求。

（6）根据合金中晶体结构特征，合金的基本相结构分为固溶体、金属化合物和机械混合物。

（7）冷塑性变形是金属在再结晶温度以下的塑性变形。冷塑性变形不仅改变了金属材料的形状与尺寸，而且还将引起金属组织与性能的变化。

（8）热加工可使金属的强度、硬度降低，塑性增强，热加工时金属的塑性变形要比冷加工时容易很多。

思考与练习

1. 常见的金属晶体结构有哪几种？
2. 实际金属晶体中存在哪些晶体缺陷，对其性能有什么影响？
3. 固溶体可分为几种类型？形成固溶体对合金有何影响？
4. 金属化合物有什么特点？它们在钢中起什么作用？
5. 金属的弹性变形与塑性变形有何区别？
6. 什么是金属的加工硬化现象？

第 3 章　铁碳合金及碳素钢

● **学习重点及难点**

◇ 铁碳合金的基本组织、分类

◇ 铁碳合金相图及典型铁碳合金的结晶

◇ 常存杂质元素对碳素钢性能的影响

◇ 碳素钢的分类

◇ 碳素结构钢的牌号表示及应用

◇ 碳素工具钢的牌号表示及应用

● **引导案例**

　　1938 年 3 月 14 日，比利时东北部的哈塞尔城正被零下 15℃ 的瑟缩严寒包围着。突然，从市中心横跨阿尔伯特运河的钢桥下传来了惊天动地的金属断裂轰隆声，紧接着是桥身剧裂抖动，桥面出现了裂缝，人们惊恐万状，争先向桥的两端奔去，一座建成不到两年的钢桥，竟然在不到几分钟的时间内折成三截，坠入河中。时隔两年，还是在这条阿尔伯特运河上，另一座钢铁大桥在严寒中遭到了同样的命运。

　　1951 年 1 月 31 日，加拿大的一座钢结构桥——奎北克桥在零下 35℃ 的气温下也被毁坏了。

　　1954 年寒冬腊月的一天，爱尔兰海面上寒风凛冽，一艘三万两千吨级的英国油轮——"世界协和号"乘风破浪地航行在广阔的海面上。忽然，有个水手气喘嘘嘘地向船长报告："船长先生，快去看吧，油轮的中部出现了裂缝!"话音未落，一阵刺耳的巨响击破长空，油轮顿时一分为二，许多水手纷纷跳进大海。就这样，油轮上的人还没有来得及用无线电发出求援信号，就和油轮一起葬身波涛汹涌的大海中。

　　是什么原因导致了上述大钢桥垮塌和油轮断裂的事故呢?

3.1　铁碳合金及其相图

3.1.1　工业纯铁

1. 成分及力学性能

　　工业纯铁的含铁量一般为 99.8% ~ 99.9%，常含有 0.1% ~ 0.2% 的杂质（主要是碳），其力学性能如下：

　　1）抗拉强度 $\sigma_b = 180 \sim 280\text{MPa}$。

　　2）屈服强度 $\sigma_s = 100 \sim 170\text{MPa}$。

　　3）伸长率 $\delta = 30\% \sim 50\%$。

　　4）断面收缩率 $\psi = 70\% \sim 80\%$。

27

工程材料基础

2. 用途

纯铁的塑性、韧性较好，强度、硬度很低，因此很少作为结构材料使用。纯铁具有很高的磁导率，主要用途是利用其铁磁性，制作仪器仪表的铁磁心等要求软磁性的设备。

3.1.2 铁碳合金的基本组织

金属 Fe 在结晶为固体后，随着温度的继续下降，其晶格类型还会发生变化，这种金属在固态下晶格类型随温度发生变化的现象称为同素异构转变。图 3-1 是纯铁的同素异构转变过程。

液态纯铁在 1538℃时结晶成具有体心立方晶格的 δ-Fe；冷却到 1394℃时发生同素异构转变，由体心立方晶格的 δ-Fe 转变为面心立方晶格的 γ-Fe；继续冷却到 912℃时又发生同素异构转变，由面心立方晶格的 γ-Fe 转变为体心立方晶格的 α-Fe。再继续冷却，晶格类型不再发生变化。

在纯铁中加入少量的碳形成铁碳合金，可使纯铁强度和硬度明显提高。铁和碳发生相互作用形成固溶体和金属化

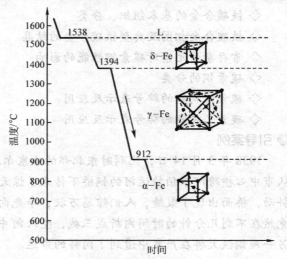

图 3-1　纯铁的同素异构转变过程

合物，同时固溶体和金属化合物又可组成具有不同性能的多相组织。铁碳合金的基本组织有：铁素体、奥氏体、渗碳体、珠光体和莱氏体。

1. 铁素体

碳溶入 α-Fe 中形成的间隙固溶体称为铁素体，用符号 F 表示。铁素体具有体心立方晶格，晶格的间隙分布较分散，间隙尺寸很小，溶碳能力较差，在 727℃时碳的溶解度最大为 0.0218%，室温时几乎为零。铁素体的塑性、韧性很好（$\delta = 30\% \sim 50\%$、$a_K = 160 \sim 200J/cm^2$），但强度、硬度较低（$\sigma_b = 180 \sim 280MPa$、$\sigma_s = 100 \sim 170MPa$、硬度为 $50 \sim 80HBW$）。铁素体的显微组织如图 3-2 所示。

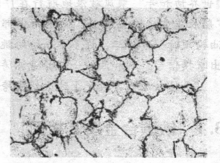

图 3-2　铁素体的显微组织

2. 奥氏体

碳溶入 γ-Fe 中形成的间隙固溶体称为奥氏体，用符号 A 表示。奥氏体具有面心立方晶格，其致密度较大，晶格间隙的总体积虽较铁素体小，但其分布相对集中，单个间隙的体积较大，所以 γ-Fe 的溶碳能力比 α-Fe 大，727℃时溶解度为 0.77%，随着温度的升高，溶碳量增多，1148℃时其溶解度最大，为 2.11%。

奥氏体常存在于 727℃以上，是铁碳合金中重要的高温相，强度和硬度不高，但塑性和韧性很好（$\sigma_b \approx 400MPa$、$\delta \approx 40\% \sim 50\%$、硬度为 $160 \sim 200HBW$），易锻压成形。奥氏体的显微组织如图 3-3 所示。

28

3. 渗碳体

渗碳体是铁和碳相互作用而形成的一种具有复杂晶体结构的金属化合物,常用分子式 Fe_3C 表示。渗碳体中碳的质量分数为 6.69%,熔点为 1227℃,硬度很高(800HBW),塑性和韧性极低($\delta \approx 0$、$a_K \approx 0$),脆性大。渗碳体分布在钢中主要起强化作用,其数量、形状、大小及分布状况对钢的性能影响很大。

4. 珠光体

珠光体是由铁素体和渗碳体组成的多相组织,用符号 P 表示。珠光体中碳的质量分数平均为 0.77%,由于珠光体组织是由软的铁素体和硬的渗碳体组成,因此,其性能介于铁素体和渗碳体之间,其具有较高的强度($\sigma_b = 770MPa$)和塑性($\delta = 20\% \sim 25\%$),硬度适中(180HBW)。珠光体在显微镜下呈片层状,其显微组织如图 3-4 所示,图中黑色层片为渗碳体,白色基体为铁素体。

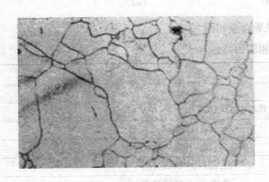
图 3-3 奥氏体的显微组织

图 3-4 珠光体的显微组织

5. 莱氏体

含碳量为 4.3% 的液态铁碳合金冷却到 1148℃时,同时结晶出奥氏体和渗碳体的多相组织称为**莱氏体**,用符号 L_d 表示。在 727℃ 以下莱氏体由珠光体和渗碳体组成,称为低温莱氏体,用符号 L_d' 表示。莱氏体的性能与渗碳体相似,硬度很高,塑性很差。

3.1.3 铁碳合金相图

铁碳合金相图表示在缓慢冷却(或缓慢加热)的条件下,不同成分的铁碳合金的状态或组织随温度变化的图形。

1. 铁碳合金相图的组成

为便于研究分析,可将相图上对常温组织和性能影响很小且实用意义不大的左上角很小部分(液相向 $\delta - Fe$ 及 $\delta - Fe$ 向 $\gamma - Fe$ 转变部分)以及左下角左边部分予以省略,具体可参阅相关资料。经简化后铁碳合金相图如图 3-5 所示。

2. 铁碳合金相图中的主要特性点

相图中的每一个点对应着一组成分、温度坐标,主要的几个特性点的温度、含碳量及其物理含义见表 3-1。

3. 铁碳合金相图中主要特性线

在铁碳合金相图中,有若干合金状态的分界线,它们是不同成分具有相同含义的临界点的连线,主要特性线及含义见表 3-2。

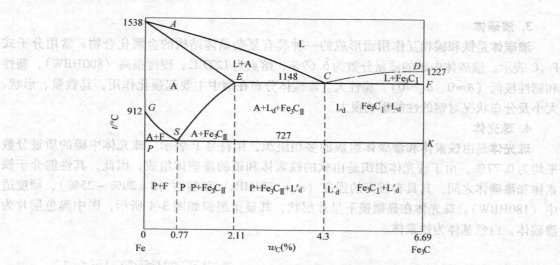

图 3-5　简化的铁碳合金相图

表 3-1　铁碳合金相图的特性点

特性点	温度 t/℃	含碳量 w_C（%）	含　　　义
A	1538	0	纯铁的熔点
C	1148	4.30	共晶点 1148℃，$L_d \longleftrightarrow (A + Fe_3C)$
D	1227	6.69	Fe_3C 的熔点
E	1148	2.11	碳在 $\gamma - Fe$ 中的最大溶解度
F	1148	6.69	生成 Fe_3C 的成分点
K	727	6.69	生成 Fe_3C 的成分点
S	727	0.77	共析点 $A_S \longleftrightarrow (F + Fe_3C)$

表 3-2　铁碳合金相图的特性线及含义

特性线	名称	含　　　义
ACD	液相线	此线以上为液相（L），缓冷至液相线时，开始结晶，AC 线以下结晶出奥氏体（A），在 CD 线以下结晶出渗碳体（Fe_3C）
$AECF$	固相线	缓冷至此线全部结晶为固态，此线以下为固相线。液相线与固相线之间的区域为金属液的结晶区，当处于此区时固液并存
ECF	共晶线	缓冷至此线时（1148℃）发生共晶转变，生成奥氏体（A）与渗碳体（Fe_3C）的混合物，即莱氏体（L_d）
PSK	共析线（A_1 线）	当合金冷却到此线时（727℃），发生共析转变，生成铁素体（F）与渗碳体（Fe_3C）的混合物，即珠光体（P）
ES	A_{cm}	碳在奥氏体中的溶解度线。在1148℃时，碳在奥氏体中的溶解度为 2.11%（即 E 点含碳量）；在 727℃时降到 0.77%（相当于 S 点）。从 1148℃缓慢冷却到 727℃的过程中，由于碳在奥氏体（A）中的溶解度减小，多余的碳将以渗碳体的形式从奥氏体（A）中析出，为加以区别，通常将自金属液中直接析出的渗碳体称为**一次渗碳体**（Fe_3C_I），将从奥氏体中析出的渗碳体称为**二次渗碳体**（Fe_3C_{II}）
GS	A_3	冷却时从奥氏体（A）中析出铁素体（F）的开始线，或加热时由铁素体（F）转变为奥氏体（A）的终止线

3.1.4 铁碳合金的分类

根据碳的质量分数和室温组织的不同，可将铁碳合金分为以下三类：

（1）工业纯铁 $w_C \leqslant 0.0218\%$。

（2）钢 $0.0218\% < w_C \leqslant 2.11\%$。根据室温组织的不同，钢又可分为三种：共析钢（$w_C = 0.77\%$）；亚共析钢（$w_C = 0.0218\% \sim 0.77\%$）；过共析钢（$w_C = 0.77\% \sim 2.11\%$）。

（3）白口铸铁 $2.11\% < w_C < 6.69\%$。根据室温组织的不同，白口铸铁又可分为三种：共晶白口铸铁（$w_C = 4.3\%$）；亚共晶白口铸铁（$w_C = 2.11\% \sim 4.3\%$）；过共晶白口铸铁（$w_C = 4.3\% \sim 6.69\%$）。

铁碳合金的分类见表3-3。

表3-3 铁碳合金的分类

铁碳合金类别		化学成分 w_C（%）	室温平衡组织
工业纯铁		0 ~ 0.0218	F
钢	共析钢	0.77	P
	亚共析钢	0.0218 ~ 0.77	F + P
	过共析钢	0.77 ~ 2.11	$P + Fe_3C_{II}$
白口铸铁	共晶白口铸铁	4.3	L'_d
	亚共晶白口铸铁	2.11 ~ 4.3	$P + Fe_3C_{II} + L'_d$
	过共晶白口铸铁	4.3 ~ 6.69	$L'_d + Fe_3C_I$

3.1.5 典型铁碳合金的结晶过程

下面以图3-6为例，分析典型铁碳合金的结晶过程及组织转变。图3-6中，Ⅰ、Ⅱ、Ⅲ、Ⅳ、Ⅴ、Ⅵ处分别对应共析钢、亚共析钢、过共析钢、共晶白口铸铁、亚共晶白口铸铁和过共晶白口铸铁等几种铁碳合金。

1. 共析钢（$w_C = 0.77\%$）

图3-6中合金Ⅰ对应的为含碳量0.77%的共析钢。当Ⅰ线向下与 AC 线相交时，共析钢开始结晶转变，结晶过程如图3-7所示。

（1）金属液冷却到1点 开始结晶出奥氏体（A）。

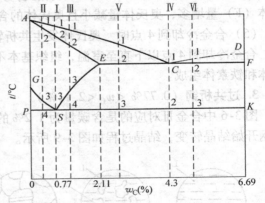

图3-6 典型铁碳合金在相图中的位置

（2）合金冷却到2点时 结晶终了，合金全部转变为奥氏体。

（3）合金温度处于2和3点之间 为单相奥氏体的自然冷却过程。

（4）合金冷却到3点 奥氏体发生共析转变，析出铁素体（F）和渗碳体（Fe_3C）的混合物珠光体（P）。

在 3 点（S 点）以下直至室温，组织基本不再发生变化，故共析钢的室温组织为珠光体。

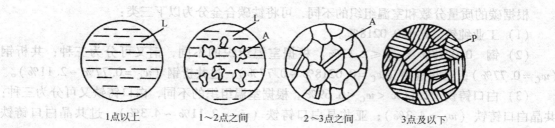

图 3-7 共析钢结晶过程示意图

2. 亚共析钢（$0.0218\% < w_C < 0.77\%$）

图 3-6 中合金 Ⅱ 对应的是含碳量为 0.45% 的亚共析钢，Ⅱ线向下与 AC 线相交时，亚共析钢开始结晶转变，结晶过程如图 3-8 所示。

图 3-8 亚共析钢结晶过程示意图

（1）金属液冷却到 1 点 开始结晶出奥氏体（A）。

（2）合金冷却到 2 点时 结晶终了，合金全部转变为奥氏体。

（3）合金温度处于 2 和 3 点之间 为单相奥氏体的自然冷却过程。

（4）合金冷却到 3 点时 与 GS 线相交，奥氏体中析出铁素体，随温度的下降析出的铁素体（F）量增多，奥氏体量减小且奥氏体的含碳量沿 GS 线增加。

（5）合金冷却到 4 点时 奥氏体发生共析转变，奥氏体转变成珠光体（P）。

合金冷却到 4 点以下直至室温，组织基本不再发生变化，所以亚共析钢的室温组织由珠光体和铁素体组成。

3. 过共析钢（$0.77\% < w_C < 2.11\%$）

图 3-6 中合金 Ⅲ 对应的是含碳量为 1.2% 的过共析钢，Ⅲ线向下与 AC 线相交时，过共析钢开始结晶转变，结晶过程如图 3-9 所示。

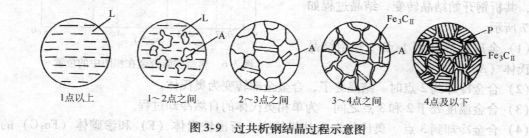

图 3-9 过共析钢结晶过程示意图

（1）金属液冷却到 1 点 结晶出奥氏体（A）。

（2）合金冷却到 2 点时　结晶终了，合金全部转变为奥氏体。

（3）合金温度处于 2 和 3 点之间　为单相奥氏体的自然冷却过程。

（4）合金冷却到 3 点时　与 ES 线相交，奥氏体中析出渗碳体，即二次渗碳体（Fe_3C_{II}），随温度的下降析出的渗碳体量增多，奥氏体量减小且奥氏体的含碳量沿 ES 线变化。

（5）合金冷却到 4 点时　奥氏体发生共析转变，奥氏体转变成珠光体。

合金冷却到 4 点以下直至室温，组织基本不再发生变化，所以过共析钢的室温组织由珠光体和渗碳体组成。

4. 共晶白口铸铁（$w_C = 4.3\%$）

图 3-6 中合金Ⅳ是含碳量为 4.3% 的共晶白口铸铁，该合金冷却时，与图中 EF、PSK 线分别交于 1、2 点，结晶过程如图 3-10 所示。

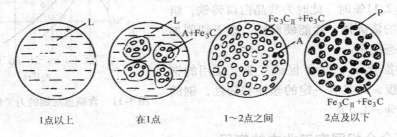

图 3-10　共晶白口铸铁结晶过程示意图

（1）合金在 1 点以上　合金为液相。

（2）缓冷至 1 点温度（1148℃）时　此点为共晶点，液体在恒温下同时结晶出奥氏体和渗碳体两种固相，称为莱氏体（或高温莱氏体）。在一定温度下由一定成分的液相同时结晶出两种或多种固相的转变，称为**共晶转变**。

（3）合金温度在 1～2 点之间　此时共晶转变已经完成，莱氏体在继续冷却过程中，其中的奥氏体将不断析出二次渗碳体，奥氏体中的含碳量沿 ES 线逐渐向共析成分接近。

（4）温度降到 2 点（727℃）时　发生共析转变，形成珠光体，而二次渗碳体保留到室温。

共晶白口铸铁的室温组织为珠光体和渗碳体的两相组织，称为**变态莱氏体**（或低温莱氏体）。

3.1.6　含碳量对钢性能的影响

1. 含碳量对铁碳合金组织的影响

铁碳合金在室温的组织都是由铁素体和渗碳体两相组成。不同的种类的铁碳合金，其室温组织不同。随着含碳量的增加，铁素体不断减少，而渗碳体不断增多，铁碳合金的成分与组织的关系如图 3-5 所示。组织的变化规律如下：

$$F + P \rightarrow P \rightarrow P + Fe_3C_{II} \rightarrow P + Fe_3C_{II} + L'_d \rightarrow L'_d \rightarrow L'_d + Fe_3C_I$$

2. 含碳量对钢力学性能的影响

钢的基体是铁素体，渗碳体是强化相。如亚共析钢，随含碳量的逐渐增多，铁素体量不断减少，渗碳体的量不断增多且分布愈加均匀，因而强度、硬度上升，脆性增大，塑性、韧性下降。但是，当渗碳体的数量增加并形成网状分布时（$w_C > 1.0\%$），强度明显下降，脆性增大。图3-11为含碳量对钢力学性能的影响。

由图3-11可以看到，随着含碳量的增加，铁素体和渗碳体相对质量的变化，可以得出如下结论：

（1）$w_C < 1.0\%$时　随着含碳量的增加，钢的强度、硬度呈直线上升，塑性和韧性快速下降。

（2）$w_C > 1.0\%$时　因网状渗碳体的存在，不仅塑性和韧性进一步下降，而且强度明显下降，但硬度仍升高。

（3）$w_C = 2.11\%$时　此时为共晶白口铸铁，组织中存在大量的渗碳体，性能硬而脆，难于切削加工，一般以铸态使用。

（4）钢的推荐 w_C　为了保证工业上使用的钢具有足够的强度，并具有一定的塑性和韧性，钢的 w_C 一般为 $0.3\% \sim 1.5\%$。

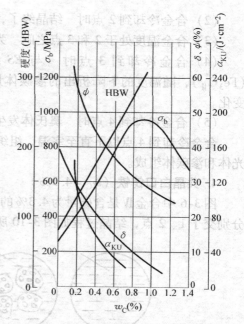

图3-11　含碳量对钢的力学性能的影响

3.1.7　铁碳合金相图在工业中的应用

1. 作为选材的依据

铁碳合金相图表明了钢材成分、组织的变化规律，从而可判断出不同成分的钢材的力学性能变化的特点，为选材提供了有力的依据。如需要选用塑性、韧性好的钢材，应选用含碳量低的钢（低碳钢）；需要强度、塑性及韧性都较好的钢材，应选用含碳量适中的钢；而一般弹簧应选用含碳量较高的钢来制造；需要具有很高硬度和耐磨性的切削工具和测量工具，一般选用含碳量高的钢来制造；一般机械零件和建筑结构用钢主要选用低碳钢和中碳钢。

2. 在铸造方面的应用

根据铁碳合金相图中的液相线可确定不同合金的熔点温度，从而确定合适的浇注温度，为拟订铸造工艺提供依据。从铁碳合金相图中可知，钢的熔点与浇注温度均比白口铸铁高，浇注温度一般在液相线以上 $50 \sim 100℃$；而且由铁碳合金相图可知，共晶成分的合金熔点最低，接近共晶成分的合金熔点也较低且结晶区域较小，因而铸造流动性好，体积收缩小，易获得组织致密的铸件（不易形成分散缩孔），适宜于铸造，在生产中通常选用共晶成分的合金作为铸造合金。

3. 在锻压加工方面的应用

由铁碳合金相图可知，钢在高温时处于奥氏体状态，而奥氏体的强度较低，塑性好，有利于进行塑性变形。因此，钢材的锻造、轧制（热轧）加工等均选择在单相奥氏体的适当温度范围内进行。

4. 在热处理方面的应用

铁碳合金相图对于制定热处理工艺有着特别重要的意义。热处理常用工艺如退火、正火、淬火的加热温度都是参考铁碳合金相图确定的。

3.2 碳素钢概述

含碳量小于 2.11% 的铁碳合金称为**碳素钢**，简称**碳钢**，属于非合金钢，关于合金钢详见本书第 5 章。碳素钢容易冶炼，价格低廉，易于加工，性能上能满足一般机械零件的使用要求，因此是工业中用量最大的金属材料。

3.2.1 常存杂质元素对碳素钢性能的影响

实际使用的碳素钢并不是单纯的铁碳合金，其中还含有少量的锰、硅、硫、磷等杂质元素，这些元素的存在对钢的性能有较大影响。

1. 锰的影响

锰是由炼铁原料（铁矿石）及炼钢时添加的脱氧剂（锰铁）之中带入的，碳素钢中锰的质量分数一般约为 0.25% ~ 0.80%。锰的脱氧能力较好，能清除钢中的 FeO，降低钢的脆性，与硫化合成 MnS，可以减轻硫的有害作用。锰还能溶于铁素体形成置换固溶体，产生固溶强化，提高钢的强度和硬度。因此，锰在钢中是一种有益元素。

2. 硅的影响

硅也是来自于生铁和脱氧剂，在钢中也是一种有益的元素，其质量分数一般在 0.4% 以下。硅和锰一样能溶入铁素体中，产生固溶强化，使钢的强度、硬度提高，但使塑性和韧性降低。当硅含量不多，在碳素钢中仅作为少量杂质存在时，对钢的性能影响不显著。

3. 硫的影响

硫是由生铁和炼钢燃料带入的杂质元素，在钢中是一种有害的元素。硫在钢中不溶于铁，而与铁化合形成化合物 FeS，FeS 与 Fe 能形成低熔点共晶体，熔点仅为 985℃，且分布在奥氏体的晶界上。当钢材在 1000 ~ 1200℃ 进行压力加工时，共晶体已经熔化，并使晶粒脱开，钢材变脆，这种现象称为**热脆性**，为此，钢中硫的含量必须严格控制。在钢中增加锰的含量，使之与硫形成 MnS（熔点 1620℃），可消除硫的有害作用，避免热脆现象。

4. 磷的影响

磷由生铁带入钢中，在一般情况下，钢中的磷能全部溶于铁素体中。磷有强烈的固溶强化作用，使钢的强度、硬度增加，但塑性、韧性则显著降低。这种脆化现象在低温时更为严重，故称为**冷脆**。一般希望冷脆转变温度低于工件的工作温度，以免发生冷脆。而磷在结晶过程中，由于容易产生晶内偏析，使局部区域含磷量偏高，导致冷脆转变温度升高，从而发生冷脆。冷脆对在高寒地带和其他低温条件下工作的结构件具有严重的危害性。此外，磷的偏析还使钢材在热轧后形成带状组织。

通常情况下，磷是有害的杂质，在钢中要严格控制磷的含量。但含磷量较多时，由于脆性较大，在制造炮弹钢以及改善钢的切削加工性方面则是有利的。

3.2.2 碳素钢的分类

1. 按钢中碳的含量分类

根据钢中含碳量的不同，可分为：

(1) 低碳钢 $w_C \leqslant 0.25\%$。

(2) 中碳钢　$0.25\% < w_C \leqslant 0.6\%$。

(3) 高碳钢　$w_C > 0.6\%$。

2. 按钢的质量分类

根据钢中有害杂质硫、磷含量的多少，可分为：

(1) 普通质量碳素钢　钢中硫、磷的含量较高（$w_S \leqslant 0.050\%$，$w_P \leqslant 0.045\%$）。

(2) 优质碳素钢　钢中硫、磷含量较低（$w_S \leqslant 0.035\%$，$w_P \leqslant 0.035\%$）。

(3) 高级优质碳素钢　钢中硫、磷含量很低（$w_S \leqslant 0.015\%$，$w_P \leqslant 0.025\%$）。

此外，按冶炼时脱氧程度，可将钢分为沸腾钢（脱氧不完全）、镇静钢（脱氧完全）和半镇静钢（脱氧较完全）三类。

3. 按钢的用途分类

根据钢的用途不同，可分为：

(1) 碳素结构钢　主要用于制造各种机械零件和工程结构件，这类钢一般属于低、中碳钢。

(2) 碳素工具钢　主要用于制造各种刃具、量具和模具，这类钢含碳量较高，一般属于高碳钢。

(3) 碳素铸钢　主要用于制作形状复杂，难以用锻压等方法成形的铸钢件。

4. 钢铁的牌号命名

在实际使用中，在给钢的产品命名时，往往把成分、质量和用途几种分类方法结合起来，如碳素结构钢、优质碳素结构钢、碳素工具钢、高级优质碳素工具钢、合金结构钢等。各类钢铁的牌号表示方法见附录D。

3.2.3　钢材的品种

为便于采购、订货和管理，我国目前将钢材按外形分为型材、板材、管材、金属制品4个大类。

1. 型材

包括钢轨、型钢（圆钢、方钢、扁钢、六角钢、工字钢、槽钢、角钢及螺纹钢等）和线材（直径 $5 \sim 10\text{mm}$ 的圆钢和盘条）等。

2. 板材

(1) 薄钢板　厚度 $d \leqslant 4\text{mm}$ 的钢板。

(2) 厚钢板　厚度 $d > 4\text{mm}$ 的钢板，又可分为中板（厚度 $d = 4 \sim 20\text{mm}$）、厚板（厚度 $d = 20 \sim 60\text{mm}$）和特厚板（厚度 $d > 60\text{mm}$）。

(3) 钢带　也称为带钢，实际上是长而窄并成卷供应的薄钢板。

(4) 电工硅钢薄板　也称为硅钢片或矽钢片。

3. 管材

(1) 无缝钢管　用热轧、热轧—冷拔或挤压等方法生产的管壁无接缝的钢管。

(2) 焊接钢管　将钢板或钢带卷曲成形，然后焊接制成的钢管。

4. 金属制品

包括钢丝、钢丝绳和钢绞线等。

3.3 碳素结构钢

3.3.1 普通碳素结构钢

1. 特性及应用

普通碳素结构钢含杂质较多，价格低廉，用于对性能要求不高的地方，其含碳量多在0.30%以下，含锰量不超过0.80%，强度较低，但塑性、韧性、冷变形性能好。

除少数情况外，普通碳素结构钢一般不作热处理，而是直接使用，多制成条钢、异型钢材、钢板等。其用途很多，用量很大，主要用于铁道、桥梁、各类建筑工程，制造承受静载荷的各种金属构件及不重要、不需要热处理的机械零件和一般焊接件。

2. 牌号表示方法

普通碳素结构钢的牌号由代号（Q）、屈服点数值、质量等级符号和脱氧方法符号四个部分表示，还可以在末尾加上尾缀说明质量等级和脱氧方法。说明如下：

（1）主体牌号 "Q"是钢材的屈服强度"屈"字的汉语拼音首字母，紧跟后面的是屈服强度值，再其后分别是质量等级符号和脱氧方法。

（2）尾缀 国家标准中规定了A、B、C、D四种质量等级，其中，A级质量最差，D级质量最好。表示脱氧方法时，沸腾钢在钢号后加"F"，半镇静钢在钢号后加"b"，特殊镇静钢在钢号后加"TZ"，镇静钢在钢号后加"Z"，其中特殊镇静钢和镇静钢则可省略不加任何字母。

例：Q235—A F

┗━━ 脱氧程度(F—沸腾钢、Z—镇静钢、b—半镇静钢)

┗━━ 质量等级(A、B、C、D，依次质量提高)

┗━━ 屈服点符号和数值(σ_s=235MPa)

因此，Q235—A F即表示屈服强度值为235MPa的A级沸腾钢。

3. 典型钢号

1）Q195、Q215，通常轧制成薄板、钢筋供应市场。也可用于制作铆钉、螺钉、轻负荷的冲压零件和焊接结构件等。

2）Q235、Q255强度稍高，可制作螺栓、螺母、销钉、吊钩和不太重要的机械零件以及建筑结构中的螺纹钢、型钢、钢筋等；质量较好的Q235C、Q235D可作为重要焊接结构用材。

3）Q275钢可部分代替优质碳素结构钢25、30、35钢使用。

普通碳素结构钢的牌号、化学成分和力学性能见表3-4。

3.3.2 优质碳素结构钢

1. 特性及应用

优质碳素结构钢中有害杂质S、P含量极少，出厂时既保证化学成分，又能保证力学性能，这类钢大多数用于制造机械零件，可以进行热处理以提高其力学性能。

表3-4 普通碳素结构钢的牌号、化学成分和力学性能

牌号	等级	化学成分 w (%) C	Mn	Si 不大于	S 不大于	P 不大于	脱氧方法	拉伸试验 屈服点 σ_s/MPa（钢材厚度 δ（直径 d）/mm，不小于）≤16	>16~40	>40~60	>60~100	>100~150	>150	抗拉强度 σ_b/MPa	伸长率 δ_5 (%)（钢材厚度 δ（直径 d）/mm，不小于）≤16	>16~40	>40~60	>60~100	>100~150	>150	冲击试验 温度/°C	冲击吸收功 A_{KV}/J 不小于
Q195		0.06~0.12	0.25~0.50	0.30	0.050	0.045	F、b、Z	195	185					315~390	33	32						
Q215	A	0.09~0.15	0.25~0.55	0.30	0.050	0.045	F、b、Z	215	205	195	185	175	165	335~410	31	30	29	28	27	26		
Q215	B	0.09~0.15	0.25~0.55	0.30	0.045	0.045	F、b、Z	215	205	195	185	175	165	335~410	31	30	29	28	27	26	20	27
Q235	A	0.14~0.22	0.30~0.65	0.30	0.050	0.045	F、b、Z	235	225	215	205	195	185	375~460	26	25	24	23	22	21		
Q235	B	0.12~0.20	0.30~0.70	0.30	0.045	0.045	F、b、Z	235	225	215	205	195	185	375~460	26	25	24	23	22	21	20	27
Q235	C	≤0.18	0.35~0.80	0.30	0.040	0.040	Z	235	225	215	205	195	185	375~460	26	25	24	23	22	21	0	27
Q235	D	≤0.17	0.35~0.80	0.30	0.035	0.035	TZ	235	225	215	205	195	185	375~460	26	25	24	23	22	21	-20	27
Q255	A	0.18~0.28	0.40~0.70	0.30	0.050	0.045	Z	255	245	235	225	215	205	410~510	24	23	22	21	20	19		
Q255	B	0.18~0.28	0.40~0.70	0.30	0.045	0.045	Z	255	245	235	225	215	205	410~510	24	23	22	21	20	19	20	27
Q275		0.28~0.38	0.50~0.80	0.35	0.050	0.045	Z	275	265	255	245	235	225	490~610	20	19	18	17	16	15		

2. 牌号表示方法

用钢中平均含碳量的万分数表示钢号。例如，45 钢表示平均 $w_C = 0.45\%$ 的优质碳素结构钢；08 钢，表示平均含碳量为 0.08% 的优质碳素结构钢。

优质碳素结构钢根据钢中含锰量的不同，分为普通含锰量钢（$w_{Mn} < 0.8\%$）和较高含锰量钢（$w_{Mn} = 0.8\% \sim 1.2\%$）两种。

较高含锰量在钢号后面标出元素符号"Mn"，如 65Mn 钢，表示平均 $w_C = 0.65\%$，并含有较多锰的优质碳素结构钢（$w_{Mn} = 0.8\% \sim 1.2\%$）；若为沸腾钢在钢号后面加"F"，如08F；如果是高级优质钢，在数字后面加上符号"A"；特级优质钢在数字后面加上符号"E"。

优质碳素结构钢的牌号，化学成分和力学性能见表 3-5。

表 3-5　优质碳素结构钢牌号、化学成分和力学性能

牌号	化学成分 w（%）					力学性能					硬度 ≤HBW	
	C	Si	Mn	P	S	σ_s/MPa	σ_b/MPa	δ(%)	ψ(%)	A_{KV}/J	未热处理	退火
						不小于						
05F	≤0.06	≤0.03	≤0.04	≤0.035	≤0.040	—	—	—	—	—	—	—
08F	0.05~0.11	≤0.03	0.25~0.50	≤0.04	≤0.04	180	300	35	60	—	131	—
08	0.05~0.12	0.17~0.37	0.35~0.65	≤0.035	≤0.04	200	330	33	60	—	131	—
10F	0.07~0.14	≤0.07	0.25~0.50	≤0.04	≤0.04	190	320	33	55	—	137	—
10	0.07~0.14	0.17~0.37	0.35~0.65	≤0.035	≤0.04	210	340	31	55	—	137	—
15F	0.12~0.19	≤0.07	0.25~0.50	≤0.04	≤0.04	210	360	29	55	—	143	—
15	0.12~0.19	0.17~0.37	0.35~0.65	≤0.04	≤0.04	230	380	27	55	—	143	—
20F	0.17~0.24	≤0.07	0.25~0.50	≤0.04	≤0.04	230	390	27	55	—	156	—
20	0.17~0.24	0.17~0.37	0.35~0.65	≤0.04	≤0.04	250	420	25	55	—	156	—
25	0.22~0.30	0.17~0.37	0.50~0.80	≤0.04	≤0.04	280	460	23	50	72	170	—
30	0.27~0.35	0.17~0.37	0.50~0.80	≤0.04	≤0.04	300	500	21	50	64	179	—
35	0.32~0.40	0.17~0.37	0.50~0.80	≤0.04	≤0.04	320	540	20	45	56	187	—
40	0.37~0.45	0.17~0.37	0.50~0.80	≤0.04	≤0.04	340	580	19	45	48	217	187
45	0.42~0.50	0.17~0.37	0.50~0.80	≤0.04	≤0.04	360	610	16	40	40	241	197
50	0.47~0.55	0.17~0.37	0.50~0.80	≤0.04	≤0.04	380	640	14	40	32	241	207
55	0.52~0.60	0.17~0.37	0.50~0.80	≤0.04	≤0.04	390	660	13	35	—	255	217
60	0.57~0.65	0.17~0.37	0.50~0.80	≤0.04	≤0.04	410	690	12	35	—	255	229
65	0.62~0.70	0.17~0.37	0.50~0.80	≤0.04	≤0.04	420	710	10	30	—	255	229
70	0.67~0.75	0.17~0.37	0.50~0.80	≤0.04	≤0.04	430	730	9	30	—	269	229
75	0.72~0.80	0.17~0.37	0.50~0.80	≤0.04	≤0.04	900	1100	7	20	—	285	241
80	0.77~0.85	0.17~0.37	0.50~0.80	≤0.04	≤0.04	950	1100	6	30	—	285	241
85	0.82~0.90	0.17~0.37	0.50~0.80	≤0.04	≤0.04	1000	1150	6	30	—	302	255
15Mn	0.12~0.19	0.17~0.37	0.70~1.00	≤0.04	≤0.04	250	420	26	55	—	163	—
20Mn	0.17~0.24	0.17~0.37	0.70~1.00	≤0.04	≤0.04	280	460	24	50	—	197	—

（续）

牌号	化学成分 w（%）					力学性能						
	C	Si	Mn	P	S	σ_s/MPa	σ_b/MPa	δ(%)	ψ(%)	A_{KV}/J	硬度≤HBW	
								不小于			未热处理	退火
25Mn	0.22~0.30	0.17~0.37	0.70~1.00	≤0.04	≤0.04	300	500	22	50	72	207	
30Mn	0.27~0.35	0.17~0.37	0.70~1.00	≤0.04	≤0.04	320	550	20	45	64	217	187
35Mn	0.32~0.40	0.17~0.37	0.70~1.00	≤0.04	≤0.04	340	570	18	45	56	229	197
40Mn	0.37~0.45	0.17~0.37	0.70~1.00	≤0.04	≤0.04	360	600	17	45	48	229	207
45Mn	0.42~0.50	0.17~0.37	0.70~1.00	≤0.04	≤0.04	380	630	15	40	40	241	217
50Mn	0.48~0.56	0.17~0.37	0.70~1.00	≤0.04	≤0.04	400	660	13	40	32	255	217
60Mn	0.57~0.65	0.17~0.37	0.70~1.00	≤0.04	≤0.04	420	710	11	35	—	269	229
65Mn	0.62~0.70	0.17~0.37	0.70~1.20	≤0.04	≤0.04	440	750	9	30	—	285	229
70Mn	0.67~0.75	0.17~0.37	0.70~1.20	≤0.04	≤0.04	460	800	8	30	—	285	229

3. 典型钢号

优质碳素结构钢主要用于制造机械零件，一般都要经过热处理后才能使用。

（1）08F 钢　碳质量分数低，塑性好，强度低，轧成薄板，主要用于制造冷冲压件，如家电、汽车和仪表外壳等。

（2）15 钢、20 钢　主要用于制造渗碳件，经渗碳热处理后，使工件表面具有高硬度、高耐磨性，而心部仍保持着很高的韧性；用于制造承受冲击载荷及易磨损条件下工作的零件，如小模数渗碳齿轮等；也用于制造冷变形零件和焊接件。

（3）45 钢　经调质后可获得良好的综合力学性能，属于中碳钢，主要用于制造受力较大的机械零件，如齿轮、连杆、轴等。

（4）65（65Mn）钢　具有较高的强度，可用于制造各种弹簧、机车轮缘、低速车轮等。

3.4　碳素工具钢

碳素工具钢经最终热处理后，硬度可达 60~65HRC，其耐磨性和加工性都较好，价格也低廉，生产上得到广泛应用。

1. 特性及应用

碳素工具钢是用于制造刃具、模具、量具及其他工具的钢，特点是生产成本低，加工性能优良，强度、硬度较高，耐磨性好，但塑性和韧性较差，适用于制造各种手用工具。因大多数工具都要求高硬度和高耐磨性，故碳素工具钢的含碳量较高，为 $w_C = 0.65\% ~ 1.35\%$，而且都是优质或高级优质钢。此类钢一般以退火状态供应市场。使用时再进行适当的热处理。

碳素工具钢的缺点是热硬性差，当刃部温度高于 200℃时，硬度、耐磨性会显著降低。另外，由于淬透性差，直径厚度在 15~20mm 及以下的试样在水中才能淬透，尺寸大的难以淬透，形状复杂的零件，水淬容易变形和开裂，所以碳素工具钢大多用于制造受热程度较低、尺寸较小的手工工具及低速、小走刀量的机加工工具，也可用于制造尺寸较小的模具和量具。

2. 牌号表示方法

用"碳"字汉语拼音首字母"T"加上数字表示。数字表示钢平均含碳量的千分数。例如 T12 钢表示 $w_C = 1.2\%$ 的碳素工具钢。如果牌号末尾处写上"A"，则表示钢中含硫、磷量较少，为高级优质钢，如末尾处加上"Mn"，则表示含锰量较高。

例：

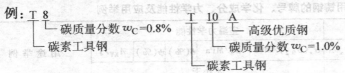

碳素工具钢的牌号、含碳量、性能和用途见表 3-6。各种牌号的碳素工具钢淬火后的硬度相差不大，但随着含碳量的增加，钢的耐磨性增加，韧性降低。因此，不同牌号的工具钢在用途上有所区别。

表 3-6　碳素工具钢的牌号、含碳量、性能和用途

牌号	w_C（%）	硬度				用途举例
		退火状态	试样淬火			
		≤HBW	淬火温度/℃	冷却剂	≥HRC	
T7、T7A	0.65～0.74	187	800～820	水	62	淬火回火后，常用于制造能承受振动、冲击，并且在硬度适中情况下有较好韧性的工具，如冲头、木工工具等
T8、T8A	0.75～0.84	187	780～800	水	62	淬火回火后，常用于制造要求有较高硬度和耐磨性的工具，如冲头、木工工具、剪刀、锯条等
T8Mn、T8MnA	0.80～0.90	187	780～800	水	62	
T9、T9A	0.85～0.94	192	760～780	水	62	用于制造具有一定硬度和韧性的工具，如冲模、冲头等
T10、T10A	0.95～1.04	197	760～780	水	62	用于制造耐磨性要求较高，不受剧烈振动，具有一定韧性及具有锋利刃口的各种工具，如刨刀、车刀、钻头等
T11、T11A	1.05～1.14	207	760～780	水	62	
T12、T12A	1.15～1.24	207	760～800	水	62	用于制造不受冲击、要求高硬度的各种工具，如丝锥、锉刀等
T13、T13A	1.25～1.35	217	760～800	水	62	适用于制造不受振动、要求极高硬度的各种工具，如剃刀、刮刀、刻字刀具等

3.5 铸造碳钢

1. 特性及应用

铸造碳钢（铸钢）的含碳量一般为 0.15%～0.6%。铸钢的铸造性能比铸铁差，但力学性能比铸铁好。铸钢主要用于制造形状复杂、力学性能要求高、在工艺上又很难用锻压等方

法成形的比较重要的机械零件，例如汽车的变速箱壳，机车车辆的车钩和联轴器等。

2. 牌号表示方法

用"铸"和"钢"两字汉语拼音首字母"ZG"后加两组数字表示，第一组数字表示屈服点的最低值，第二组数字表示抗拉强度的最低值。

例如：ZG200—400，表示 $\sigma_s \geq 200MPa$，$\sigma_b \geq 400MPa$ 的铸钢。

工程用铸钢的牌号、化学成分、力学性能及应用举例见表3-7。

表3-7 工程用铸钢的牌号、化学成分、力学性能及应用举例

牌 号	化学成分 w（%）				室温力学性能					用途举例
	C	Si	Mn	P、S	$\sigma_s(\sigma_{0.2})$/MPa	σ_b/MPa	δ(%)	ψ(%)	A_{KV}/J	
	不大于				不小于					
ZG200—400	0.20	0.50	0.80	0.04	200	400	25	40	30	良好的塑性、韧性和焊接性，用于制造受力不大的机械零件，如机座、变速箱壳等
ZG230—450	0.30	0.50	0.90	0.04	230	450	22	32	25	一定的强度和较好的塑性、韧性、焊接性。用于制造受力不大、韧性好的机械零件，如外壳、轴承盖等
ZG270—500	0.40	0.50	0.90	0.04	270	500	18	25	22	较高的强度和较好的塑性，铸造性良好，焊接性尚好，切削性好。用于制造轧钢机机架、箱体等
ZG310—570	0.50	0.60	0.90	0.04	310	570	15	21	15	强度和切削性良好，塑性、韧性较低。用于制造载荷较高的大齿轮、缸体等
ZG340—640	0.60	0.60	0.90	0.04	340	640	10	18	10	有高的强度和耐磨性，切削性好，焊接性较差，流动性好，裂纹敏感性较大。用于制造齿轮、棘轮等

● **案例释疑**

分析：几座钢桥垮塌，油轮断裂，这些惨痛的教训引起了科学家们的高度重视，答案最终被科学家们找到了。首先，任何固体材料都会有弹性，而材料的弹性是有一定限度的，一旦所受的力超过其弹性限度时，材料就会断裂。材料的弹性不仅与材料本身的结构密切相关，而且还随温度的变化而变化。钢材在低温下，其弹性限度会大大下降。其次，更为重要的是，科学家们发现以上几座钢桥和油轮的钢材中含磷量较高。磷是由生铁带入钢中的有害杂质元素，磷在钢中能全部溶入铁素体，使钢的强度、硬度有所提高，但却使常温下钢的塑

性、韧性急剧降低，使钢变脆，这种情况在低温时更为严重，称为冷脆性。钢桥在严寒中受冷脆性影响，当承受不住外来的压力时，桥上的钢材就会产生裂缝，以致大桥垮塌、油轮断裂。

结论：磷是有害的元素，它使钢产生冷脆性，因此应严格控制其含量。设计师在设计大型建筑和结构时，必须高度重视钢材的抗寒能力，量材施用。

本章小结

（1）纯铁的塑性、韧性较好，强度、硬度很低，因此很少作为结构材料使用。

（2）铁碳合金的基本组织有：铁素体、奥氏体、渗碳体、珠光体和莱氏体。

（3）铁碳合金相图表示在缓慢冷却（或缓慢加热）的条件下，不同成分的铁碳合金的状态或组织随温度变化的图形。

（4）简要介绍了典型铁碳合金的结晶过程及组织转变。

（5）不同种类的铁碳合金，随着含碳量的增加，铁素体不断减少，而渗碳体不断增多。当 $w_C < 1.0\%$ 时，含碳量增加，合金的强度、硬度上升，脆性增大，塑性、韧性下降。当 $w_C > 1.0\%$ 时，因渗碳体的存在，不仅合金塑性和韧性进一步下降，而且强度明显下降，但硬度仍升高。

（6）含碳量小于 2.11% 的铁碳合金为碳素钢。碳素钢容易冶炼，价格低廉，易于加工，性能上能满足一般机械零件的使用要求，因此是工业中用量最大的金属材料。

（7）普通碳素结构钢含杂质较多，价格低廉，用于对性能要求不高的地方，其含碳量多在 0.30% 以下，含锰量不超过 0.80%，强度较低，但塑性、韧性、冷变形性能好。

（8）碳素工具钢是用于制造刀具、模具、量具及其他工具的钢，特点是生产成本低，加工性能优良，强度、硬度较高，耐磨性好，但塑性和韧性较差，适用于制造各种手用工具。

（9）铸钢主要用于制造形状复杂、力学性能要求高、在工艺上又很难用锻压等方法成形的比较重要的机械零件。

思考与练习

1. 简述纯铁的特性与用途。

2. 叙述什么是铁碳合金相图。

3. 随着含碳量的增加，碳素钢的强度有何变化规律，原因是什么？

4. 为何要在碳素钢中严格控制硫、磷的含量？而在易切削的钢中磷含量又要适当提高？

5. 同样外观和大小的两块铁碳合金，其中一块是低碳钢，一块是白口铸铁。试问用什么简便方法可迅速将它们区分开来？

6. Q235—AF 钢牌号的含义是什么？

7. 简述碳素工具钢的特性与应用。

第4章 钢的热处理

💠 学习重点及难点

◇ 热处理的基本原理
◇ 钢的退火和正火的目的及应用
◇ 钢的淬火及其缺陷、预防
◇ 回火的目的及常用回火方法
◇ 钢的表面淬火工艺方法
◇ 其他热处理技术
◇ 热处理工艺位置安排、方案选择及工艺性设计

💠 引导案例

据史书记载，蒲元是三国时期的蜀国人，他曾经在成都为刘备造刀5000把，上刻"七十二炼"。后来，他又在斜谷（今陕西省眉县西南）为诸葛亮制刀3000把。据说，蒲元在冶炼金属、制造刀具上所用方法与常人大不一样，当钢刀制成后，为了检验钢刀的锋利程度，他在大竹筒中装满铁珠，然后让人举刀猛劈，结果"应手灵落"，如同斩草一样，竹筒豁然断成两截，而筒内的铁珠也被"一分为二"。因此，蒲元的制刀技艺"称绝当世"，他所制的钢刀因能如此"削铁如泥"而被称为"神刀"。那么蒲元在冶炼金属、制造刀具上使用了与常人不一样的什么方法呢？

其实"神刀"是在蒲元对钢材进行了热处理的基础上打造成的，那么钢材在热处理后性能为什么会发生改变，又是如何提高钢的强度和硬度的呢？

4.1 热处理概述

1. 热处理的概念

钢的热处理是指将钢在固态下采用适当的方式进行加热、保温和冷却，从而改变钢的内部组织结构，最终获得所需性能的工艺方法。

钢的各种热处理工艺都包括加热、保温和冷却三个阶段，加热温度和各阶段持续时间是决定热处理工艺的主要因素，钢的热处理工艺曲线如图4-1所示。

2. 热处理的特点

热处理工艺区别于其他加工工艺（如铸造、锻造、焊接等）的特征是不改变工件的形状，只改变材料的组织结构和性能。热处理工艺只适用于固态下能发生组织转变的材料，无固态相变的材料则不能用热处理来进行强化。

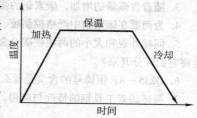

图4-1 热处理工艺曲线

3. 热处理的功用

通过适当的热处理，不仅可以提高钢的使用性能，改善钢的工艺性能，而且能够充分发

挥钢的性能潜力，从而减少零件的重量，延长产品使用寿命，提高产品的产量、质量和经济效益。

据统计，在机床制造中有60%～70%的零部件要经过热处理；在汽车、拖拉机制造中有70%～90%的零部件要经过热处理；飞机配件、各种工具和滚动轴承等几乎100%的需要进行热处理。

4. 热处理的分类

根据加热、冷却方式的不同，以及钢的组织和性能的变化特征不同，可将热处理大致进行如下分类：

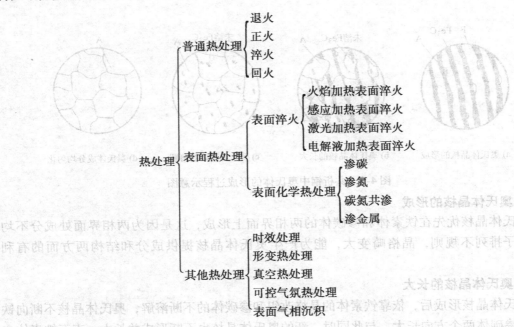

4.2 钢在加热时的转变

4.2.1 钢在加热和冷却时的固态临界点

钢在固态下进行加热、保温和冷却时将发生组织转变，转变临界点根据 Fe—Fe₃C 相图（参见图3-5）确定。平衡状态下，当钢在缓慢加热或冷却时，其固态下的临界点分别用 Fe—Fe₃C 相图中的平衡线 A₁（PSK 线）、A₃（GS 线）、A_cm（ES 线）表示。

实际加热和冷却时，发生组织转变的临界点都要偏离平衡临界点，并且加热和冷却速度越快，其偏离的程度越大。实际加热时的临界点分别用 Ac₁、Ac₃、Ac_cm 表示；实际冷却时的临界点分别用 Ar₁、Ar₃、Ar_cm 表示。钢在加热和冷却时相图上各相变临界点的

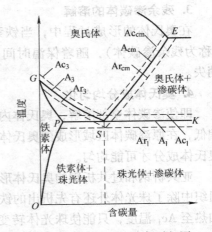

图4-2 钢在加热和冷却时相图上各相变临界点的位置

位置如图4-2所示。

4.2.2 钢在加热时的组织转变过程

热处理时，首先要把钢加热到一定温度，这是热处理过程中的一个重要阶段，其目的主要是使钢奥氏体化。

这里以共析钢（含碳量为0.77%）为例，来说明钢在加热时的组织转变规律。将共析钢加热至 Ac_1 温度时，便会发生珠光体向奥氏体的转变，其转变过程也是一个晶核形成和长大的过程，一般可分为四个阶段，如图4-3所示。

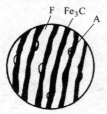   

a) 奥氏体晶核的形成　　b) 奥氏体晶核的长大　　c) 残余渗碳体的溶解　　d) 奥氏体成分均匀化

图4-3　共析钢中奥氏体的形成过程示意图

1. 奥氏体晶核的形成

奥氏体晶核优先在铁素体和渗碳体的两相界面上形成，这是因为两相界面处成分不均匀，原子排列不规则，晶格畸变大，能为产生奥氏体晶核提供成分和结构两方面的有利条件。

2. 奥氏体晶核的长大

奥氏体晶核形成后，依靠铁素体的晶格改组和渗碳体的不断溶解，奥氏体晶核不断向铁素体和渗碳体两个方向长大。与此同时，新的奥氏体晶核也不断形成并长大，直至铁素体全部转变为奥氏体为止。

3. 残余渗碳体的溶解

在奥氏体的形成过程中，当铁素体全部转变为奥氏体后，仍有部分渗碳体尚未溶解（称为残余渗碳体），随着保温时间的延长，残余渗碳体将不断溶入奥氏体中，直至完全消失。

4. 奥氏体成分均匀化

即使渗碳体全部溶解，奥氏体内的成分仍不均匀，在原铁素体区域形成的奥氏体含碳量偏低，在原渗碳体区域形成的奥氏体含碳量偏高，还需保温足够时间，让碳原子充分扩散，奥氏体成分才可能均匀。

亚共析钢和过共析钢的奥氏体形成过程与共析钢基本相同，不同的是，亚共析钢的平衡组织中除了珠光体外还有先析出的铁素体，过共析钢中除珠光体外还有先析出的渗碳体。若加热至 Ac_1 温度，只能使珠光体转变为奥氏体，得到"奥氏体＋铁素体"或"奥氏体＋二次渗碳体"组织，称为**不完全奥氏体化**。只有继续加热至 Ac_3 或 Ac_{cm} 温度以上，才能得到单相奥氏体组织，即**完全奥氏体化**。

46

4.2.3 加热时奥氏体的晶粒大小及控制

1. 奥氏体晶粒大小及其对钢性能的影响

奥氏体晶粒的大小对钢冷却后的组织和性能有很大影响。钢在加热时获得的奥氏体晶粒大小，直接影响到冷却后转变产物的晶粒大小（如图4-4所示）和力学性能。加热时获得的奥氏体晶粒细小，则冷却后转变产物的晶粒也细小，其强度、塑性和韧性较好；反之，粗大的奥氏体晶粒冷却后转变产物也粗大，其强度、塑性较差，特别是冲击韧度显著降低。

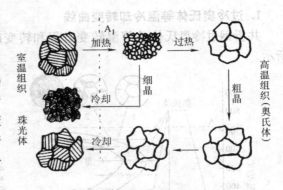

图4-4 钢在加热和冷却时晶粒大小的变化

晶粒度是表示晶粒大小的一种尺度，工程上将奥氏体标准晶粒度分为00、0、1、2、…、10十二个等级，其中常用的为1~8级，1~4级为粗晶粒，5~8级为细晶粒，超过8级为超细晶粒。

2. 奥氏体晶粒大小的控制

奥氏体晶粒尺寸过大（或过粗）会导致热处理后钢的强度降低，工程上往往希望钢在加热后得到细小而成分均匀的奥氏体晶粒。可以从以下三个途径对奥氏体晶粒的大小加以控制：

（1）加热温度和保温时间 奥氏体刚形成时晶粒是细小的，但随着温度的升高，奥氏体晶粒将逐渐长大，温度越高，晶粒长大越明显；在一定温度下，保温时间越长，奥氏体晶粒就越粗大。因此，热处理加热时要合理选择加热温度和保温时间，以保证获得细小均匀的奥氏体组织。

（2）钢的成分 随着奥氏体中含碳量的增加，晶粒的长大倾向也增加；若碳以未溶碳化物的形式存在，则有阻碍晶粒长大的作用。

（3）合金元素 在钢中加入能形成稳定碳化物的元素（如钛、钒、铌、锆等）和能形成氧化物或氮化物的元素（如适量的铝等），有利于获得细晶粒，因为碳化物、氧化物和氮化物等弥散分布在奥氏体的晶界上，能阻碍晶粒长大；锰和磷是促进奥氏体晶粒长大的元素。

4.3 钢在冷却时的转变

在实际生产过程中，钢加热到奥氏体状态后，由于冷却方式、冷却速度等都有所不同，钢的转变产物在组织和性能上有很大差别。表4-1列出了40Cr钢经850℃加热到奥氏体后，在不同条件下冷却后的力学性能。

表4-1 40Cr钢经850℃加热到奥氏体后，在不同条件下冷却后的力学性能

冷却方式	σ_b/MPa	σ_s/MPa	$\delta(\%)$	$\psi(\%)$	$A_K/(J/cm^2)$
炉冷	574	289	22	58.4	61
空冷	678	387	19.3	57.3	80
油冷并经200℃回火	1850	1590	8.3	33.7	55

本节以共析钢为例，来说明钢在冷却时的转变过程。

4.3.1　过冷奥氏体的等温转变

1. 过冷奥氏体等温冷却转变曲线

共析钢过冷奥氏体的等温转变过程和转变产物可用其等温转变曲线来分析，如图4-5所示。

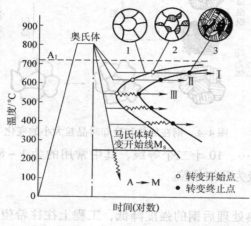
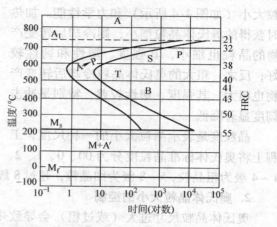

图4-5　共析钢过冷奥氏体的等温转变曲线图

图4-5中左边一条曲线为转变开始线，右边一条曲线为转变终了线；M_s线表示奥氏体向马氏体转变的开始线；M_f表示马氏体转变终了线。在A_1线上部为奥氏体稳定区；转变开始线左边是奥氏体转变准备阶段，称为**过冷奥氏体区**，也称"孕育区"；转变开始线和转变终了线之间为**奥氏体和转变产物混合区**；转变终了线右边为**转变产物区**。

在图4-5中，大约550℃左右，曲线出现一个拐点，俗称"鼻尖"，此处孕育区最短，过冷奥氏体最不稳定，转变速度也最快。符号A'表示残留奥氏体，指工件淬火冷却至室温后残存的奥氏体。

2. 过冷奥氏体等温冷却转变产物的组织形态及性能

从奥氏体等温转变图可知，随过冷奥氏体等温转变温度的不同，其转变特性和转变产物的组织也不同。一般可将过冷奥氏体转变分为高温转变、中温转变和低温转变。

（1）高温转变（珠光体型转变）　过冷奥氏体在$A_1 \sim 550$℃温度范围内等温时，将发生珠光体型转变。由于转变温度较高，原子具有较强的扩散能力，转变产物为铁素体薄层和渗碳体薄层交替重叠的层状组织，即珠光体型组织。等温温度越低，铁素体层和渗碳体层越薄，层间距（一层铁素体和一层渗碳体的厚度之和）越小，硬度越高。根据片层的厚薄不同，这类组织又可细分为三种，分别称为珠光体（P）、索氏体（S）和托氏体（T），珠光体型显微组织如图4-6所示。

（2）中温转变（贝氏体型转变）　过冷奥氏体在550℃～M_s（马氏体转变开始温度）的转变称为中温转变，由于转变温度较低，原子扩散能力逐渐减弱，其转变产物属于贝氏体

图4-6　珠光体型显微组织（放大500倍）

型，所以也叫贝氏体型转变。贝氏体用符号"B"表示，它仍是由铁素体与渗碳体组成的机械混合物，但其形貌及渗碳体的分布与珠光体型不同，硬度也比珠光体型的高。由于等温温度不同，贝氏体的形态也不同，分为上贝氏体（$B_上$）和下贝氏体（$B_下$）。上贝氏体的显微组织如图4-7a所示，在光学显微镜下，铁素体呈暗黑色，渗碳体呈亮白色。下贝氏体组织形态呈黑色针状，强度较高，塑性和韧性也较好，具有良好的综合力学性能，其显微组织如图4-7b所示。

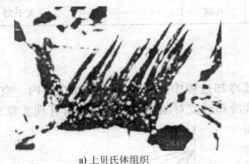

a) 上贝氏体组织　　　　　　　　b) 下贝氏体组织

图4-7　贝氏体型组织（放大500倍）

（3）低温转变（马氏体型转变）　当转变温度低于M_s时，由于转变温度很低，只有$\gamma-Fe$向$\alpha-Fe$的晶格转变，铁、碳原子均不能进行扩散，碳将全部固溶在$\alpha-Fe$的晶格中，这种含过饱和碳的固溶体称为马氏体，用符号M表示。根据组织形态的不同，马氏体可分为高碳马氏体（针状）和低碳马氏体（板条状）两种。高碳马氏体由于碳的过饱和而导致晶格严重畸变，增加了塑性变形抗力，特别是含碳量高时更为明显。因此，高碳马氏体硬而脆，硬度可达65HRC左右。而板条状低碳马氏体硬度虽然低些，但具有较高的强度、良好的韧性和塑性。马氏体型显微组织如图4-8所示。

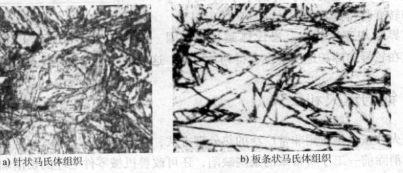

a) 针状马氏体组织　　　　　　　　b) 板条状马氏体组织

图4-8　马氏体型显微组织（放大500倍）

共析钢过冷奥氏体的等温转变产物的组织特征及硬度见表4-2。

表4-2　共析钢过冷奥氏体等温转变产物的组织特征及硬度

组织名称	符号	转变温度/℃	组织形态	层间距/μm	硬度/HRC
珠光体	P	$A_1 \sim 650$	粗片状	约0.3	小于25
索氏体	S	650~600	细片状	0.3~0.1	25~35
托氏体	T	600~550	极细片状	约0.1	35~40

（续）

组织名称	符号	转变温度/℃	组织形态	层间距/μm	硬度/HRC
上贝氏体	$B_上$	550 ~ 350	羽毛状	—	40 ~ 45
下贝氏体	$B_下$	350 ~ M_s	黑色针状	—	45 ~ 55
马氏体	M	M_s ~ M_f	板条状	—	40 左右
			片状	—	大于 55

4.3.2 过冷奥氏体的连续冷却转变

在生产实践中，过冷奥氏体大多是在连续冷却过程中发生转变的，如在炉内、空气里、油或水槽中冷却。因此，研究过冷奥氏体连续冷却转变对制定热处理工艺具有现实意义。

共析钢过冷奥氏体连续冷却转变曲线如图 4-9 所示。图中 P_s 线是过冷奥氏体转变为珠光体型组织的开始线；P_f 线是过冷奥氏体全部转变为珠光体型组织的终了线。

两线之间为转变的过渡区。K 线为珠光体转变的终止线，v_K 称为**上临界冷却速度**，它是得到全部马氏体组织的最小冷却速度，又称**临界冷却速度**。v'_K 称为**下临界冷却速度**，它是得到全部珠光体组织的最大冷却速度。当冷却速度小于 v'_K 时，连续冷却转变得到珠光体组织；冷却速度大于 v'_K 而小于 v_K 时，连续冷却转变将得到"珠光体 + 马氏体组织"。

临界冷却速度越小，奥氏体越稳定，因而即使在较慢的冷却速度下也会得到马氏体。这对淬火工艺操作具有十分重要的意义。

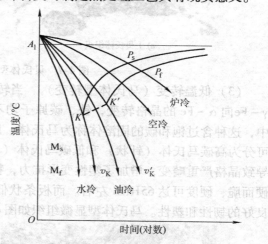

图 4-9　共析钢过冷奥氏体连续冷却转变曲线

4.4 钢的退火和正火

退火和正火是应用非常广泛的热处理方法，主要用于铸、锻、焊毛坯加工前的预备热处理，以消除前一工序所带来的某些缺陷，还可改善机械零件毛坯的切削加工性能，也可用于性能要求不高的机械零件的最终热处理。

4.4.1 钢的退火

钢的退火是将钢材或钢件加热到临界温度以上的适当温度，保持一定时间，然后缓慢冷却（通常随炉冷却）以获得接近平衡的珠光体组织的热处理工艺。

钢经退火后将获得接近于平衡状态的组织，退火的主要目的如下：

1）降低硬度，提高塑性，以利于切削加工或继续冷变形。

2）细化晶粒，消除组织缺陷，改善钢的性能，并为最终热处理作组织准备。

3）消除内应力，稳定工作尺寸，防止变形与开裂。

4）为后续热处理做准备。

退火方法很多，通常按退火目的不同，分为完全退火、球化退火、均匀化退火和去应力退火等。

1. 完全退火

完全退火又称**重结晶退火**，一般简称为**退火**。完全退火是一种将钢加热到 Ac_3 以上 $30 \sim 50℃$，保温一定时间，缓慢冷却（随炉冷却、埋入石灰和砂中冷却）至 $500℃$ 以下，然后在空气中冷却，以获得接近平衡状态组织的热处理工艺。

（1）应用 完全退火主要用于亚共析钢和中碳合金钢的铸、焊、锻、轧制件等的处理，一般常作为一些不重要工件的最终热处理或作为某些重要件的预先热处理。过共析钢不宜采用完全退火，因为当加热到 Ac_{cm} 以上慢冷时，二次渗碳体会以网状形式沿奥氏体晶界析出，使钢的韧性大大下降，并可能在以后的热处理中引起裂纹。

（2）作用 完全退火的"完全"是指工件被加热到临界点以上获得完全的奥氏体组织，通过完全重结晶，使热加工造成的粗大、不均匀的组织均匀化和细化；或使中碳以上的碳素钢及合金钢得到接近平衡状态的组织，并降低硬度、改善切削加工性能；还可消除残余应力。

（3）保温时间计算 完全退火的保温时间按钢件的有效厚度计算。在箱式电炉中加热时，碳素钢厚度不超过 $25mm$ 需保温 $1h$，以后厚度每增加 $25mm$ 延长 $0.5h$；合金钢每 $20mm$ 保温 $1h$。保温后的冷却一般是关闭电源让钢件在炉中缓慢冷却，当冷至 $500 \sim 600℃$ 时即可出炉空冷。

2. 等温完全退火

完全退火全过程所需时间比较长，特别是对于某些奥氏体比较稳定的合金钢，往往需要数十小时，甚至数天的时间。

等温完全退火（快速的完全退火）是将钢件或毛坯加热到高于 Ac_3 或 Ac_1 的温度，保温适当时间后，较快地冷却到珠光体转变温度区间的某一温度，并等温保持使奥氏体转变为珠光体型组织，然后在空气中冷却的退火工艺。

如果在对应于钢的等温转变曲线上的珠光体形成温度进行过冷奥氏体的等温转变处理，就有可能在等温处理之后稍快地进行冷却，以便大大缩短整个退火的过程。

注意：等温完全退火的目的及加热过程与完全退火相同，但转变较易控制，能获得均匀的预期组织。对于奥氏体较稳定的合金钢，可大大缩短退火时间，一般只需完全退火时间的一半左右。

3. 球化退火

球化退火是一种将钢加热到 Ac_1 以上 $20 \sim 30℃$，保温一定时间，并缓慢冷却，使钢中碳化物球状化而进行的退火工艺。钢经球化退火后，将获得由大致呈球形的渗碳体颗粒弥散分布于铁素体基体上的球状组织（球状珠光体）。

（1）应用 球化退火主要用于共析钢和过共析钢制造的刀具、量具及模具等零件。若原始组织中存在有较多的渗碳体网，则应先进行正火消除渗碳体网后，再进行球化退火。

（2）作用 球化退火的目的是使二次渗碳体及珠光体中的渗碳体球状化，以降低硬度，提高塑性，改善切削加工性能，以获得均匀的组织，改善热处理工艺性能，并为以后淬火做组织准备。

（3）冷却方式　球化退火保温后的冷却有两种方式。普通球化退火时采用随炉缓冷，至 500 ~ 600℃出炉空冷；等温球化退火则先在 Ar_1 以下 20℃等温足够时间，然后再随炉缓冷至 500 ~ 600℃出炉空冷。

4. 均匀化退火

均匀化退火又称**扩散退火**，是将钢加热到略低于固相线的温度（1050 ~ 1150℃）下长期加热，长时间保温（10 ~ 20h），然后缓慢冷却，以消除或减少化学成分偏析及显微组织（枝晶）的不均匀性，从而达到均匀化的目的。主要用于铸件凝固时发生偏析而造成成分和组织的不均匀性的均匀化处理。

5. 去应力退火

去应力退火是为了去除由于塑性变形加工、焊接等造成的应力以及铸件内存在的残余应力而进行的热处理工艺。

（1）工艺方法　去应力退火的加热温度一般为 500 ~ 600℃，保温后随炉缓冷至室温。由于加热温度在 A_1 以下，退火过程中一般不发生相变。

（2）应用　去应力退火广泛用于消除铸件、锻件、焊接件、冷冲压件以及机加工件中的残余应力，以稳定钢件的尺寸，减少变形，防止开裂。

4.4.2　钢的正火

钢的正火是将钢材或钢件加热到临界温度（Ac_3 或 Ac_{cm}）以上适当温度，保温适当时间后以较快速度冷却（通常是在空气中冷却），以获得珠光体型组织的热处理工艺。

亚共析钢的正火加热温度为 Ac_3 以上 30 ~ 50℃；过共析钢的正火加热温度为 Ac_{cm} 以上 30 ~ 50℃。

1. 正火与退火的主要区别

正火与退火的主要区别是正火冷却速度稍快，得到的组织较细小，强度和硬度有所提高，操作简便，生产周期短，成本较低。常用的退火和正火的加热温度范围和工艺曲线如图4-10 所示。

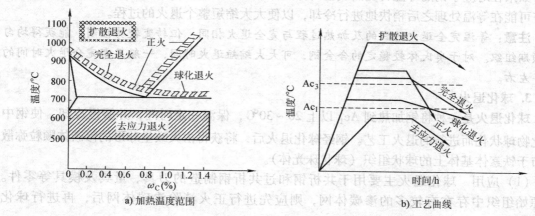

图 4-10　常用的退火和正火加热温度范围和工艺曲线

2. 正火的主要应用

（1）改善切削加工性能　对于低碳钢或低碳合金钢，正火可提高其硬度，防止"粘刀"现象，从而改善切削加工性能。

（2）消除网状二次渗碳体（强化）　对于过共析钢，正火加热到 Ac_{cm} 以上，可使网状二次渗碳体充分地溶解到奥氏体中，空冷时，先前的共析碳化物来不及析出，则消除了网状碳化物组织，同时细化了珠光体，使强度提高。

（3）细化晶粒　对于中碳钢，正火可使晶粒细化，并降低加工表面的粗糙度。用它代替退火，可以得到满意的力学性能，并能缩短生产周期，降低成本。

（4）作为最终热处理　对于力学性能要求不高的结构钢零件，经正火后所获得的性能即可满足使用要求，可用正火作为最终热处理。

4.4.3　退火与正火的应用选择

在机械零件、模具等加工中，退火与正火一般作为预先热处理被安排在毛坯生产之后或半精加工之前。退火与正火在某种程度上虽然有相似之处，但在实际选用时仍应从以下三个方面考虑：

1. 切削加工性

一般来说，当钢的硬度为 170～230HBW，并且组织中无大块铁素体时，切削加工性较好。因此，对低、中碳钢宜用正火，以防止"粘刀"现象；高碳结构钢、工具钢以及含合金元素较多的中碳合金钢，宜球化退火降低硬度，以利于切削加工。

2. 使用性能

若对零件的性能要求不太高时，可采用正火作为最终热处理；对于一些大型或重型零件，当淬火有开裂危险时，也采用正火作为最终热处理；对于一些形状复杂的零件和大型铸件，宜用退火，以防止正火产生较大的内应力而发生裂纹。

3. 经济性

正火比退火的生产周期短，设备利用率高，节能省时，操作简便，在可能的情况下优先采用正火。

注意：由于正火与退火在某种程度上有相似之处，实际生产中有时可以相互代替；而且正火与退火相比，力学性能高，操作方便，生产周期短，耗能少，因此在可能条件下，应优先考虑正火。

4.5　钢的淬火

将钢件加热到 Ac_3 或 Ac_1 以上某一温度，保持一定时间，然后以适当方式较快地冷却而获得马氏体或下贝氏体组织的热处理工艺称为**淬火**。

淬火可以很大地提高钢的硬度和强度，但脆性增加，塑性和韧性降低，然后配合以不同温度的回火，可以大幅提高钢的强度、硬度、耐磨性、疲劳强度以及韧性等，从而满足各种机械零件和工具的不同使用要求。

4.5.1 钢的淬火工艺

1. 淬火加热温度的选择

碳素钢的淬火加热温度可根据 Fe—Fe₃C 相图来确定，如图 4-11 所示。适宜的淬火温度如下：亚共析钢为 $Ac_3 + (30 \sim 100)℃$，共析钢、过共析钢为 $Ac_1 + (30 \sim 70)℃$。合金钢的淬火加热温度可根据其相变点来选择，但多数合金元素在钢中都具有细化晶粒的作用，因此合金钢的淬火加热温度可适当提高。

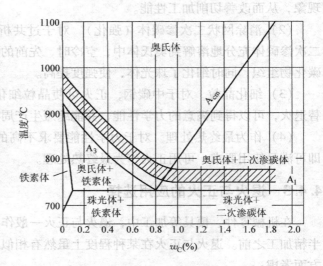

图 4-11 碳素钢的淬火加热温度范围

2. 加热时间的确定

加热时间包括升温和保温时间。加热时间受工件形状尺寸、装炉方式、装炉量、加热炉类型、加热介质等影响。加热时间通常根据经验公式估算或通过实验确定，生产中往往要通过实验来确定合理的加热及保温时间，以保证工件质量。

3. 淬火介质的选择

钢件进行淬火冷却时所使用的介质称为**淬火介质**。淬火介质应具有足够的冷却能力、较宽的使用范围，同时还应具有不易老化、不腐蚀零件、不易燃、易清洗、无公害和价廉等特点。

由碳素钢的过冷奥氏体等温转变曲线图可知，为避免珠光体型转变，过冷奥氏体在等温转变图的鼻尖处（550℃左右）需要快冷，而在 650℃ 以上或 400℃ 以下（特别是在 M_s 点附近发生马氏体转变时）并不需要快冷。能使工件达到这种理想的冷却曲线的淬火介质称为**理想淬火介质**，钢在淬火时理想的冷却曲线如图 4-12 所示。

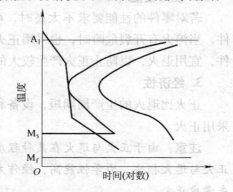

图 4-12 钢在淬火时理想的冷却曲线

目前生产中常用的淬火介质有水、水溶性的盐类和碱类、矿物油等，其中水和油最为常用。为保证钢件淬火后得到马氏体组织，淬火介质必须使钢件淬火冷却速度大于马氏体临界冷却速度。但过快的冷却速度会产生很大的淬火应力，引起变形和开裂。常用淬火介质的冷却能力见表 4-3。

表 4-3 常用淬火介质的冷却能力

淬火冷却介质	冷却速度（℃/s）	
	650 ~ 550℃	300 ~ 200℃
水（18℃）	600	270
10% NaCl 水溶液（18℃）	1100	300

（续）

淬火冷却介质	冷却速度（℃/s）	
	650~550℃	300~200℃
10% NaOH 水溶液（18℃）	1200	300
10% Na$_2$CO$_3$ 水溶液（18℃）	800	270
矿物油	150	30
菜籽油	200	35
硝熔盐（200℃）	350	10

　　水在650~400℃范围内冷却速度较大，这对奥氏体稳定性较小的碳素钢来说极为有利；但在300~200℃的温度范围内，水的冷却速度仍然很大，易使工件产生较大的组织应力，而产生变形或开裂。在水中加入少量的盐，只能增加其在650~400℃范围内的冷却速度，基本上不改变其在300~200℃时的冷却速度。

　　油在300~200℃范围内的冷却速度远小于水，对减少淬火工件的变形与开裂很有利，但在650~400℃范围内的冷却速度也远小于水，常使钢件不能淬透，所以不能用于碳素钢，而只能用于过冷奥氏体稳定性较大的合金钢的淬火。

　　熔盐的冷却能力介于油和水之间，在高温区的冷却能力比油高，比水低；在低温区则比油低。可见熔盐是最接近理想的淬火冷却介质，但其使用温度高，操作时工作条件差，通常只用于形状复杂和变形要求严格的小件的分级淬火和等温淬火。

4.5.2　淬火方法

　　为保证钢件淬火后得到马氏体，同时又防止产生变形和开裂，生产中应根据钢件的成分、形状、尺寸、技术要求以及选用的淬火介质的特性等，选择合适的淬火方法。常用的淬火方法如图4-13所示。

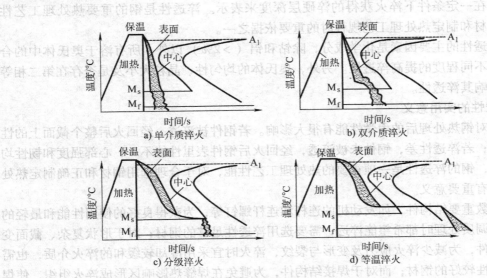

图4-13　常用淬火方法示意图

1. 单介质淬火

单介质淬火是将钢件奥氏体化后，浸入一种淬火介质中连续冷却到室温的淬火方法，如碳素钢件水冷、合金钢件油冷等。此法操作简单，但容易产生淬火变形与裂纹，主要应用于形状较简单的钢件。

2. 双介质淬火

双介质淬火是将钢件奥氏体化后，先浸入一种冷却能力强的介质，在钢件还未到达该淬火介质温度之前即取出，马上浸入另一种冷却能力弱的介质中冷却，例如先水后油、先水后空气等。此种方法既能保证淬硬，又能减少产生变形和裂纹的倾向，但操作起来较难掌握在两种介质中的停留时间。主要用于形状较复杂的碳素钢件和形状简单截面较大的合金钢件。

3. 分级淬火

分级淬火是将加热好的钢件先放入温度稍高于 M_s 点的盐浴或碱浴中，保持一定的时间，使钢件内外的温度达到均匀一致，然后取出钢件在空气中冷却，使之转变为马氏体组织。这种淬火方法可大大减少钢件的热应力和组织应力，明显地减少变形和开裂，但由于盐浴或碱浴的冷却能力较小，故此法只适用于截面尺寸比较小（一般直径或厚度小于12mm）、形状较为复杂的工件。

4. 等温淬火

等温淬火是将钢件加热奥氏体化后，随即快冷到贝氏体转变温度区间（260～400℃）等温，使奥氏体转变为贝氏体的淬火工艺。此法产生的内应力很小，所得到的下贝氏体组织具有较高的硬度和韧性，但生产周期较长，常用于形状复杂，强度、韧性要求较高的小型钢件，如各种模具、成形刃具等。

4.5.3 钢的淬透性与淬硬性

1. 淬透性

钢的淬透性是指奥氏体化后的钢在淬火时获得**淬硬层**（也称为**淬透层**）深度的能力，其大小用钢在一定条件下淬火获得的淬硬层深度来表示。淬透性是钢的重要热处理工艺性能，也是选材和制定热处理工艺规程时的重要依据之一。

影响淬透性的主要因素是化学成分，除钴和铝（>2%）以外，所有溶于奥氏体中的合金元素都可不同程度的提高淬透性。另外，奥氏体的均匀性、晶粒大小及是否存在第二相等因素都会影响其淬透性。

2. 淬透性的实用意义

淬透性对钢热处理后的力学性能有很大影响。若钢件被淬透，经回火后整个截面上的性能均匀一致；若淬透性差，钢件未被淬透，经回火后钢件表里性能不一，心部强度和韧性均较低。因此，钢的淬透性是一项重要的热处理工艺性能，对于合理选用钢材和正确制定热处理工艺均具有重要意义。

对于多数重要结构件，如发动机的连杆和连杆螺钉等，为获得良好的使用性能和最轻的结构重量，调质处理时都希望能淬透，需要选用淬透性足够的钢材；对于形状复杂、截面变化较大的零件，为减少淬火应力及变形与裂纹，淬火时宜采用冷却较缓和的淬火介质，也需要选用淬透性较好的钢材；而对于焊接结构件，为避免在焊缝热影响区形成淬火组织，使焊接件产生变形和裂纹，增加焊接工艺的复杂性，则不应选用淬透性较好的钢材。

3. 淬硬性

淬硬性是钢在理想条件下进行淬火硬化所能达到的最高硬度的能力。钢的淬硬性主要取决于钢在淬火加热时固溶于奥氏体中的含碳量，奥氏体中含碳量越高，则其淬硬性越好。

注意：淬硬性与淬透性是两个意义不同的概念，淬硬性好的钢，其淬透性并不一定好。

4.5.4　钢的淬火缺陷及预防

在热处理生产中，因淬火工艺控制不当，常会产生硬度不足与软点、过热与过烧、变形与开裂、氧化与脱碳等缺陷。

1. 硬度不足与软点

钢件淬火硬化后，表面硬度低于应有的硬度，称为**硬度不足**；表面硬度偏低的局部小区域称为**软点**。

引起硬度不足和软点的主要原因有淬火加热温度偏低、保温时间不足、淬火冷却速度不够以及表面氧化脱碳等。

2. 过热与过烧

淬火加热温度过高或保温时间过长，晶粒过分粗大，以致钢的性能显著降低的现象称为**过热**。工件过热后可通过正火细化晶粒予以补救。

当加热温度达到钢的固相线附近时，晶界氧化和开始部分熔化的现象称为**过烧**。工件过烧后无法补救，只能报废。

防止过热和过烧的主要措施是正确选择和控制淬火加热温度和保温时间。

3. 变形与开裂

工件淬火冷却时，由于不同部位存在温度差异及组织转变的不同时性所引起的应力称为**淬火冷却应力**。当淬火应力超过钢的屈服点时，工件将产生变形；当淬火应力超过钢的抗拉强度时，工件将产生裂纹，从而造成废品。

为防止淬火变形和裂纹，需从零件结构设计、材料选择、加工工艺流程、热处理工艺等各方面全面考虑，尽量减少淬火应力，并在淬火后及时进行回火处理。

4. 氧化与脱碳

工件加热时，介质中的氧、二氧化碳和水等与金属反应生成氧化物的过程称为**氧化**。而加热时由于气体介质和钢铁表层碳的作用，使表层含碳量降低的现象称为**脱碳**。氧化与脱碳会使工件表面质量降低，且淬火后硬度不均匀或偏低。

防止氧化与脱碳的主要措施是采用保护气氛或可控气氛加热，也可在工作表面涂上一层防氧化剂。

4.6　淬火钢的回火

将淬火后的钢件重新加热到 A_1 以下的某一温度，保温一定时间，然后冷却到室温的热处理工艺称为回火。

淬火和回火两种工艺通常紧密地结合在一起，是强化钢材、提高机械零件使用寿命的重要手段。通过淬火后适当温度的回火，可以获得不同的组织和性能，满足各类零件或工具对于使用性能的要求。

4.6.1 淬火钢回火的目的

钢件经淬火后虽然具有高的硬度和强度，但脆性较大，并存在较大的淬火应力，一般情况下必须经过适当的回火后才能使用。回火的目的主要如下：

1) 降低脆性，减少或消除内应力，防止工件的变形和开裂。

2) 稳定组织，调整硬度，获得工艺所要求的力学性能。

3) 稳定工件尺寸，保证工件在使用过程中不发生尺寸和形状的变化，以满足各种工件的使用性能要求。

4) 对于某些高淬透性的合金钢，空冷时即可淬火成马氏体组织，通过回火可使碳化物聚集长大，降低钢的硬度，以利于切削加工。

注意： 对于未经过淬火处理的钢，回火一般是没有意义的。而淬火钢不经过回火是不能直接使用的，为了避免工件在放置和使用过程中发生变形与开裂，淬火后应及时进行回火。

4.6.2 常用的回火方法

淬火钢回火后的组织和性能主要取决于回火温度。根据回火温度的不同，可将回火分为以下三类：

1. 低温回火

低温回火的温度为 $150 \sim 250℃$，其目的是保持淬火钢的高硬度和高耐磨性，降低淬火应力，减少钢的脆性。低温回火后的组织为**回火马氏体**，其硬度一般为 $58 \sim 64HRC$。

低温回火主要用于刃具、量具、冷作模具、滚动轴承、渗碳淬火件等。

2. 中温回火

中温回火的温度为 $350 \sim 500℃$，其目的是获得高的弹性极限、高的屈服强度和较好的韧性。中温回火后的组织为**回火托氏体**，其硬度一般为 $35 \sim 50HRC$。

中温回火主要用于弹性零件及热锻模具等。

3. 高温回火

高温回火的温度为 $500 \sim 650℃$，其目的是获得良好的综合力学性能，即在保持较高强度和硬度的同时，具有良好的塑性和韧性。高温回火后的组织为**回火索氏体**，硬度一般为 $220 \sim 330HBW$。

高温回火主要用于各种重要的结构零件，如螺栓、连杆、齿轮及轴类等。

注意： 生产中制定回火工艺时，首先根据工件所要求的硬度范围确定回火温度。然后再根据工件材料、尺寸、装炉量和加热方式等因素确定回火时间。回火时的冷却一般为空冷，某些具有高温回火脆性的合金钢高温回火时必须快冷。

4. 调质处理

生产中，将"淬火+高温回火"的复合热处理工艺称为**调质处理**。调质处理广泛用于中碳结构钢、低合金结构钢制作的汽车、拖拉机、机床等承受较大载荷的结构零件，如曲轴、连杆、螺栓、机床主轴及齿轮等重要零件的回火处理；此外，还常作为表面淬火、渗碳之前的预先处理工序。

4.6.3 回火脆性

淬火钢在某些温度区间回火，或从回火温度缓慢冷却通过该温度区间时，冲击韧度会显著降低，此现象称为**回火脆性**。

1. 低温回火脆性

淬火钢在 250 ~ 350℃ 回火时所产生的回火脆性称为第一类回火脆性，几乎所有的淬火钢在该温度范围内回火时，都会产生不同程度的回火脆性。第一类回火脆性一旦产生就无法消除，因此生产中一般不在此温度范围内回火。

2. 高温回火脆性

淬火钢在 500 ~ 650℃ 温度范围内回火后出现的回火脆性称为第二类回火脆性。此类回火脆性主要发生在含有 Cr、Ni、Mn、Si 等元素的合金钢中，当淬火后在上述温度范围内长时间保温或以缓慢的速度冷却时，便发生明显的回火脆性。但回火后采取快冷时，第二类回火脆性的发生就会受到抑制或消失。

4.7 钢的表面热处理

仅对工件表层进行热处理以改变其组织和性能的工艺称为**表面热处理**，常用的表面热处理方法包括**表面淬火**和**化学热处理**两类。

某些在冲击载荷、交变载荷及摩擦条件下工作的机械零件，如主轴、齿轮、曲轴等，其某些工作表面要承受较高的应力，要求工件的这些表面层具有高的硬度、耐磨性及疲劳强度，而工件的心部要求具有足够的塑性和韧性。生产中可采用表面热处理以达到强化工件表面的目的。

4.7.1 钢的表面淬火

将工件表层迅速加热到淬火温度进行淬火的工艺方法称为**表面淬火**。工件经表面淬火后，表层得到马氏体组织，具有高的硬度和耐磨性，而心部仍为淬火前的组织，具有足够的强度和韧性。

依加热方法的不同，表面淬火主要有：火焰加热表面淬火、感应加热表面淬火、激光加热表面淬火及电解液加热表面淬火等。目前生产中应用最多的是火焰加热表面淬火和感应加热表面淬火。

1. 火焰加热表面淬火

火焰加热表面淬火是采用氧 – 乙炔（或其他可燃气体）火焰，喷射在工件的表面上，使其快速加热，当达到淬火温度时立即喷水冷却，从而获得预期的硬度和有效淬硬层深度的一种表面淬火方法，如图 4-14 所示。

火焰加热表面淬火工件的材料，常选用中碳钢（如 35、40、45 钢等）和中碳低合金钢（如 40Cr、45Cr 等）。若碳的质量分数太低，则淬火后硬度较低；若碳和合金元素的质量分数过高，则易淬裂。火焰加热表面淬火法还可用于对铸铁件（如灰铸铁、合金铸铁等）进行表面淬火。

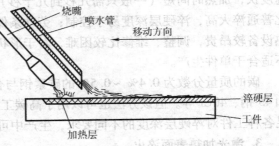

图 4-14 火焰加热表面淬火示意图

火焰加热表面淬火的有效淬硬深度一般为 2~6mm，若要获得更深的淬硬层，往往会引起工件表面的严重过热，而且容易使工件产生变形或开裂现象。

火焰加热表面淬火操作简单，无需特殊设备，但质量不稳定，淬硬层深度不易控制，只适用于单件或小批量生产的大型工件，以及需要局部淬火的工具或工件，如大型轴类、大模数齿轮、锤子等。

2. 感应加热表面淬火

感应加热表面淬火是利用感应电流流经工件而产生热效应，使工件表面迅速加热并进行快速冷却的淬火工艺。

（1）感应加热基本原理　如图 4-15 所示，感应线圈通以交流电时，就会在它的内部和周围产生与交流电频率相同的交变磁场。若把工件置于感应磁场中，则其内部将产生感应电流并由于电阻的作用被加热。感应电流在工件表层密度最大，而心部几乎为零，这种现象称为**集肤效应**。电流透入工件表层的深度主要与电流频率有关。加热器通入电流，工件表面在几秒钟之内迅速加热到远高于 Ac_3 的温度，然后迅速冷却工件（例如向加热了的工件喷水冷却）表面，从而在零件表面获得一定深度的硬化层。

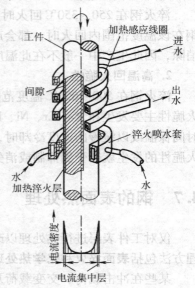

图 4-15　感应加热表面淬火示意图

（2）感应加热的分类及应用　根据所用电流频率的不同，感应加热可分为高频感应加热、中频感应加热和工频感应加热三种。三种感应加热表面淬火的技术指标及应用见表4-4。

表 4-4　三种感应加热表面淬火的技术指标及应用

分类	常用频率范围/kHz	淬火深度/mm	适用范围
高频感应加热	50~300	0.5~2	中小型轴、销、套等圆柱形零件，中、小模数齿轮
中频感应加热	2.5~8	2~10	尺寸较大的轴类零件，大模数齿轮
工频感应加热	0.05(50Hz)	10~20	较大直径（>ϕ300）零件（如轧辊、火车车轮等）表面淬火或棒料穿透加热

（3）感应加热表面淬火的特点与应用　与普通加热淬火相比，感应加热表面淬火加热速度快，加热时间短（一般只需几秒到几十秒）；淬火质量好，淬火后晶粒细小，表面硬度比普通淬火高，淬硬层深度易于控制；劳动条件好，生产率高，适于大批量生产。但感应加热设备较昂贵，调整、维修比较困难，对于形状复杂的机械零件，其感应线圈不易制造，且不适合于单件生产。

碳的质量分数为 0.4%~0.5% 的碳素钢与合金钢是最适合于感应加热表面淬火的材料，如 45 钢、40Cr 等。但该方法也可以用于高碳工具钢、低合金工具钢以及铸铁等材料。为满足各种工件对淬硬层深度的不同要求，生产中可采用不同频率的电流进行加热。

3. 激光加热表面淬火

激光加热表面淬火是将激光束照射到工件表面上，在激光束能量的作用下，使工件表面迅速（千分之一到百分之一秒）加热到奥氏体化状态，当激光束移开后，由于基体金属的大量吸热而使工件表面获得急速冷却，以实现工件表面自冷淬火的工艺方法。

激光是一种高能量密度的光源，能有效地改善材料表面的性能。激光能量集中，加热点准确，热影响区小，热应力小；可对工件表面进行选择性处理，能量利用率高，尤其适合于大尺寸工件的局部表面加热淬火；可对形状复杂或深沟、孔槽的侧面等进行表面淬火，尤其适合于细长件或薄壁件的表面处理。

激光加热表面淬火的淬硬层一般为 0.2 ~ 0.8mm。激光淬火后，工件表层组织由极细的马氏体、超细的碳化物和已加工硬化的高位错密度的残留奥氏体组成，表面硬化层硬度高且耐磨性良好，热处理变形小，表面存在高的残余压应力，疲劳强度高。

4. 电解液加热表面淬火

工件淬火部分置于电解液中，作为阴极，金属电解槽作为阳极。电路接通，电解液产生电离，阳极放出氧，阴极工件放出氢。氢围绕阴极工件形成气膜，产生很大的电阻，通过的电流转化为热能将工件表面迅速加热到临界点以上温度。当电路断开时，气膜消失，加热的工件在电解液中实现淬火冷却。此方法设备简单，淬火变形小，适用于形状简单尺寸小的工件的批量生产。

电解液可用酸、碱或盐的水溶液，质量分数为 5% ~ 18% 的 Na_2CO_3 溶液效果较好。电解液温度不可超过 60℃，否则影响气膜的稳定性和加速溶液蒸发。常用电压为 160 ~ 180V，电流密度为 4 ~ 10A/cm^2。加热时间由试验决定。

电解液加热淬火适合于单件、小批量生产或大批量的形状简单工件的局部淬火，电解液加热淬火存在操作不当时极易引起工件过热乃至熔化的缺点，随着晶闸管整流调压技术的应用，这一缺点将被克服。

4.7.2　钢的化学热处理

化学热处理是指将工件置于适当的活性介质中加热、保温，使一种或几种元素渗入其表层，以改变化学成分、组织和性能的热处理工艺。

化学热处理的基本过程是：活性介质在一定温度下通过化学反应进行分解，形成渗入元素的活性原子；活性原子被工件表面吸收，即活性原子溶入铁的晶格形成固溶体，或与钢中某种元素形成化合物；被吸收的活性原子由工件表面逐渐向内部扩散，形成一定深度的渗层。

化学热处理方法很多，通常以渗入元素来命名，如渗碳、渗氮（氮化）、碳氮共渗、渗硼、渗硅、渗金属等。随渗入元素的不同，工件表面处理后获得的性能也不相同。目前常用的化学热处理有：渗碳、渗氮、碳氮共渗等。

1. 渗碳

渗碳是为了增加钢件表层的含碳量和形成一定的碳浓度梯度，将钢件在渗碳介质中加热并保温使碳原子渗入表层的化学热处理工艺。

（1）渗碳的作用　提高工件表面的硬度、耐磨性及疲劳强度，并使其心部保持良好的塑性和韧性。

（2）渗碳用钢　为保证工件渗碳后表层具有高的硬度和耐磨性，而心部具有良好的韧性，渗碳用钢一般为碳的质量分数为 0.1% ~ 0.25% 的低碳钢和低碳合金钢。

（3）渗碳方法 根据采用的渗碳剂不同，渗碳方法可分为固体渗碳、液体渗碳和气体渗碳三种。其中气体渗碳的生产率高，渗碳过程容易控制，在生产中应用最广泛。

气体渗碳就是工件在气体渗碳介质中进行渗碳的工艺。如图4-16a所示，将装挂好的工件放在密封的渗碳炉内，滴入煤油、丙酮或甲醇等渗碳剂并加热到900～950℃，渗碳剂在高温下分解，产生的活性碳原子渗入工件表面并向内部扩散形成渗碳层，从而达到渗碳目的。渗碳层深度主要取决于渗碳时间，一般按每小时0.10～0.15mm估算，或用试棒实测确定。

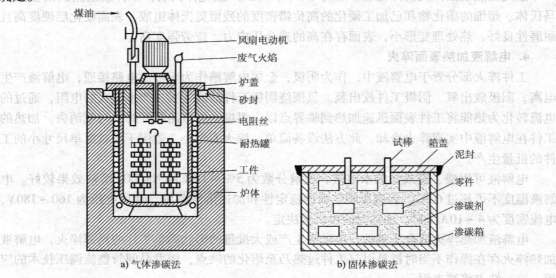

图4-16 渗碳方法示意图

固体渗碳是把工件和固体渗碳剂装入渗碳箱中，用盖子和耐火泥封好后，送入炉中加热到900～950℃，保温一定的时间后出炉，零件便获得了一定厚度的渗碳层。固体渗碳法如图4-16b所示。

固体渗碳剂通常是由一定粒度的木炭和少量的碳酸盐（$BaCO_3$ 或 Na_2CO_3）混合组成。木炭提供渗碳所需要的活性碳原子，碳酸盐只起催化作用。在渗碳温度下，固体渗碳剂分解出来的不稳定的 CO，能在钢件表面发生气相反应，产生活性碳原子，并为钢件的表面所吸收，然后向钢的内部扩散而进行渗碳。

固体渗碳的优点是设备简单，容易实现。与气体渗碳法相比，固体渗碳法的渗碳速度慢，劳动条件差，生产率低，质量不易控制。

（4）渗碳后的组织 工件经渗碳后，含碳量从表面到心部逐步减少，表面碳的质量分数可达0.80%～1.05%，而心部仍为原来的低碳成分。通常规定，从工件表面到过渡区一半处的厚度称为渗碳层厚度。渗碳层的厚度取决于零件的尺寸和工作条件，一般为0.5～2.5mm。渗碳层太薄，易造成工件表面的疲劳脱落；渗碳层太厚，则经不起冲击载荷的作用。

（5）渗碳后的热处理 工件渗碳只改变工件表层化学成分，多数情况下仍达不到外硬内韧的性能要求，工件经渗碳后可经过淬火及低温回火处理，提高硬度和耐磨性，而心部具有良好的韧性。

2. 渗氮

渗氮也称**氮化**，是在一定温度下（一般在 Ac_1 温度以下）使活性氮原子渗入工件表面的化学热处理工艺。

（1）渗氮的作用　是提高工件的表面硬度、耐磨性以及疲劳强度和耐蚀性。

（2）渗氮用钢　渗氮用钢主要是合金钢，Al、Cr、Mo、V、Ti 等合金元素极易与氮形成颗粒细小、分布均匀、硬度很高而且稳定的氮化物，如 AlN、CrN、MoN、VN、TiN 等，这些氮化物对渗氮钢的性能起着重要的作用。对于以提高耐蚀性为主的渗氮，可选用优质碳素结构钢，如 20、30、40 钢等；对于以提高疲劳强度为主的渗氮，可选用一般合金结构钢，如 40Cr、42CrMo 等；而对于以提高耐磨性为主的渗氮，一般选用渗氮专用钢 38CrMoAl。

（3）渗氮的特点与应用　与渗碳相比，渗氮后工件无需淬火便具有高的硬度、耐磨性和热硬性，还具有良好的耐蚀性和高的疲劳强度，同时由于渗氮温度低，工件的变形小。但渗氮的生产周期长，一般要得到 $0.3 \sim 0.5$mm 的渗氮层，气体渗氮时间约需 $30 \sim 50$h，成本较高；渗氮层薄而脆，不能承受冲击。因此，渗氮主要用于要求表面高硬度，耐磨、耐蚀、耐高温的精密零件，如精密机床主轴、丝杆、镗杆、阀门等。

3. 碳氮共渗

碳氮共渗是在一定温度下同时将碳、氮渗入工件表层奥氏体中并以渗碳为主的化学热处理工艺。碳氮共渗有气体碳氮共渗和液体碳氮共渗两种，目前常用的是气体碳氮共渗。气体碳氮共渗工艺与渗碳基本相似，常用渗剂为煤油 + 氨气等，加热温度为 $820 \sim 860$℃。

与渗碳相比，碳氮共渗加热温度低，零件变形小，生产周期短，渗层具有较高的硬度、耐磨性和疲劳强度，常用于汽车变速箱齿轮和轴类零件；与一般渗氮相比，碳氮共渗渗层硬度较低，脆性小，故也称**软氮化**。碳氮共渗不仅适用于碳素钢和合金钢，也可用于铸铁，常用于模具、高速钢刃具以及轴类零件。

4.8　其他热处理技术

4.8.1　时效处理

时效处理是将淬火后的金属工件置于室温或较高温度下保持适当的时间，以提高金属强度的金属热处理工艺。室温下进行的时效处理为**自然时效**；较高温度下进行的时效处理为**人工时效**。

注意：在机械生产中，为了稳定铸件尺寸，常将铸件在室温下长期放置（有时长达若干年），然后才进行切削加工，这种措施也被称为时效，但这种时效不属于金属热处理工艺。低碳钢冷态塑性变形后在室温下长期放置，强度可提高，塑性可降低。

4.8.2　形变热处理

形变热处理是将形变与相变结合在一起的一种热处理新工艺，它能获得加工硬化与相变强化的综合作用，是一种既可以提高强度又可以改善塑性和韧性的最有效的方法，可显著提高钢的综合力学性能。形变热处理中的形变方式很多，可以是锻、轧、挤压、拉拔等。

形变热处理方法较多，按形变温度不同分为：低温形变热处理和高温形变热处理。

1. 低温形变热处理

低温形变热处理是将钢件奥氏体化保温后，快冷至 Ac_1 温度以下（500~600℃）进行大量（50%~75%）塑性变形，随后淬火、回火。其主要特点是在保证塑性和韧性不下降的情况下，能显著提高强度和耐回火性，改善抗磨损能力。例如，在塑性保持基本不变情况下，抗拉强度比普通热处理提高 30~70MPa，甚至可提高 100MPa。此法主要用于刀具、模具、板簧、飞机起落架等的处理。

2. 高温形变热处理

高温形变热处理是将钢件奥氏体化，保持一定时间后，在较高温度下进行塑性变形（如锻、轧等），随后立即淬火、回火。其特点是在提高强度的同时，还可明显改善塑性、韧性，减小脆性，增加钢件的使用可靠性。

形变通常是在钢的再结晶温度以上进行，故强化程度不如低温形变热处理大（抗拉强度比普通热处理提高 10%~30%，塑性提高 40%~50%），高温形变热处理对材料无特殊要求。此法多用于调质钢和机械加工量不大的锻件，如曲轴、连杆、叶片、弹簧等。

4.8.3 真空热处理

真空热处理是指在低于 $1 \times 10^5 Pa$（通常是 $10^{-1} \sim 10^{-3} Pa$）的环境中进行加热的热处理工艺，包括真空淬火、真空退火、真空回火和真空化学热处理（真空渗碳、渗铬等）等。

真空热处理有如下特点：工件不产生氧化和脱碳；升温速度慢，工件截面温差小，热处理变形小；因金属氧化物、油污在真空中加热时分解，被真空泵抽出，使工件表面光洁，提高了疲劳强度和耐磨性；劳动条件好。但设备较复杂，投资较高，目前多用于精密工模具、精密零件的热处理。

4.8.4 可控气氛热处理

向炉内通入一种或几种一定成分的气体，通过对这些气体成分进行控制，使工件在热处理过程中不发生氧化和脱碳，此工艺过程称为**可控气氛热处理**。

可控气氛热处理的目的是减少和防止工件在加热时氧化和脱碳的倾向，以提高工件表面质量和尺寸精度；另外还可以控制渗碳时渗碳层的含碳量，并且可使脱碳的工件重新复碳。

采用可控气氛热处理是当前热处理的发展方向之一，它可以防止工件在加热时的氧化脱碳，实现光亮退火、光亮淬火等先进热处理工艺，节约钢材，提高产品质量。也可以通过调整气体成分，在光亮热处理的同时，实现渗碳和碳氮共渗。可控气氛热处理也便于实现热处理过程的机械化和自动化，大大提高劳动生产率。

4.8.5 表面气相沉积

气相沉积技术是利用气相之间的物理、化学反应，在各种材料或制品表面沉积单层或多层金属或化合物的薄膜涂层，从而使材料或制品获得所需的各种优异性能。

气相沉积技术是利用气相中发生的物理、化学反应，生成的反应物在工件表面形成一层具有特殊性能的金属或化合物的涂层。气相沉积按其过程本质不同分为化学气相沉积（CVD）和物理气相沉积（PVD）两类。

1. 化学气相沉积

化学气相沉积（CVD）是将工件置于炉内加热到高温后，向炉内通入反应气（低温下可气化的金属盐），使其在炉内发生分解或化学反应，并在工件上沉积成一层所要求的金属或金属化合物薄膜的方法。

碳素工具钢、渗碳钢、轴承钢、高速工具钢、铸铁、硬质合金等材料均可进行气相沉积。化学气相沉积法的缺点是加热温度较高，目前主要用于硬质合金的涂覆。

2. 物理气相沉积

物理气相沉积（PVD）是通过蒸发或辉光放电、弧光放电、溅射等物理方法提供原子、离子，使之在工件表面沉积形成薄膜的工艺。物理气相沉积包括蒸镀、溅射沉积、磁控溅射、离子束沉积等方法，因都是在真空条件下进行的，所以又称**真空镀膜**，其中离子镀发展最快。

进行离子镀时，先将真空室抽至高度真空后通入氩气，并使真空度调至 $1 \sim 10$ Pa，工件（基板）接上 $1 \sim 5$ kV 负偏压，将欲镀的材料放置在工件下方的蒸发源上，当接通电源产生辉光放电后，由蒸发源蒸发出的部分镀材原子被电离成金属离子，在电场作用下，金属离子向阴极（工件）加速运动，并以较高能量轰击工件表面，使工件获得需要的离子镀膜层。

3. 气相沉积技术的应用

CVD 法和 PVD 法在满足现代技术所要求的高性能方面比常规方法有许多优越性，如镀层附着力强、均匀，质量好、生产率高，选材广、公害小，可得到全包覆的镀层，能制成各种耐磨膜（如 TiN、TiC 等）、耐蚀膜（如 Al、Cr、Ni 及某些多层金属等）、润滑膜（如 MoS_2、WS_2、石墨、CaF_2 等）、磁性膜、光学膜等。

另外，气相沉积所适应的基体材料可以是金属、碳纤维、陶瓷、工程塑料、玻璃等多种材料。因此，在机械制造、航空航天、电器、轻工、核能等方面应用广泛。例如，在高速工具钢和硬质合金刀具、模具以及耐磨件上沉积 TiC、TiN 等超硬涂层，可使其寿命提高几倍，气相沉积涂层刀具如图 4-17 所示。

a) 不同形状的涂层刀片

b) 装有机夹式涂层刀片的端面铣刀　　c) 整体式涂层立铣刀

图 4-17　气相沉积涂层刀具

4.9　热处理方案选择及工艺位置安排

在零件的生产加工过程中，热处理被穿插在各个冷热加工工序之间，起着承上启下的作用。热处理方案的正确选择以及工艺位置的合理安排，是制造出合格零件的重要保证。

4.9.1　常用热处理方案的选择

每一种热处理方法都有它的特点，而每一种材料也有其适宜的热处理方法。另外，实际工作中不同零件的结构形状、尺寸大小、性能要求均不一样，对热处理方案的选择都有较大的影响。

1. 确定预备热处理

常用预备热处理方法有三大类：退火、正火、调质。钢材通过预备热处理可以使晶粒细化、成分组织均匀、内应力得到消除，为最终热处理作好组织准备。因此，预备热处理是减少应力，防止变形和开裂的有效措施。

一般地，零件预备热处理大都采用正火。但对成分偏析较严重、毛坯生产后内应力较大以及正火后硬度偏高时，应采用退火工艺；对毛坯中成分偏析严重的应采用均匀化高温扩散退火；共析钢及过共析钢多采用球化退火；亚共析钢则应采用完全退火（现一般用等温退火来代替）；消除内应力较彻底的应采用去应力退火；如果对零件综合力学性能要求较高时，预备热处理则应采用调质。

2. 采用合理的最终热处理

最终热处理的方法很多，主要包括淬火、回火、表面热处理（表面淬火及化学热处理）等。工件通过最终热处理，获得最终所需的组织及性能，满足工件使用要求。因此，它是热处理中保证质量的最后一道关口。

（1）淬火　一般地，根据工件的材料类型、形状尺寸、淬透性大小及硬度要求等选择合适的淬火方法。如对于形状简单的碳素钢件可采用单液水中淬火；而对于合金钢制工件多采用单液油中淬火；为了有效地减小淬火内应力，防止工件变形、开裂，则可采用预冷并双液、分级、等温淬火方法；对于某些只需局部硬化的工件可针对相应部位进行局部淬火。

（2）回火　淬火后的工件应及时回火，而且回火应充分。对于要求高硬度、耐磨工件，应采用低温回火；对于高韧性、较高强度的工件，则应进行中温回火；而对于要求具备较高综合力学性能的工件，则应进行高温回火。

（3）表面热处理　有时工作条件要求零件表层与心部具有不同性能，这时可根据材料化学成分和具体使用性能的不同，选择相应的表面热处理方法。如对于表层具有高硬度、强度、耐磨性及疲劳极限，而心部具有足够塑性及韧性的中碳钢或中碳合金钢工件，可采用表面淬火法；对于低碳钢或低碳合金钢工件，可采用渗碳法；而对于承载力不大但精度要求较高的合金钢，多采用渗氮。为了提高化学热处理的效率，生产中还可采用低温气体碳氮共渗及中温气体碳氮共渗。另外，还可根据需要对工件进行其他渗金属或非金属的处理，如为提高工件高温抗氧化性可渗铝，为提高工件耐磨性和热硬性可渗硼等。还有，为了提高零件表面硬度、耐磨性，减缓材料的腐蚀，可在零件表面涂覆其他超硬、耐蚀材料。

（4）其他热处理　对于精密零件和量具等，为稳定尺寸，提高耐磨性可采用冷处理或长时间的低温时效处理。

当然，在实际生产过程中，由于零件毛坯的类型及加工工艺过程的不同，在具体安排热处理方法及工艺位置时并不一定要完全按照上述原则，而应根据实际情况进行灵活调整。如对于精密零件，为消除机械加工造成的残留应力，可在粗加工、半精加工及精加工后都安排去应力退火工艺。另外，对于淬火、回火后残留奥氏体较多的高合金钢，可在淬火或第一次回火后进行深冷处理（极低温度，零下几十甚至零下 200℃），以尽量减少残留奥氏体量并稳定工件形状及尺寸。

4.9.2　热处理工艺位置安排

根据热处理的目的和各机械加工工序的特点，热处理工艺位置一般安排如下：

1. 预备热处理工艺位置

预备热处理包括退火、正火、调质等，其工艺位置一般安排在毛坯生产（铸、锻、焊、冲压等）之后，半精加工之前。

（1）退火、正火工艺位置　退火、正火一般用于改善毛坯组织，消除内应力，为最终热处理作准备，其工艺位置一般安排在毛坯生产之后，机械加工之前，具体如下：

毛坯生产（铸、锻、焊、冲压等）→**退火或正火**→机械加工

另外，还可在各切削加工之间安排去应力退火，用于消除切削加工的残余应力。

（2）调质工艺位置　调质主要用来提高零件的综合力学性能，或为以后的最终热处理做好组织准备。其工艺位置一般安排在机械粗加工之后，精加工或半精加工之前，具体如下：

毛坯生产→退火或正火→机械粗加工→**调质**→机械半精加工或精加工

注意：调质前需留一定加工余量，调质后如工件变形较大则需增加校正工序。

2. 最终热处理工艺位置

最终热处理包括淬火、回火及化学热处理等，零件经最终热处理之后硬度一般较高，难以切削加工，故其工艺位置应尽量靠后，一般安排在机械半精加工之后，磨削之前。

（1）淬火、回火工艺位置　淬火的作用是充分发挥材料潜力，极大幅度地提高材料硬度和强度。淬火后应及时回火获得稳定回火组织，一般安排在机械半精加工之后，磨削之前，具体如下：

下料→毛坯生产→退火或正火→机械粗加工→调质→机械半精加工→**淬火、回火**→磨削

另外，整体淬火前一般不进行调质处理，而表面淬火前则一般须进行调质，用以改善工件心部的力学性能。

（2）渗碳工艺位置　渗碳是最常用的化学热处理方法，当某些部位不需渗碳时，应在设计图样上注明，并采取防渗措施，并在渗碳后淬火前去掉该部位的渗碳层，零件不需渗氮的部位也应采取防护措施或预留防渗余量。渗碳工艺位置安排为：

下料→毛坯生产→退火或正火→机械粗加工→调质→机械半精加工
→去应力退火→粗磨→**渗碳**→研磨或精磨

4.10　零件的热处理结构工艺性

要保证零件的热处理质量，除了严格控制热处理工艺外，还必须合理设计零件的形状结构，使之满足热处理的要求。其中，零件淬火时造成的内应力最大，极容易引起工件的变形和开裂，对于淬火零件的结构设计应给予充分的重视。

1. 结构应尽量避免尖角和棱角

零件的尖角和棱角处是产生应力集中的地方，常成为淬火开裂的源头，应设计或加工成圆角或倒角，如图 4-18 所示。

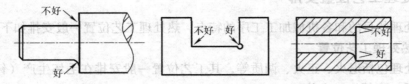

图 4-18　零件结构中的尖角和棱角设计

2. 壁厚力求均匀

壁厚均匀能减少冷却时的不均匀性，避免相变时在过渡区产生应力集中，减小零件变形增大和开裂的倾向。设计零件结构时应尽量避免厚薄太悬殊，必要时可增设工艺孔来解决，如图 4-19 所示。

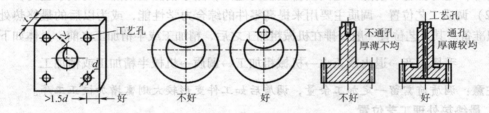

图 4-19　零件结构壁厚的均匀性设计

3. 形状结构尽量对称

零件形状结构应尽量对称，以减少零件在淬火时因应力分布不均而造成变形和翘曲，如图 4-20 所示。

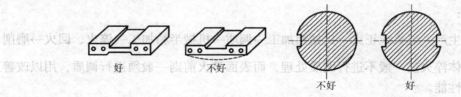

图 4-20　零件的形状结构设计

4. 尽量减少孔、槽、键槽和深筋

零件结构上应尽量减少孔、槽、键槽和深筋，若工作结构上确实需要，则应采取相应的防护措施（如绑石棉绳或堵孔等），以减少这些地方因应力集中而引起的开裂倾向。

5. 易变形零件可采用封闭结构

对某些易变形零件可采用封闭结构，可有效防止刚性低的零件在热处理后引起变形。如汽车上的拉条，如图 4-21 所示，其结构上要求制成开口型，但制造时，应先加工成封闭结构（如图中点划线所示），淬火、回火后再加工成开口状（用薄片砂轮切开），以减少变形。

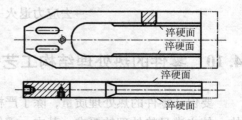

图 4-21　零件的封闭结构

案例释疑

《北堂书钞》中的《蒲元别传》记载了下面一个著名的故事：有一次蒲元造刀，当刀到"白亮"的程度时，需要进行淬火处理，他没有就近使用现成的汉水，而是专门派人到成都去取蜀江水。许多人感到很惊讶，蒲元则解释道："汉水纯弱，不任淬；而蜀江水比较爽烈，适合淬刀。"当水从成都取回来后，蒲元用刃一试，当即说道，"此水中已掺杂了涪水，不能用。"可是取水者却想抵赖，硬说没有掺杂其他的水。蒲元当即用刀在水中划了两划，然后说道，"水中掺进了8L清水，还敢说没有。"取水者见势不妙，赶忙叩头认罪，道出实情。原来取水者从成都返回，行至清津渡口时，不小心摔倒在地，将取来的水洒出去很多。他惊恐万分，生怕回去难以交差，情急之中取了8L清水掺在其中，以为神不知鬼不觉，可以蒙混过关，没料想却被蒲元一眼识破。在场的人无不被蒲元的奇妙技艺所折服。由此可见，蒲元对淬火工艺有着极其丰富的经验，已经掌握了不同水质对淬火后钢的质量影响的规律，因而很注意对水质的选择。

结论：蒲元之所以制造出"神刀"，从传说中可以知道蒲元造刀的主要诀窍在于掌握了精湛的钢刀淬火技术，他还能够辨别不同水质对淬火质量的影响，并且选择冷却速度大的蜀江水，把钢刀淬到合适的硬度。

本 章 小 结

（1）钢的热处理是指将钢在固态下采用适当的方式进行加热、保温和冷却，从而改变钢的内部组织结构，最终获得所需性能的工艺方法。

（2）通过适当的热处理，不仅可以提高钢的使用性能，改善钢的工艺性能，而且能够充分发挥钢的性能潜力，从而减少零件的重量，延长产品使用寿命，提高产品的产量、质量和经济效益。

（3）热处理时，首先要把钢加热到一定温度，这是热处理过程中的一个重要阶段，其目的主要是使钢奥氏体化。

（4）奥氏体晶粒尺寸过大（或过粗）往往导致热处理后钢的强度降低，工程上往往希望得到细小而成分均匀的奥氏体晶粒。

（5）退火和正火是应用非常广泛的热处理方法，主要用于铸、锻、焊毛坯加工前的预备热处理，以消除前一工序所带来的某些缺陷，改善机械零件毛坯的切削加工性能，也可用于性能要求不高的机械零件的最终热处理。

（6）淬火可以很大地提高钢的硬度和强度，但脆性变大，塑性和韧性降低，然后配合以不同温度的回火，可以大幅提高钢的强度、硬度、耐磨性、疲劳强度以及韧性等，从而满足各种机械零件和工具的不同使用要求。

（7）退火、正火、淬火和回火是整体热处理中的"四把火"，其中淬火与回火关系密切，常配合使用，缺一不可。

（8）仅对工件表层进行热处理以改变其组织和性能的工艺称为表面热处理，常用的表面热处理方法包括表面淬火和化学热处理两类。

（9）热处理方案的正确选择以及工艺位置的合理安排，是制造出合格零件的重要保证。

（10）要保证零件的热处理质量，除了严格控制热处理工艺外，还必须合理设计零件的形状结构，使之满足热处理的要求。

思考与练习

1. 观察与思考钢在加热和冷却时相图上的各相变点。

2. 为何过共析钢不宜采用完全退火?

3. 回火的目的是什么?为什么淬火工件务必要及时回火?

4. 若 45 钢经过淬火、低温回火后硬度为 57HRC,然后再进行 560℃回火,试问是否可以降低其硬度?为什么?

5. 欲加工一根 40Cr 钢的机床主轴,心部要求有良好的强韧性(200～300HBW),轴颈处要求硬而耐磨(54～58HRC),试回答下列问题:

(1) 应选择何种预备热处理及最终热处理?

(2) 说明各热处理后的组织变化?

6. 什么是表面淬火?

第5章 合金钢及硬质合金

● 学习重点及难点
　　◇ 合金钢的分类和牌号表示
　　◇ 合金元素对钢的力学性能、热处理性能及加工工艺性能的影响
　　◇ 各类合金结构钢的典型牌号、特性与应用
　　◇ 各类合金工具钢的典型牌号、特性与应用
　　◇ 典型特殊性能钢的牌号、特性与应用
　　◇ 硬质合金的特性与应用

● 引导案例
　　磨损是工件失效的主要形式之一，磨损造成了能源和原材料的大量消耗。根据不完全统计，能源的 1/3 ~ 1/2 消耗于摩擦与磨损。据原联邦德国技术科学部估测，原联邦德国因磨损造成的损失每年达到 100 亿马克。美国机械工程师学会（ASME）和美国能源发展局（ERDA）提出的一项减轻摩擦和磨损的发展计划，可使美国每年节支 160 亿美元，即为能源消耗的 11%。据美国刊物介绍，美国几大类产品每年由于磨损所造成的损失是：飞机 134 亿美元，船舶 64 亿美元，汽车 400 亿美元，切削工具 28 亿美元。我国对摩擦和磨损所造成的损失尚缺乏全面统计，根据我国机械部门调查发现，汽车配件年消耗钢材中的 2/3 用于维修，而大部分是用于由于磨损所致的损坏。另据中国电力、建材、冶金、采煤和农机这 5 个部门的不完全统计，每年因更换备件而消耗的钢材在 150 万 t 以上。以煤矿所用刮板输送机为例，由于中部槽磨损所造成的损失每年为 1~2 亿元人民币，如果再考虑到其他机械设备，磨损造成的经济损失和钢材消耗那将是很惊人的。
　　由上可见，提高钢制零件的耐磨质量，降低由于磨损造成的损失，是一件具有重要意义的工作。那么采用什么样的钢材能较为有效的减少磨损带来的损坏呢？

5.1 合金钢概述

1. 碳素钢的不足之处

随着科学技术和工业的发展，对材料提出了更高的要求，如更高的强度，抗高温、高压、低温，耐腐蚀、磨损以及其他特殊物理、化学性能的要求，碳素钢已不能完全满足要求。碳素钢在性能上主要有以下几方面的不足：

（1）淬透性低　一般情况下，碳素钢水淬的最大淬透直径只有 10 ~ 20mm。

（2）强度和屈强比较低　如普通碳素钢 Q235 钢的 σ_s 为 235MPa，而低合金结构钢 Q345（16Mn）的 σ_s 则为 360MPa 以上。而合金钢的 σ_s/σ_b 则较碳素钢高出很多。

（3）回火稳定性差　碳素钢在进行调质处理时，为了保证较高的强度，需采用较低的回火温度，但这样钢的韧性就偏低；为了保证较好的韧性，采用高的回火温度时强度又偏低，所以碳素钢的综合力学性能水平不高。

（4）不能满足特殊性能的要求 碳素钢在抗氧化、耐蚀、耐热、耐低温、耐磨损以及特殊电磁性等方面往往较差，不能满足特殊使用性能的需求。

2. 合金钢

为了提高钢的性能，在铁碳合金中加入合金元素所获得的钢种，称为**合金钢**。

合金钢在机械制造中的应用日益广泛，一些在恶劣环境中使用的设备以及承受复杂交变应力、冲击载荷和在摩擦条件下工作的工件更是广泛使用合金钢材料。

合金钢性能虽好，但也存在不足之处，例如，在钢中加入合金元素会使其冶炼、铸造、锻造、焊接及热处理等工艺趋于复杂，成本提高。因此当碳素钢能满足使用要求时，应尽量选用碳素钢，以降低生产成本。

5.2 合金钢的分类和牌号

合金钢的品种很多，为了便于生产、管理和选用。必须对其进行科学的分类、命名和编号。

5.2.1 合金钢的分类

合金钢种类繁多，为便于生产、选材、管理及研究，根据某些特性，从不同角度出发可以将其分成若干种类。

1. 按用途分类

（1）合金结构钢 可分为工程构件用合金钢和机械制造用合金钢两大类，主要用于制造各种工程结构件、机械零件等。

（2）合金工具钢 可分为刃具钢、模具钢和量具钢3类，主要用于制造刃具、模具和量具等。

（3）特殊性能钢 可分为不锈钢、耐热钢、耐磨钢、易切削钢等。

以上具体分类可归纳为如下结构：

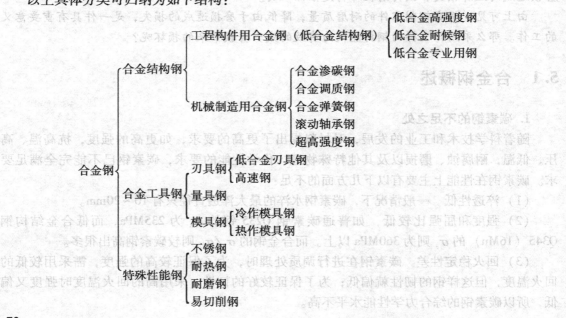

2. 按合金元素含量分类

（1）低合金钢　合金元素的总含量在5%以下。

（2）中合金钢　合金元素的总含量在5%～10%之间。

（3）高合金钢　合金元素的总含量在10%以上。

3. 按金相组织不同分类

（1）按平衡组织或退火组织　可以分为亚共析钢、共析钢、过共析钢和莱氏体钢。

（2）按正火组织　可以分为珠光体钢、贝氏体钢、马氏体钢和奥氏体钢。

4. 其他分类方法

除上述分类方法外，还有许多其他的分类方法，例如：

（1）按工艺特点　可分为铸钢、渗碳钢、易切削钢等。

（2）按质量　可以分为普通质量钢、优质钢和高级质量钢，其区别主要在于钢中所含有害杂质（S、P）的多少。

5.2.2 合金钢的牌号

钢的编号原则主要有两条：首先，根据编号可以大致看出该钢的成分；其次，根据编号可大致看出该钢的用途。

我国合金钢的牌号，常采用如下格式：

合金钢牌号 = 数字 + 化学元素（如 Si、Mn、Cr、W 等）+ 数字 + 尾缀符号

化学元素采用元素中文名称或化学符号。而产品名称、用途和浇铸方法等则采用汉语拼音字母表示。

1. 含碳量数字

（1）含碳量数字为2位数　用在合金结构钢的牌号中，表示钢中平均含碳量的万分数。例如60Si2Mn钢的平均含碳量为万分之六十，即0.6%。

（2）含碳量数字为1位数　用在合金工具钢的牌号中，表示钢中平均含碳量的千分数。1Gr13钢的平均含碳量为千分之一，即0.1%。

（3）无含碳量数字　用在合金工具钢的牌号中，表示钢中的平均含碳量≥1%，此时不标。如 Cr12 表示平均含碳量≥1%，未标。

2. 合金元素含量数字

表示该合金元素平均含量的百分数。当合金元素平均含量小于1.5%时不标数字。例如60Si2Mn表示钢中的平均 $w_{Si} = 2\%$、平均 $w_{Mn} < 1.5\%$。

3. 尾缀符号

当采用汉语拼音字母表示产品名称、用途、特性和工艺方法时，一般用代表产品名称的汉语拼音的首字母表示，加在牌号首或尾部。如 GCr15（G 表示滚动轴承）、SM3Cr3Mo（SM 表示塑料模具）。

高级优质合金结构钢在其牌号尾部加符号"A"，合金工具钢均属高级优质钢，故不标"A"。

4. 特殊性能钢的牌号表示

牌号表示法与合金工具钢相同，只是在不锈钢中，当平均含碳量小于0.1%时，前面加"0"表示；平均含碳量小于等于0.03%时前面加"00"表示。例如0Cr13，表示含碳量为

0.1%，含铬量为 13% 的不锈钢。

5. 专门用途钢

此类钢是指某些用于专门用途的钢种，以其用途名称的汉语拼音第一个字母表示该钢的类型，以数字表明其含碳量；化学元素符号表明钢中含有的合金元素，其后的数字表明合金元素的大致含量。例如，铆螺用 30CrMnSi 钢，其牌号表示为 ML30CrMnSi；锅炉用 20 钢，其牌号表示为 20g。16MnR 表示含碳量为 0.16%，含锰量小于 1.5% 的容器用钢。

5.3　合金元素在钢中的作用

在合金钢中，经常加入的合金元素有锰（Mn）、硅（Si）、铬（Cr）、镍（Ni）、钼（Mo）、钨（W）、钒（V）、钛（Ti）、铌（Nb）、锆（Zr）、稀土元素（RE）等。合金元素在钢中的作用是非常复杂的，包括与钢中的铁和碳两个基本组元发生作用及合金元素间的相互作用。

5.3.1　合金元素对钢力学性能的影响

1. 溶解于铁素体，起固溶强化作用

几乎所有合金元素均能不同程度地溶于铁素体、奥氏体中而形成固溶体，使钢的强度、硬度提高，但塑性、韧性有所下降。不同合金元素对铁素体力学性能的影响如图 5-1 所示。

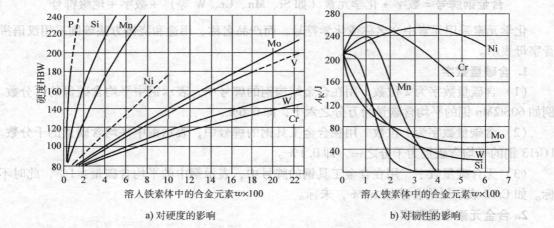

a) 对硬度的影响　　　　　　　　　b) 对韧性的影响

图 5-1　不同合金元素对铁素体力学性能的影响

按照与碳之间的相互作用（形成碳化物，起第二相强化、硬化作用）不同，常用的合金元素分为非碳化物形成元素和碳化物形成元素两大类。碳化物形成元素包括 Ti、Nb、V、W、Mo、Cr 和 Mn 等，它们在钢中能与碳结合形成碳化物，如 TiC、VC 和 WC 等，这些碳化物一般都具有高的硬度、高的熔点和稳定性，如果它们颗粒细小并在钢中均匀分布时，则显著提高钢的强度、硬度和耐磨性。

2. 使结构钢中珠光体增加，起强化作用

合金元素的加入，使 Fe—Fe₃C 相图中的共析点左移，因而，与相同含碳量的碳素钢相比，亚共析成分的结构钢（一般结构钢为亚共析钢）含碳量更接近于共析成分，组织中珠

光体的数量增加，使合金钢的强度提高。

5.3.2　合金元素对钢热处理性能的影响

1. 对加热过程奥氏体化的影响

合金钢中的合金渗碳体、合金碳化物稳定性高，不易溶入奥氏体，合金元素溶入奥氏体后扩散很缓慢，因此合金钢的奥氏体化速度比碳素钢慢，为加速奥氏体化，要求将合金钢（锰钢除外）加热到较高的温度和保温较长的时间。

除 Mn 外的所有合金元素都有阻碍奥氏体晶粒长大的作用，尤其是 Ti、V 等强碳化物形成的合金碳化物稳定性高，残存在奥氏体晶界上，显著地阻碍奥氏体晶粒长大，因此奥氏体化的晶粒一般比碳素钢细。

2. 提高钢的淬透性

大多数合金元素（除 Co 和 Al 外）溶入奥氏体时都能增加过冷奥氏体的稳定性，从而使等温转变图位置右移，降低了钢的临界冷却速度，提高了钢的淬透性。因此，与碳素钢相比，合金钢淬火能使较大截面的工件获得均匀一致的组织，从而获得较高的力学性能；对复杂的合金钢工件，可用冷却能力较强的淬火剂（如熔盐等）淬火，从而减少工件淬火时的变形和开裂。

提高淬透性作用最大的元素是 Mo、Mn、Cr，其次是 Ni。微量的 B（＜0.005%）能显著提高钢的淬透性。

3. 提高钢的回火稳定性

淬火钢在回火时抵抗硬度下降的能力称为钢的回火稳定性。由于合金元素溶入了马氏体中，阻碍了原子的扩散，使马氏体在回火过程中不易分解，碳化物不易析出。因此，合金钢回火时硬度下降较慢，其回火稳定性较高。合金钢若与碳素钢在相同温度下回火，则合金钢的强度和硬度将比碳素钢高。提高回火稳定性较强的合金元素有钒、硅、钼、钨等。

4. 产生二次硬化

某些合金钢回火时在某温度范围出现硬度不降反而回升的现象，称为二次硬化。产生二次硬化的原因是：含钒、钼、钨等强碳化物形成元素的合金钢在高温回火时，析出了与马氏体保持共格关系并高度弥散分布的特殊碳化物（W_2C、Mo_2C、VC、TiC 等）。

高的回火稳定性和二次硬化使合金钢具有很好的高温强度和热硬性。热硬性是指合金在高温下保持高硬度（≥60HRC）的能力，此性能对于高速切削刀具具有重要意义。

5.3.3　合金元素对钢加工工艺性能的影响

1. 对焊接性能的影响

淬透性良好的合金钢在焊接时，容易在接头处出现淬硬组织，使该处脆性增大，容易出现焊接裂纹；焊接时合金元素容易被氧化形成氧化物夹杂，使焊接质量下降，例如，在焊接不锈钢时，形成 Cr_2O_3 夹杂，使焊缝质量受到影响，同时由于铬的损失，不锈钢的耐腐蚀性下降，所以高合金钢最好采用保护作用好的氩弧焊。

2. 对锻造性能的影响

由于合金元素溶入奥氏体后变形抗力增加，使塑性变形困难，合金钢锻造需要施加更大的压力；同时合金元素使钢的导热性降低、脆性加大，增大了合金钢锻造时和锻后冷却中出现变形、开裂的倾向，因此合金钢锻后一般应控制终锻温度和冷却速度。

5.4 合金结构钢

用于制造各类机械零件以及建筑工程结构的钢称为**结构钢**。碳素结构钢的冶炼及加工工艺简单、成本低，这类钢的生产量在全部结构钢中占有很大比例。但随着工业和科学技术的发展，一般碳素结构钢难以满足重要机械构件和机器零件的需要，对于形状复杂、截面较大、要求淬透性较好以及力学性能要求高的工件就必须采用合金结构钢制造。

合金结构钢主要包括工程构件用合金钢（低合金结构钢）和机械制造用合金钢（合金渗碳钢、合金调质钢、合金弹簧钢、滚动轴承钢、易切削钢等）。

合金结构钢的成分特点，是在碳素结构钢的基础上适当地加入一种或多种合金元素，例如 Cr、Mn、Si、Ni、Mo、W、V、Ti 等。合金元素除了保证有较高的强度和较好的韧性外，另一重要作用是提高钢的淬透性，使机械零件在整个截面上得到均匀一致的、良好的综合力学性能，在具有高强度的同时又有足够的韧性。

5.4.1 工程构件用合金钢

1. 低合金高强度结构钢

低合金高强度结构钢强度高，韧性和加工性能优异，合金元素含量少，并且不需进行复杂的热处理，已越来越受到重视。由于我国微合金化元素资源十分丰富，所以低合金高强度结构钢在我国具有极其广阔的发展前景。

（1）化学成分　低合金高强度结构钢的成分特点是：低碳、低合金，其 $w_C < 0.20\%$，常加入的合金元素有 Mn、Si、Ti、Nb、V 等。含碳量低是为了获得高的塑性、良好的焊接性和冷变形能力。合金元素 Si 和 Mn 主要溶于铁素体中，起固溶强化作用。Ti、Nb、V 等在钢中形成细小碳化物，起细化晶粒和弥散强化作用，从而提高了钢的强韧性。

（2）牌号、性能及用途　牌号的表示与碳素结构钢相同，有 Q295、Q345、Q390、Q420、Q460，其中 Q345 应用最广泛。低合金高强度结构钢是一类可焊接的低碳低合金工程结构用钢，具有较高的强度，良好的塑性、韧性，良好的焊接性、耐蚀性和冷成形性，低的韧脆转变温度，适于冷弯和焊接，广泛用于制造桥梁、车辆、船舶、锅炉、高压容器和输油管等。在某些场合用低合金高强度结构钢代替碳素结构钢可减轻构件的质量。常用低合金高强度结构钢的牌号、力学性能及用途见表 5-1，常用低合金高强度结构钢的新旧牌号对比见表 5-2。

表 5-1　常用低合金高强度结构钢的牌号、力学性能及用途

牌号	质量等级	力学性能				应用范围
		σ_b/MPa	δ_s（%）	σ_s/MPa 大于等于	A_K/J	
Q295	A	390~570	23	295	—	低、中压化工容器，低压锅炉汽包，车辆冲压件，建筑金属构件，输油管，储油罐，有低温要求的金属构件
	B	390~570	23	295	34（20℃）	

（续）

牌号	质量等级	力学性能				应用范围
		σ_b/MPa	δ_s（%）	σ_s/MPa 大于等于	A_K/J	
Q345	A	470~630	21	345	—	各种大型船舶，铁路车辆，桥梁，管道，锅炉，压力容器，石油储罐，水轮机涡壳，起重及矿山机械，电站设备，厂房钢架等承受动载荷的各种焊接结构件。一般金属构件、零件
	B	470~630	21	345	34（20℃）	
	C	470~630	22	345	34（0℃）	
	D	470~630	22	345	34（-20℃）	
	E	470~630	22	345	27（-40℃）	
Q390	A	490~650	19	390	—	中、高压锅炉汽包，中、高压石油化工容器，大型船舶，桥梁，车辆及其他承受较高载荷的大型焊接结构件。承受动载荷的焊接结构件，如水轮机涡壳
	B	490~650	19	390	34（20℃）	
	C	490~650	20	390	34（0℃）	
	D	490~650	20	390	34（-20℃）	
	E	490~650	20	390	27（-40℃）	
Q420	A	520~680	18	420	—	中、高压锅炉及容器，大型船舶，车辆，电站设备及焊接结构件
	B	520~680	18	420	34（20℃）	
	C	520~680	19	420	34（0℃）	
	D	520~680	19	420	34（-20℃）	
	E	520~680	19	420	27（-40℃）	
Q460	C	550~720	17	460	34（0℃）	淬火、回火后用于大型挖掘机、起重运输机械、钻井平台等
	D	550~720	17	460	34（-20℃）	
	E	550~720	17	460	27（-40℃）	

表5-2　常用低合金高强度结构钢的新旧牌号对比

新标准	旧标准
Q295	09MnV、90MnNb、09Mn2、12Mn
Q345	12MnV、14MnNb、16Mn、16MnRE、18Nb
Q390	15MnV、15MnTi、16MnNb
Q420	15MnVN、14MnVTiRE
Q460	—

2. 低合金耐候钢

低合金耐候钢具有良好的耐大气腐蚀的能力，是近年来我国发展起来的新钢种。此类钢主要加入的合金元素有少量的铜、铬、磷、钼、钛、铌、钒等，使钢的表面生成致密的氧化膜，提高耐候性。

常用的牌号有：09CuP、09CuPCrNi 等。此类钢可用于农业机械、运输机械、起重机械、铁路车辆、建筑、塔架等构件，也可制作铆接和焊接件。

5.4.2　机械结构用合金钢

1. 合金渗碳钢

（1）应用　合金渗碳钢是用于制造渗碳零件的合金钢，具有外硬内韧的性能，可用来制造承受冲击和耐磨的产品,如汽车、拖拉机中的变速齿轮,内燃机上的凸轮轴、活塞销等。

(2)特点 碳素渗碳钢的淬透性低,零件心部的硬度和强度在热处理前后差别不大。而合金渗碳钢则不然,因其淬透性高,零件心部的硬度和强度在热处理前后差别较大,可通过热处理使渗碳件的心部达到较显著的强化效果。

(3)化学成分 合金渗碳钢含碳量低,一般 $w_C = 0.10\% \sim 0.25\%$,属于低碳钢。低的含碳量可保证零件心部具有足够的塑性、韧性。为了提高淬透性,加入 Cr、Mn、Ni、B 等,并可强化渗碳层和心部组织。此外,还加入微量的 Mo、W、V、Ti 等强碳化物形成元素。这些元素形成的稳定合金碳化物,能防止渗碳时晶粒长大,还能增加渗碳层硬度,提高耐磨性。

(4)常用牌号 主要有 20Cr、20CrMnTi、20Cr2Ni4 等。常用合金渗碳钢的牌号、化学成分、热处理、力学性能及用途见表 5-3。

表 5-3 常用合金渗碳钢的牌号、化学成分、热处理、力学性能及用途

牌号	热处理			力学性能				应用举例
	一次淬火温度/℃	二次淬火温度/℃	回火温度/℃	σ_b/MPa	σ_s/MPa	$\delta(\%)$	A_K/J	
				(不小于)				
20Cr	880 水、油	780~820 水、油	200 水、空	540	835	10	47	截面在 30mm 以下形状复杂、心部要求较高强度、工作表面承受磨损的零件,如机床变速箱齿轮、凸轮、蜗杆、活塞销、爪形离合器等
20Mn2	880 水、油		200 水、空	590	785	10	47	代替 20 钢制作小型渗碳齿轮、轴、轻载活塞销,汽车顶杆、变速箱操纵杆等
20CrMnTi	880 油	870 油	200 水、空	850	1080	10	55	在汽车、拖拉机工业中用于截面在 30mm 以下,承受高速、中或重载荷以及受冲击、摩擦的重要渗碳件,如齿轮、轴、齿轮轴、爪形离合器、蜗杆等
20MnVB	860 油		200 水、空	885	1080	10	55	模数较大,载荷较重的中小渗碳件,如重型机床上的齿轮、轴,汽车后桥主动、从动齿轮等
20MnTiB	860 油		200 水、空	930	1130	10	55	20CrMnTi 的代用钢种,制作汽车、拖拉机上小截面、中等载荷的齿轮
20Cr2Ni4	880 油	780 油	200 水、空	1080	1180	10	63	大截面、较高载荷或交变载荷下工作的重要渗碳件,如大型齿轮、轴等

注:表中各牌号的合金渗碳钢试样尺寸均为 15mm。

2. 合金调质钢

合金调质钢的最终热处理为淬火后高温回火(即调质处理),回火温度一般为 500~650℃。热处理后的组织为回火索氏体。

(1)特点及应用 合金调质钢具有高的强度、良好的塑性与韧性,即具有良好的综合力学性能。主要用于制造在多种载荷(如扭转、弯曲、冲击等)下工作,受力比较复杂,要求具有良好综合力学性能的重要零件,如汽车、拖拉机、机床等上的齿轮、轴类件、连杆、高强度螺栓等。合金调质钢是机械结构用合金钢的主体。

（2）化学成分　合金调质钢为中碳钢，其 $w_C = 0.25\% \sim 0.50\%$，以保证调质处理后具有良好的综合力学性能。主加合金元素有 Cr、Ni、Mn、Si、B 等，能提高淬透性和强化钢材，而加入少量的 W、Mo、V、Ti 等元素可形成稳定的合金碳化物，阻止奥氏体晶粒长大，起细化晶粒及防止回火脆性的作用。

（3）常用牌号　40Cr、35CrMo、38CrMoAl、40CrNiMoA 等为常用的合金调质钢。常用合金调质钢的牌号、化学成分、热处理、力学性能及用途见表5-4。

表5-4　常用合金调质钢的牌号、化学成分、热处理、力学性能及用途

牌号	化学成分 w（%）					热处理		力学性能			应用范围
	C	Si	Mn	Cr	其他	淬火温度/℃	回火温度/℃	σ_b/MPa	σ_s/MPa	δ（%）	
								不小于			
40Cr	0.37～0.44	0.17～0.37	0.50～0.80	0.80～1.10		850 油	520 水、油	785	980	9	制造承受中等载荷和中等速度工作下的零件，如汽车后半轴及机床上齿轮、轴、花键轴、顶尖套等
40MnB	0.37～0.44	0.17～0.37	1.10～1.40		B：0.0005～0.0035	850 油	500 水、油	785	980	10	代替40Cr制造中、小截面重要调质件，如汽车半轴、转向轴、蜗杆及机床主轴、齿轮等
35CrMo	0.32～0.40	0.17～0.37	0.40～0.70	0.80～1.10	Mo：0.15～0.25	850 油	550 水、油	835	980	12	通常用作调质件，也可在中、高频表面淬火或淬火、低温回火后用于高载荷下工作的重要结构件，特别是受冲击、振动、弯曲、扭转载荷的机件，如主轴、大电机轴、曲轴、锤杆等
40CrNi	0.37～0.44	0.17～0.37	0.50～0.80	0.45～0.75	Ni：1.00～1.40	820 油	500 水、油	785	980	10	制造截面较大、载荷较重的零件，如轴、连杆、齿轮轴等
38CrMoAl	0.35～0.42	0.20～0.45	0.30～0.60	1.35～1.65	Mo：0.15～0.25 Al：0.70～1.10	940 水油	640 水、油	835	980	14	高级氮化钢，常用于制造磨床主轴、自动车床主轴、精密丝杠、精密齿轮、高压阀门，压缩机活塞环、橡胶及塑料挤压机上的各种耐磨件
40CrNiMoA	0.37～0.44	0.17～0.37	0.50～0.80	0.60～0.90	Mo：0.15～0.25 Ni：1.25～1.65	850 油	600 水、油	835	980	12	要求韧性好、强度高及大尺寸的重要调质件，如重型机械中高载荷的轴类、直径大于25mm的汽轮机轴、叶片、曲轴等
0Cr2NiWA	0.21～0.28	0.17～0.37	0.30～0.60	1.35～1.65	W：0.80～1.20 Ni：4.00～4.50	850 油	550 水、油	930	1080	11	200mm以下要求淬透的大截面重要零件

注：表中38CrMoAl钢试样毛坯尺寸为 φ30mm，其余牌号合金调质钢试样毛坯尺寸均为 φ25mm。

3. 合金弹簧钢

（1）应用　合金弹簧钢主要用于制造各种重要的弹性元件，如机器、仪表中的弹簧。

（2）性能要求　合金弹簧钢应具有高的弹性极限、疲劳强度和高的屈强比，足够的塑性、韧性，还应具有良好的淬透性及较低的脱碳敏感性。有些弹簧还要求具有耐热和耐腐蚀性。中碳钢和高碳钢都可用来制作弹簧，但因其淬透性和强度较低，故只能用来制造截面较小、受力较小的弹簧。合金弹簧钢则可制造截面较大、屈服极限较高的重要弹簧。

（3）化学成分　合金弹簧钢为中、高碳成分，一般 $w_C = 0.5\% \sim 0.7\%$，以满足高弹性、高强度的性能要求。加入的合金元素主要是 Si、Mn、Cr，作用是强化铁素体、提高淬透性和耐回火性。但加入过多的 Si 会造成钢在加热时表面容易脱碳，加入过多的 Mn 容易使晶粒长大。加入少量的 V 和 Mo 可细化晶粒，从而进一步提高强度并改善韧性，还有进一步提高淬透性和耐回火性的作用。

（4）常用牌号及用途　常用的合金弹簧钢有 60Si2Mn、50CrVA、30W4Cr2VA 等。

1）60Si2Mn 钢是应用最广泛的合金弹簧钢，其生产量约为合金弹簧钢产量的 80%。它的强度、淬透性、耐回火性都比碳素弹簧钢高，工作温度达 250℃，缺点是脱碳倾向较大，适于制造厚度小于 10mm 的板簧和截面尺寸小于 25mm 的螺旋弹簧，在重型机械、铁道车辆、汽车、拖拉机上都有广泛的应用。

2）50CrVA 钢的力学性能与 60Si2Mn 钢相近，但淬透性更高，钢中 Cr 和 V 能提高弹性极限、强度、韧性和耐回火性，常用于制作承受重载荷、工作温度较高及截面尺寸较大的弹簧。

3）30W4Cr2VA 是高强度的耐热弹簧钢，用于 500℃ 以下工作的锅炉主安全阀弹簧、汽轮机汽封弹簧等。

（5）弹簧成形方法　对直径或板簧厚度大于 10mm 的大弹簧，可在比正常淬火温度高出 50 ~ 80℃ 的温度下热成形，对直径或板簧厚度小于 8 ~ 10mm 的小弹簧，常用冷拔弹簧钢丝冷卷成形。

（6）热处理　为保证弹簧具有高的强度和足够的韧性，通常淬火以后再中温回火。对热成形弹簧，可采用热成形余热淬火，对冷成形的弹簧，有时可省去淬火、中温回火工艺，成形后只需在 200 ~ 300℃ 温度范围下进行去应力退火即可。弹簧钢热处理后通常进行喷丸处理，其目的是在弹簧表面产生残余压应力，以提高弹簧的疲劳强度。

4. 滚动轴承钢

（1）应用　滚动轴承钢成分和性能接近于工具钢，主要用于制造滚动轴承的内圈、外圈、滚动体和保持架。虽是制作滚动轴承的专用钢，但也可制作冷冲模、精密量具等工具，还可制作要求耐磨的精密零件，如柴油机喷油嘴、精密丝杠。

（2）性能要求　滚动轴承钢要求具有高而均匀的硬度和耐磨性，高的弹性极限和接触疲劳强度，足够的韧性和淬透性，一定的抗蚀能力。其对钢的纯度（非金属夹杂物等）、组织均匀性、碳化物的分布情况及脱碳程度等都有严格的要求。

（3）化学成分　滚动轴承钢为高碳成分，$w_C = 0.95\% \sim 1.10\%$，以保证高硬度和高耐磨性。主要合金元素为 Cr，$w_{Cr} = 0.40\% \sim 1.65\%$，Cr 能提高淬透性，并与碳形成颗粒细小而弥散分布的碳化物，使钢在热处理后获得高而均匀的硬度及耐磨性。有时，轴承钢中还加入 Si 和 Mn 以进一步提高其淬透性，可用于制作大型轴承。

（4）牌号　牌号前用字母"G"表示滚动轴承钢的类别，后附元素符号 Cr 和其平均含量的千分数及其他元素符号，如 GCr4、GCr15、GCr15SiMn、GCr15SiMo、GCr18Mo，目前应用最广泛的是 GCr15。常用轴承钢的牌号、化学成分、热处理及用途见表5-5。

表5-5　常用轴承钢的牌号、化学成分、热处理及用途

牌号	化学成分 w（%）						力学性能			应　用
	C	Cr	Mn	Si	S	P	淬火温度/℃	回火温度/℃	回火后硬度/HRC	
GCr9	1.0～1.2	0.9～1.2	0.2～0.4	0.15～0.35			810～830	150～170	62～66	用于制造 φ10～φ20mm 的滚珠或滚针
GCr15	0.95～1.05	1.4～1.65	0.25～0.45	0.15～0.35	≤0.025		825～845	150～170	62～66	壁厚 20mm 的中、小型套圈，φ<50mm 滚珠
GCr15SiMn	0.95～1.05	1.3～1.65	0.9～1.2	0.4～0.65	≤0.025		820～840	150～170	≥62	壁厚 >30mm 的大型套圈，φ50～φ100mm 的滚珠

（5）热处理　预先热处理为球化退火，可获得细小均匀的球状珠光体，其目的一是降低硬度（硬度为 170～210HBW），改善切削加工性能；二是为淬火提供良好的原始组织，从而使淬火及回火后得到最佳的组织和性能。最终热处理是淬火和低温回火，获得细回火马氏体加均匀分布的细粒状碳化物及少量残留奥氏体，硬度为 61～65HRC。对精密的轴承钢零件，为保证尺寸稳定性，可在淬火后立即进行冷处理（-60～-80℃），以尽量减少残留奥氏体的数量，在冷处理后进行低温回火和粗磨，接着在 120～130℃ 进行时效，最后进行精磨。

5.5　合金工具钢

工具钢用于制造刀具、模具和量具等各种工具。工具钢按化学成分可分为非合金工具钢（碳素工具钢）与合金工具钢；按用途分为刃具钢、模具钢和量具钢。非合金工具钢已在本书第3.4节中做过介绍。

5.5.1　合金刃具钢

1. 合金刃具钢的用途及性能

（1）用途　主要用于制造各种金属切削刀具，如车刀、铣刀和钻头等。

（2）性能要求　刃具切削时受工件的压力，刃部与切屑之间产生强烈的摩擦；由于切削发热，刃部温度可达 500～600℃；此外，还承受一定的冲击和振动。刃具钢应具有的基本性能如下：

1）高硬度。金属切削刀具的硬度一般都在 60HRC 以上。

2）高耐磨性。不仅取决于钢的硬度，而且与钢中硬化物的性质、数量、大小和分布

有关。

3）高热硬性。**热硬性**是指钢在高温下保持高硬度的能力（亦称红硬性）。热硬性与钢的回火稳定性和特殊碳化物的弥散析出有关。为保证钢有高的热硬性，通常在钢中加入提高耐回火性的合金元素（钨、钒等）。

4）足够的塑性和韧性。以防止刃具受冲击振动时折断和崩刃。

2. 低合金刃具钢

低合金刃具钢是在碳素工具钢的基础上加入少量的合金元素（一般不超过3%～5%）而制成的。

（1）用途　低合金刃具钢主要用于制作切削刃具，如板牙、丝锥和铰刀等。

（2）成分特点　这类钢的含碳量为0.80%～1.50%，高的含碳量可保证钢的高硬度及形成足够的合金碳化物，提高耐磨性。钢中常加入的合金元素有硅、锰、铬、钼、钨、钒等。其中，铬、锰、硅等可提高淬透性、耐回火性和改善热硬性。加入钨、钒等碳化物形成元素，可形成WC、VC或V_4C_3等特殊碳化物，提高钢的热硬性和耐磨性。

（3）热处理特点　低合金刃具钢锻造后进行球化退火，可改善切削加工性能。最终热处理为淬火和低温回火，其组织为细回火马氏体、合金碳化物和少量残留奥氏体，硬度为60～65HRC。

（4）常用低合金刃具钢　9SiCr、CrWMn等钢是常用的低合金刃具钢，具有高的淬透性和耐回火性，热硬性可达300～350℃。9SiCr可采用分级或等温淬火，以减少变形，主要制造变形小的薄刃低速切削刀具（如丝锥、板牙和铰刀等）。CrWMn钢具有高的淬透性，热处理后变形小，故称微变形钢，适于制造较复杂的精密低速切削刀具（如长铰刀和拉刀等）。常用低合金刃具钢的牌号、热处理工艺、力学性能及用途见表5-6。

表5-6　常用低合金刃具钢的牌号、热处理工艺、力学性能及用途

钢号	化学成分 w（%）					淬火			回火		用途举例
	C	Mn	Si	Cr	其他	温度/℃	介质	HRC（不低于）	温度/℃	HRC	
9SiCr	0.85～0.95	0.3～0.6	1.2～1.6	0.95～1.25		850～870	油	62	190～200	60～63	板牙、丝锥、绞刀、搓丝板、冷冲模等
CrWMn	0.9～1.05	0.8～1.1	0.15～0.35	0.9～1.2	1.2～1.6W	820～840	油	62	140～160	62～65	长丝锥、长绞刀、板牙、拉刀、量具、冷冲模等
CrMn	1.3～1.5	0.45～0.75	≤0.40	1.3～1.6		840～860	油	62	130～140	62～65	长丝锥、拉刀、量具等
9Mn2V	0.85～0.95	1.7～2.0	≤0.40		0.01～0.25V	780～820	油	62	150～200	58～63	丝锥、板牙、样板、量规、中小型模具、磨床主轴、精密丝杠等

3. 高速工具钢

尽管低合金工具钢的淬透性、耐磨性及热硬性已有所提高，但其工作温度也只有250～300℃，不能满足高速切削的要求。高速工具钢就是随着工业技术的不断发展，为适应高速切削的要求发展起来的钢种。**高速工具钢**是高速切削用钢的代名词，简称**高速钢**，是一种含有钨、铬、钒等多种元素的高合金工具钢。

（1）性能特点和用途　高速工具钢具有高的硬度和耐磨性以及足够的塑性和韧性，并且具有很高的热硬性，当切削温度高达600℃时，仍有良好的切削性能，故俗称"锋钢"。高速工具钢主要用于制造高速切削刃具（如车刀、钻头等）和形状复杂、负荷较重的成形刃具（如齿轮铣刀、拉刀等），图5-2所示为高速工具钢对称双角成形铣刀。

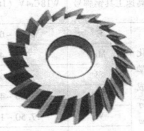

图5-2　高速工具钢对称双角成形铣刀

（2）成分特点　高速工具钢的 $w_C = 0.70\% \sim 1.25\%$ ，高速工具钢中一般含有较多数量的钨元素，钨是提高钢热硬性的主要元素，Cr 的加入可提高钢的淬透性，并能形成碳化物强化相。

（3）锻造与热处理特点　高速工具钢铸态组织中有大量的粗大鱼骨状的合金碳化物，此碳化物硬而脆，不能用热处理方法消除，必须借助于反复的压力热加工，一般选择多次轧制和锻压，将粗大的共晶碳化物和二次碳化物破碎，并使它们均匀分布在基体中。高速工具钢的热处理工艺过程极其复杂，与其他钢的热处理工艺相比较，高速工具钢的淬火、回火可归纳为"两高一多"，即淬火温度高（1270～1280℃）、回火温度高（560℃）、回火次数多（3次）。典型的高速工具钢牌号 W18Cr4V 的热处理工艺曲线如图5-3所示。

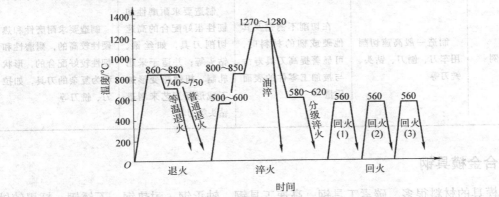

图5-3　W18Cr4V 的热处理工艺曲线

（4）常用高速工具钢　我国最常用的是 W18Cr4V、W6Mo5Cr4V2，分别简称18-4-1和6-5-4-2。W18Cr4V 钢是发展最早、应用非常广泛的高速工具钢，其热硬性高，主要制作中速切削刀具或结构复杂的低速切削的刀具（如拉刀、齿轮刀具等）；W6Mo5Cr4V2 钢可作为 W18Cr4V 钢的代用品，与 W18Cr4V 钢相比，W6Mo5Cr4V2 钢由于钼的碳化物细小，故有较好的韧性，主要制作耐磨性和韧性配合较好的刃具，尤其适于制作热加工成形的薄刃刀具（如麻花钻头等）。常用高速工具钢的成分、热处理、力学性能及用途见表5-7。

注意：当刃具的工作温度高于700℃时，高速工具钢一般无法胜任，应使用硬质合金材料刀具（工作温度可达800～1000℃）或陶瓷材料刀具（工作温度可达1000～1200℃）等。

83

表 5-7　常用高速工具钢的成分、热处理、力学性能及用途

高速工具钢牌号		W18Cr4V（18-4-1）	W18Cr4V	W6Mo5Cr4V2（6-5-4-2）	W6Mo5Cr4V3（6-5-4-3）
化学成分 w （%）	C	0.70~0.80	0.90~1.00	0.80~0.90	1.10~1.25
	Mn	≤0.40	≤0.40	≤0.35	≤0.35
	Si	≤0.40	≤0.40	≤0.30	≤0.30
	Cr	3.80~4.40	3.80~4.40	3.80~4.40	3.80~4.40
	W	17.50~19.00	17.50~19.00	5.75~6.75	5.75~6.75
	V	1.00~1.40	1.00~1.40	1.80~2.20	2.80~3.30
	Mo	—	—	4.75~5.75	4.75~5.75
热处理	淬火 温度/℃	1260~1280	1260~1280	1220~1240	1220~1240
	冷却介质	油	油	油	油
	硬度 HRC	≥63	≥63	≥63	≥63
	回火 温度/℃	550~570（3次）	570~580（4次）	550~570（3次）	550~570（3次）
	硬度 HRC	63~66	67~68	63~66	>65
应用举例		制造一般高速切削用车刀、刨刀、钻头、铣刀等	在切削不锈钢及其他硬或韧的材料时，可显著提高刀具寿命与被加工零件的表面质量	制造要求耐磨性和韧性很好配合的高速切削刀具，如丝锥、钻头等；并适于采用轧制、扭制热变形加工成形新工艺来制造钻头等刀具	制造要求耐磨性和热硬性较高的，耐磨性和韧性较好配合的，形状稍为复杂的刀具，如拉刀、铣刀等

5.5.2　合金模具钢

制作模具的材料很多，碳素工具钢、高速工具钢、轴承钢、耐热钢、不锈钢、蠕墨铸铁等都可制作各类模具，用得最多的是合金模具工具钢。根据用途，模具用钢可分为冷作模具钢、热作模具钢和塑料模具钢。

1. 冷作模具钢

（1）应用特点　冷作模具用于冷态下（工作温度低于 200~300℃）金属的成形加工，如冷冲模、冷挤压模、剪切模等。此类模具承受很大的压力、强烈的摩擦和一定的冲击，要求具有高硬度、高耐磨性和足够的韧性。此外，形状复杂、精密、大型的模具还要求具有较高的淬透性和小的热处理变形。图 5-4 为汽车部件的冷冲压模具外观图。

（2）化学成分　冷作模具钢一般具有高的含碳量，$w_C = 1.0\% ~ 2.0\%$，以获得高硬度和高耐磨性。通过加入合金元素 Cr、Mo、W、V 等，可提高耐磨性、淬透性和耐回火性。

（3）常用冷作模具钢　主要包括 Cr12、Cr12MoV 等，此类钢的淬透性及耐磨性好，

图5-4　汽车部件的冷冲压模具外观

热处理变形小，常用于大型冷作模具。其中 Cr12MoV 钢除耐磨性不及 Cr12 钢外，强度、韧性都较好，应用最广。尺寸较小的冷作模具可选用低合金冷作模具钢 CrWMn 等，也可采用刃具钢 9SiCr 或轴承钢 GCr15。常用冷作模具钢的牌号、化学成分、热处理及用途见表5-8。

表5-8　常用冷作模具钢的牌号、化学成分、热处理及用途

牌号	化学成分 w（%）					交货状态		热处理		应　用
	C	Si	Mn	Cr	其他	P	S	（退火）	淬火温度	HRC	
						不大于		HBW	/℃	不小于	
CrWMn	0.90 ~ 1.05	≤0.40	0.80 ~ 1.10	0.90 ~ 1.20	W: 1.20 ~ 1.60	0.03	0.03	207 ~ 255	800 ~ 830 油	62	制作淬火要求变形很小、长而形状复杂的切削刀具，如拉刀、长丝锥及形状复杂、高精度的冷冲模
Cr12	2.00 ~ 2.30	≤0.40	≤0.40	11.50 ~ 13.00		0.03	0.03	217 ~ 269	950 ~ 1000 油	60	制作耐磨性高、不受冲击、尺寸较大的模具，如冷冲模、冲头、钻套、量规、螺纹滚丝模和拉丝模等
Cr12MoV	1.45 ~ 1.70	≤0.40	≤0.40	11.00 ~ 12.50	Mo: 0.40 ~ 0.60; V: 0.15 ~ 0.30	0.03	0.03	207 ~ 255	950 ~ 1000 油	58	制作截面较大、形状复杂、工作条件繁重的各种冷作模具及螺纹搓丝板等

2. 热作模具钢

（1）应用特点　热作模具用于热态金属的成形加工，如热锻模、压铸模、热挤压模等。热作模具工作时受到比较高的冲击载荷，同时模腔表面要与炽热金属接触并发生摩擦，局部温度可达500℃以上，并且还要不断反复受热与冷却，常因热疲劳而使模腔表面龟裂，故要求热作模具钢在高温下具有较高的综合力学性能及良好的耐热疲劳性。此外，必须具有足够的淬透性。

（2）化学成分　热作模具钢为中碳成分，$w_C = 0.3\% \sim 0.6\%$，以获得综合力学性能。合金元素有 Cr、Mn、Ni、Mo、W、Si 等，其中，Cr、Mn、Ni 的主要作用是提高淬透性；W、Mo 可提高耐回火性并防止回火脆性；Cr、W、Mo、Si 可提高钢的耐热疲劳性。

（3）常用热作模具钢　5CrMnMo 和 5CrNiMo 是最常用的热锻模具钢，其中 5CrMnMo 常用来制造中小型热锻模，5CrNiMo 常用于制造大中型热锻模；对于受静压力作用的模具（如压铸模、挤压模等），应选用 3Cr2W8V 或 4Cr5W2VSi 钢。常用热作模具钢的牌号、化学成分、热处理及用途见表5-9。

表 5-9　常用热作模具钢的牌号、化学成分、热处理及用途

牌号	化学成分 w（%）					P	S	交货状态（退火）HBW	淬火温度 /℃	应　用
	C	Si	Mn	Cr	其他	不大于				
5CrMnMo	0.50 ~ 0.60	0.25 ~ 0.60	1.20 ~ 1.60	0.60 ~ 0.90	Mo：0.15 ~ 0.30	0.03	0.03	197 ~ 241	820 ~ 850 油	制作中小型热锻模（边长 ≤300 ~ 400mm）
5CrNiMo	0.50 ~ 0.60	≤0.40	0.50 ~ 0.80	0.50 ~ 0.80	Ni：1.40 ~ 1.80；Mo：0.15 ~ 0.30	0.03	0.03	197 ~ 241	830 ~ 860 油	制作形状复杂、冲击载荷大的各种大、中型热锻模（边长 >400mm）
3Cr2W8V	0.30 ~ 0.40	≤0.40	≤0.40	2.20 ~ 2.70	W：7.50 ~ 9.00；V：0.20 ~ 0.50	0.03	0.03	≤255	1075 ~ 1125 油	制作压铸模，平锻机上的凸模和凹模、镶块，铜合金挤压模等
4Cr5W2VSi	0.32 ~ 0.42	0.08 ~ 1.20	≤0.40	4.50 ~ 5.50	W：1.60 ~ 2.40；V：0.60 ~ 1.00	0.03	0.03	≤229	1030 ~ 1050 油或空气	可用于高速锤用模具与冲头，热挤压用模具及芯棒，有色金属压铸模等

（4）热处理　热锻模坯料锻造后需进行退火，以消除锻造应力，降低硬度，利于切削加工；最终热处理为淬火、高温（或中温）回火，回火后获得均匀的回火索氏体或回火托氏体，硬度约为 40HRC 左右。

3. 塑料模具钢

（1）性能要求　塑料模具所受的应力和磨损较小，主要失效形式为模具表面质量下降，因此应具备以下性能：

1）良好的加工性能。具有较高的预硬硬度（28 ~ 35HRC），便于进行切削加工或电火花加工，易于蚀刻各种图案、文字和符号。

2）良好的抛光性。模具抛光后表面达到高镜面度（一般 R_a 值为 0.1 ~ 0.012μm）。

3）较高的硬度（热处理后硬度应超过 45 ~ 55HRC），良好的耐磨性，足够的强度和韧性。

4）热处理变形小（保证精度）、良好的焊接性（便于进行模具焊补）。

5）良好的耐蚀性。可以抵抗某些塑料在成形时释放出的腐蚀性气体。

6）塑料模具钢还应具有良好的表面装饰处理性能，例如镀铬或镍磷非晶态涂层处理。

（2）常用塑料模具钢　由于塑料模对力学性能的要求不高，所以材料选择有较大的机动性。常用塑料模具钢的牌号、性能及用途见表 5-10。表中所列钢号大多为国产塑料模具钢号，现阶段仍有许多塑料模采用国外钢号（如日本、美国、德国、瑞典等）或根据国外钢号生产的改良钢种。

表 5-10　常用塑料模具钢的牌号、性能及用途

种类	牌号	应　用
预硬型[①]	3Cr2Mo、3Cr2MnNiMo	工艺性能优良，切削加工性和电火花加工性良好，镜面抛光性好，表面粗糙度 R_a 值可达 0.025μm，可渗碳、渗硼、氮化和镀铬，耐蚀性和耐磨性好，具备塑料模具钢的综合性能，是目前国内外应用最广的塑料模具钢之一，主要用于制造形状复杂、精密、大型模具，各种塑料模具和低熔点金属压铸模

（续）

种类	牌　号	应　用
非合金型	国产 45、50 和日本产 S45C、S58C	形状简单的小型塑料模具或精度要求不高、使用寿命不需很长的塑料模具
	T7、T8、T10、T11、T12	对于形状较简单的、小型的热固性塑料模具，要求较高的耐磨性的模具
整体淬硬型	9Mn2V、CrWMn、9CrWMn、Cr12、Cr12MoV、5CrNiMo、5CrMnMo	用于压制热固性塑料、复合强化塑料产品的模具，以及生产批量很大、要求模具使用寿命很长的塑料模具
渗碳型	20、12CrMo、20Cr	较高的强度，而且心部具有较好的韧性，表面高硬度、高耐磨性、良好的抛光性能，塑性好，可以采用冷挤压成形法制造模具。缺点是模具热处理工艺较复杂、变形大。用于受较大摩擦、较大动载荷、生产批量大的模具
耐腐蚀型	9Cr18、4Cr13、1Cr17Ni2	用于在成形过程中产生腐蚀性气体的聚苯乙烯等塑料制品和含有卤族元素、福尔马林、氨等腐蚀介质的塑料制品模具

①GB/T 1299—2000《合金工具钢》中的列出的塑料模具钢种。

5.5.3　合金量具钢

合金量具钢是用于制造量具（如卡尺、千分尺、量块和塞尺等）的合金钢。

1. 工作条件及性能要求

量具在使用过程中主要是受到磨损，因此对合金量具钢的主要性能要求是：

1）工作部分有高的硬度和耐磨性，以防止在使用过程中因磨损而失效。

2）要求组织稳定性高，以求在使用过程中有较高的尺寸精度。

3）良好的磨削加工性。

2. 量具钢的成分特点及钢种

量具用钢没有专用钢。最常用的量具用钢为碳素工具钢和低合金工具钢。

（1）碳素工具钢　淬透性低，采用水淬，变形大，因此常用于制作尺寸小、形状简单、精度要求低的量具，如样板、塞规等。量具可采用 T10A 钢、T12A 钢制作，经淬火、低温回火后使用，或用 50 钢、60 钢制作，经高频感应加热淬火；也可用 15 钢、20 钢，经渗碳、淬火、低温回火后使用。

（2）低合金工具钢　对形状复杂、高精度的量具（如量块），常采用热处理变形小的 GCr15 钢、CrWMn 钢、CrMn 钢、9SiCr 钢等制作。其中 GCr15 耐磨性和尺寸稳定性都较好，用得最多。

此外，有时用渗碳钢经渗碳淬火或渗氮钢氮化处理后制作精度不高、耐冲击的量具；也可以用冷作模具钢制作要求精密的量具；在腐蚀介质中使用的量具则用不锈钢 3Cr13 制作。

3. 量具钢的热处理

量具钢通常具有高的含碳量，其热处理先用球化退火，最后进行淬火、低温回火，淬火、回火后得到稳定均匀的马氏体组织；高精度量具，如量块等，淬火、回火后还要进行稳定化退火（110～150℃，24～36 h），以保证尺寸稳定性。

注意：量具淬火加热温度应尽可能低一些，淬火一般不采用分级淬火和等温淬火，淬火后应进行冷处理，可尽量减少残留奥氏体的量；许多量具在最终热处理后一般要进行电镀铬防护处理，以提高表面的装饰性和耐磨、耐蚀性。

5.6 特殊性能合金钢

5.6.1 不锈钢

1. 特性

通常所说的不锈钢是不锈钢和耐酸钢的总称。**不锈钢**是指能抵抗大气腐蚀的钢；**耐酸钢**是指能抵抗化学介质腐蚀的钢。"不锈"只是说腐蚀的速度相对较慢，没有绝对不受腐蚀的钢种。所以，"不锈"是相对的，"腐蚀"才是绝对的。

2. 应用

不锈钢主要用来制造在各种腐蚀介质中工作的零件或构件，例如化工装置中的管道、阀门、泵，医疗手术器械，防锈刃具和量具等。

3. 化学成分

不锈钢中的主要合金元素是 Cr，只有当 Cr 含量达到一定值时，钢才有耐蚀性。因此，不锈钢一般 w_{Cr} 均在 13% 以上。不锈钢中还含有 Ni、Ti、Mn、N、Nb 等元素。

不锈钢的耐蚀性随含碳量的增加而降低，因此大多数不锈钢的含碳量均较低，有些不锈钢的 w_C 甚至低于 0.03%（如 00Cr12）。

4. 常用不锈钢

不锈钢常按组织状态分为马氏体不锈钢、铁素体不锈钢、奥氏体不锈钢等。另外，可按成分分为铬不锈钢、铬镍不锈钢和铬锰氮不锈钢等。

（1）马氏体不锈钢　马氏体不锈钢的 w_C 为 0.10% ~ 0.40%，w_{Cr} 为 11.5% ~ 18.0%，属于铬不锈钢，典型牌号有 1Cr13、2Cr13、3Cr13、4Cr13 等。马氏体不锈钢因含碳量较高，故具有较高的强度、硬度和耐磨性，但耐蚀性稍差。马氏体不锈钢通过热处理可以调整其力学性能，多是在淬火、回火处理后使用的。主要用于力学性能要求较高、耐蚀性能要求一般的一些零件上，如弹簧、汽轮机叶片、水压机阀、热油泵轴等，也用于制造医疗器械、餐具和刃具等。

（2）铁素体不锈钢　此类钢的内部显微组织为铁素体，w_C < 0.12%，w_{Cr} = 11.5% ~ 32.0%，常用牌号有 1Cr17、00Cr17Mo、Cr25、Cr25Mo3Ti、Cr28、00Cr30Mo2 等。铁素体不锈钢含铬量高，所以耐腐蚀性能与抗高温氧化性能均比较好，塑性和焊接性也好，但强度低。铁素体不锈钢加热时组织无明显变化，为单相铁素体组织，故不能用热处理强化，通常在退火状态下使用。铁素体不锈钢能抵抗大气、硝酸及盐水溶液的腐蚀，并具有高温抗氧化性能好、热膨胀系数小等特点，多用于受力不大的耐酸结构及作抗氧化钢使用，如硝酸及食品工厂设备、高温下工作的零件等。

（3）奥氏体不锈钢　其显微组织为奥氏体，是在高铬不锈钢中添加适当的镍（镍的质量分数为 8% ~25%）而形成的。常用牌号有 1Cr18Ni9、0Cr19Ni9 等，0Cr19Ni9 钢的 w_C <

0.08%，在牌号中标记为"0"。奥氏体不锈钢中含有大量的 Ni 和 Cr，镍可使钢在室温下呈单一的奥氏体组织。奥氏体不锈钢具有良好的塑性、韧性、焊接性和耐蚀性能，在氧化性和还原性介质中耐蚀性均较良好。因而具有比铬不锈钢更高的化学稳定性，有更好的耐蚀性，是目前应用最多的一类不锈钢。奥氏体不锈钢一般用来制作耐酸设备，如耐蚀容器及设备衬里、输送管道、耐硝酸的设备零件等，图 5-5 所示为不锈钢阀门。奥氏体不锈钢一般采用固溶处理，即将钢加热至 1050~1150℃，然后水淬快冷至室温，以获得单相奥氏体组织。

图 5-5　不锈钢阀门

常用不锈钢的牌号、化学成分、热处理、力学性能及用途见表 5-11。

表 5-11　常用不锈钢的牌号、化学成分、热处理、力学性能及用途

类别	牌号	化学成分 w（%）					热处理	力学性能			用途举例
		C	Si	Mn	Cr	其他		σ_b/ MPa	δ_s （%）	HBW	
马氏体型	3Cr13	0.26~0.40	≤1.00	≤1.00	12.00~14.00	Ni ≤0.60	淬火：920~980℃油；回火：600~750℃快冷	≥735	≥12	≥217	制作硬度较高的耐蚀耐磨刃具、量具、喷嘴、阀座、阀门和医疗器械等
铁素体型	1Cr17	≤0.12	≤0.75	≤1.00	16.00~18.00		退火：780~850℃空冷或缓冷	≥450	≥22	≥183	耐蚀性良好的通用不锈钢，用于建筑装潢（如电梯、扶手等）、家用电器和家庭用具
奥氏体型	0Cr19Ni9	≤0.08	≤1.00	≤2.00	18.00~20.00	Ni8.00~10.50	固溶处理：1050~1150℃快冷	≥520	≥40	≥187	应用最广，制作食品、化工、核能设备的零件

5.6.2　耐热钢

在航空、锅炉、汽轮机、动力机械、化工、石油、工业用炉等部门中，许多零件是在高温下使用的，要求钢具备高温抗氧化性和高温强度，诸如此类要求材料具有热化学稳定性和热强性的钢称为**耐热钢**。

1. 耐热钢的特性和化学成分

耐热钢具有热化学稳定性和热强性，**热化学稳定性**是指抗氧化性，即钢在高温下对氧化作用的稳定性。为提高钢的抗氧化能力，向钢中加入合金元素铬、硅、铝等，使其在钢的表面形成一层致密的氧化膜（如 Cr_2O_3、SiO_2、Al_2O_3 等），可保护金属在高温下不再继续被氧化。**热强性**是指钢在高温下对外力的抵抗能力，为提高高温强度，可向钢中加入铬、钼、钨、镍等元素。

2. 耐热钢的分类

选用耐热钢时，必须注意钢的工作温度范围以及在这个温度下的力学性能指标，按照使用温度范围和组织可分为如下几种：

（1）珠光体型耐热钢　此类钢合金元素总含量为3%～5%，属于低合金耐热钢。常用牌号有15CrMo钢、12CrMoV钢、25CrMoVA钢、35CrMoV钢等，主要用于制作锅炉炉管、耐热紧固件、汽轮机转子、叶轮等。此类钢使用温度低于600℃。

（2）马氏体型耐热钢　这类钢通常是在Cr13型不锈钢的基础上加入一定量的钼、钨、钒等元素。钼、钨和钒可提高高温强度，此类钢使用温度低于650℃，常用于制作承载较大的零件，如汽轮机叶片和气阀等。常用牌号有1Cr13钢、4Cr9Si2钢和1Cr11MoV钢。

（3）铁素体型耐热钢　此类钢主要含Cr，以提高钢的抗氧化性。铁素体型耐热钢经退火后可用于制作900℃以下工作的耐氧化零件，如散热器等，常用牌号有00Cr12等。

（4）奥氏体型耐热钢　此类钢含有较多的铬和镍，铬可提高钢的高温强度和抗氧化性，镍可促使形成稳定的奥氏体组织。奥氏体型耐热钢的工作温度为650～700℃，广泛用于航空、舰艇、石油化工等工业部门制造汽轮机叶片和发动机汽阀等。奥氏体型耐热钢的常用牌号为1Cr18Ni9Ti钢和4Cr14Ni14W2Mo钢。

常用耐热钢的牌号、化学成分、热处理、力学性能及用途见表5-12。

表5-12　常用耐热钢的牌号、化学成分、热处理、力学性能及用途

类别	牌号	化学成分 w（%）						热处理	力学性能			应用举例
		C	Mn	Si	Ni	Cr	其他		σ_b/MPa	δ_s（%）	HBW	
马氏体型	4Cr9Si2	0.35～0.50	≤0.70	2.00～3.00	≤0.60	8.00～10.00		淬火：1020～1040℃油冷；回火：700～780℃油冷	≥885	≥19		较高的热强性，制作＜650℃内燃机进气阀或轻载荷发动机排气阀
铁素体型	00Cr12	≤0.03	≤1.00	≤0.75		11.00～13.00		退火	≥365	22	≥183	制作抗高温氧化，且要求焊接的部件，如汽车排气阀净化装置、燃烧室和喷嘴
奥氏体型	1Cr18-Ni9Ti	≤0.12	≤2.00	≤1.00	8.00～11.00	17.00～19.00	Ti 0.50～0.80	固溶处理：1000～1100℃快冷	≥520	≥40	≤187	良好的耐热性和耐蚀性。制作加热炉管、燃烧室筒体、退火炉罩等

5.6.3　耐磨钢

1. 耐磨钢的特性

耐磨钢是耐磨损性能强的钢铁材料的总称，是当今耐磨材料中用量最大的一种。耐磨钢具有表面硬度高、耐磨、心部韧性好和强度高的特点。当工作中受到强烈的挤压、撞击、摩擦时，耐磨钢工件表面迅速产生剧烈的加工硬化，表层硬度、强度急剧上升，而内部仍为保持高的塑、韧性的奥氏体组织。

2. 耐磨钢的应用

耐磨钢主要用于在运转过程中承受严重磨损和强烈冲击的零件，广泛用于矿山机械、煤炭采运、工程机械、农业机械、建材、电力机械和铁路运输等部门。例如，球磨机的钢球、

衬板、挖掘机的铲斗、斗齿，各种破碎机的轧臼壁、齿板、锤头，拖拉机和坦克的履带板，风扇磨机的打击板，铁路道岔，煤矿刮板输送机用的中部槽中板、槽帮、圆环链，推土机用的铲刀、铲齿，大型电动轮车斗用衬板，石油和露天铁矿穿孔用牙轮钻头等。

以上所列举的主要属于经受磨料磨损的耐磨钢的应用，而各种各样的机械中凡是有相对运动的工件间，均会产生各种类型的磨损，都有提高工件材料耐磨性的要求或采用耐磨钢的要求，此方面的应用实例不胜枚举。

3. 耐磨钢的类别

耐磨钢种类繁多，大体上可分为高锰钢，中、低合金耐磨钢，铬钼硅锰钢，耐气蚀钢，耐磨蚀钢以及特殊耐磨钢等。一些通用的合金钢，如不锈钢、轴承钢、合金工具钢及合金结构钢等也都在特定的条件下作为耐磨钢使用，由于来源方便，性能优良，故在耐磨钢的使用中也占有一定的比例。

4. 典型耐磨钢——高锰钢

高锰钢是最重要的耐磨钢，其典型牌号是 ZGMn13。高锰钢的成分特点是高锰、高碳，$w_{Mn}=11.5\% \sim 14.5\%$；$w_C=0.9\% \sim 1.3\%$，其铸态组织是奥氏体和大量锰的碳化物，经水韧处理（即将高锰钢加热到临界温度以上，使全部碳化物溶解到奥氏体中，然后迅速淬入水中，碳化物来不及从奥氏体中析出）可获得单相奥氏体组织。单相奥氏体组织韧性、塑性很好，但刚开始投入使用时硬度很低、耐磨性差。

可用高锰钢制造铁道上的道岔、转辙器及小半径转弯处的轨条；在建筑、矿山、冶金业中，长期使用高锰钢制造的挖掘机铲齿，各种碎石机颚板、衬板、磨板；高锰钢还可用于制造坦克履带等。又因高锰钢组织为单一无磁性奥氏体，也可用于既耐磨又抗磁化的零件，如吸料器的电磁铁罩。

高锰钢易于加工硬化，对其进行机械加工很困难，基本上都是铸造成形后使用。

5.6.4　易切削结构钢

易切削结构钢具有小的切削抗力、对刀具的磨损小、切屑易碎，便于排除等特点，主要用于成批大量生产的螺柱、螺母、螺钉等标准件，也可用于轻型机械如自行车、缝纫机、计算机零件等。

加入硫、锰、磷等合金元素，或加入微量的钙、铅，能改善其切削加工性能。

易切削结构钢钢号中首位字母"Y"表示钢的类别为易切削结构钢，其后的数字为含碳量的万分之几，末位元素符号表示主要加入的合金元素（无此项符号的钢表示为非合金易切削钢）。

易切削结构钢常用牌号有：Y12、Y12Pb、Y15、Y30、Y40Mn、Y45Ca 等，其牌号及用途见表 5-13。

表 5-13　易切削结构钢的常用牌号及用途

牌号	热轧硬度/HBW	用途举例
Y12	170	螺栓、螺帽、螺钉、销钉、管接头、火花塞等一般标准件
Y12Pb	170	制造表面粗糙度要求更小的一般机械零件，如轴、销、仪表精密小零件
Y15	170	用途同 Y12，自动机床加工时，生产效率比 Y12 提高 30%～50%

（续）

牌号	热轧硬度/HBW	用途举例
Y15Pb	170	用途同 Y12Pb，切削性能较 Y15 更好
Y20	175	切削性能低于 Y12，一般制造仪器仪表零件，加工后还可渗碳处理制作耐磨零件
Y30	187	制作强度要求高的标准件，加工成的小零件可以调质处理
Y35	187	用途同 Y30
Y40Mn	207	与 45 钢比较，刀具寿命提高四倍，制作机床丝杠、光杠、螺栓、缝纫机零件等
Y45Ca	241	制作经热处理的齿轮、轴等

5.7 硬质合金

硬质合金是把一些高硬度、高熔点的粉末（WC、TiC 等）和胶结物质（Co、Ni 等）混合、加压、烧结成形的一种粉末冶金材料。

5.7.1 硬质合金的应用与特性

1. 应用

硬质合金虽不是合金工具钢，却是一种常用的、主要的刀具材料，主要用来制造高速切削刀具和切削硬而韧的材料的刀具。由于硬质合金的硬度很高，切削加工困难。因此形状复杂的刀具，如拉刀、滚刀就不能用硬质合金来制作。一般硬质合金做成刀片，镶在刀体上使用。此外，也用来制造某些冷作模具、量具及不受冲击、振动的高耐磨零件（如磨床顶尖等）。

2. 特性

（1）硬度高、热硬性高、耐磨性好　由于硬质合金是以高硬度、高耐磨、极为稳定的碳化物为基体，在常温下，硬度可达 86～93HRA（相当于 69～81HRC），热硬性温度可达 900～1000℃，故硬质合金刀具在使用时，其切削速度可比高速工具钢提高 4～7 倍，耐磨性与寿命也有显著提高，这些是硬质合金最突出的优点。

（2）抗压强度高　抗压强度可达 6000MPa，高于高速工具钢。

（3）抗弯强度低　抗弯强度较低，只有高速工具钢的 1/3～1/2 左右。

（4）韧性差　硬质合金弹性模量很高，约为高速工具钢的 2～3 倍。但其韧性很差，约为淬火钢的 30%～50%。

（5）耐蚀性与抗氧化性好　硬质合金还具有良好的耐蚀性（抗大气、酸、碱等）与抗氧化性。

5.7.2 常用硬质合金

1. 钨钴类（YG 类）

主要化学成分为碳化钨及钴。其代号用"硬"、"钴"两字汉语拼音的首字母"YG"加数字表示，后边的数字表示含钴量的百分比。牌号有 YG3、YG6、YG8 等，如 YG8 表示含钴量为 8%、含碳化钨（WC）为 92% 的钨钴类硬质合金。

钨钴类用于加工脆性材料（铸铁以及胶木等非金属材料）。其中含钴量高的抗弯强度高，韧性好，而硬度、耐磨性低，适于粗加工。

2. 钨钴钛类（YT 类）

主要化学成分为碳化钨、碳化钛及钴。其代号用"硬"、"钛"两字的汉语拼音的首字母"YT"加数字表示，后边的数字表示碳化钛（TiC）含量的百分比。牌号有 YT5、YT15、YT30 等，如 YT15 表示含 15% 的 TiC，其余为 WC 和 Co 的钨钴钛类硬质合金。

钨钴钛类硬质合金用于加工韧性材料（适于加工各种钢件），由于 TiC 的耐磨性好，热硬性高，所以这类硬质合金的热硬性好，加工的零件表面质量也好。

3. 通用硬质合金

此类硬质合金以碳化钽（TaC）或碳化铌（NbC）取代 YT 类合金中的一部分碳化钛（TiC）。在硬度不变的情况下，取代的数量越多，合金的抗弯强度越高。它适宜于切削各种钢材，特别是对于不锈钢、耐热钢、高锰钢等难以加工的钢材，切削效果更好。它也可代替 YG 类硬质合金切削脆性材料，但效果并不比 YG 类合金好。通用硬质合金又称"万能硬质合金"，其代号用"硬"、"万"两字的汉语拼音首字母"YW"加顺序号表示。

4. 不同硬质合金的特性分析

硬质合金中，碳化物的含量越多，钴含量越少，则合金的硬度、热硬性及耐磨性越高，但强度及韧性越低。当含钴量相同时，YT 类合金由于碳化钛的加入，具有较高的硬度与耐磨性。同时，由于这类合金表面会形成一层氧化钛薄膜，切削时不易粘刀，故具有较高的热硬性。但其强度和韧性比 YG 类合金低。因此，YG 类合金适宜加工脆性材料（如铸铁等），而 YT 类合金则适宜于加工塑性材料（如钢等）。同一类合金中，含钴量较高者适宜制造粗加工刀具，反之，则适宜制造精加工刀具。

5. 常用硬质合金牌号

常用硬质合金的代号、成分和性能见表 5-14。

表 5-14　常用硬质合金的代号、成分和性能

类别	牌号	化学成分（%）				力学性能		用途举例
		w_{WC}	w_{TiC}	w_{TaC}	w_{Co}	硬度 HRA ≥	抗弯硬度/MPa ≥	
钨钴类合金	YG3X	96.5	—	<0.5	3	91.5	1100	
	YG6	94	—	—	6	89.5	1450	
	YG6X	93.5	—	<0.5	6	91	1400	
	YG8	92	—	—	8	89	1500	
	YG8C	92	—	—	8	88	1750	加工脆性材料（如铸铁等）
	YG11C	89	—	—	11	86.5	2100	
	YG15	85	—	—	15	87	2100	
	YG20C	80	—	—	20	82~84	2200	
	YG6A	91	—	3	6	91.5	1400	
	YG8A	91	—	<1.0	8	89.5	1500	
钨钴钛合金	YT5	85	5	—	10	89	1400	加工塑性材料（如钢等）
	YT15	79	15	—	6	91	1150	
	YT30	66	30	—	—	92.5	900	
通用硬质合金	YW1	84	6	4	4	91.5	1200	切削各种钢材
	YW2	82	6	4	86	90.5	1300	

● 案例释疑

分析：耐磨钢作为一种专用钢大约始于 19 世纪后半叶，1883 年英国人哈德菲尔德首先取得了高锰钢的专利，至今已有 100 多年的历史。高锰钢是一种碳含量和锰含量较高的耐磨钢，这个具有百余年历史的古老钢种，由于它在大的冲击磨料磨损条件下使用时具有很强的加工硬化能力，同时兼有良好的韧性和塑性，以及生产工艺易于掌握等优点，目前仍然是耐磨钢中用量最大的一种（尤其是在矿山等部门）。近几十年来，低、中合金耐磨钢的开发与应用发展很快，由于这些钢具有较好的耐磨性和韧性，生产工艺较简单，综合经济性合理，在许多工况条件下适用，而受到用户的欢迎。为了适应矿山采运机械与工程机械发展的需要，所研制的高硬度耐磨钢板，20 世纪 70 ~ 80 年代在国际上已形成系列并标准化，此类钢材是在低合金高强度可焊接钢的基础上发展起来的，一般采用轧制后直接淬火并回火，或实行控轧、控冷工艺进行强化，可节约能源，且合金元素含量低，价格较便宜，但硬度高，耐磨，由于具有了这些优点使这类耐磨钢板很受用户欢迎，日本、英国、美国等国家的一些钢铁公司都生产此类耐磨钢。

结论：对于"材料磨损"目前尚无统一的定义，一般认为磨损是物体工作表面材料在相对运动中不断破坏或损失的现象。为减少巨大的零件磨损带来的经济损失，除了从磨损机理方面考虑外，更重要的是广泛采用性能良好的耐磨钢作为零件材料。

本章小结

（1）为了提高钢的性能，在铁碳合金中加入合金元素所获得的钢种，称为合金钢。

（2）合金钢按用途可分为合金结构钢、合金工具钢和特殊性能钢。

（3）我国合金钢的牌号，常采用"数字 + 化学元素（如 Si、Mn、Cr、W 等）+ 数字 + 尾缀符号"的格式。

（4）在合金钢中，经常加入的合金元素有锰（Mn）、硅（Si）、铬（Cr）、镍（Ni）、钼（Mo）、钨（W）、钒（V）、钛（Ti）、铌（Nb）、锆（Zr）、稀土元素（RE）等。

（5）合金元素对钢力学性能、热处理性能和加工工艺性能都有影响。

（6）用于制造各类机械零件以及建筑工程结构的钢称之为结构钢，主要包括工程构件用合金钢（低合金结构钢）和机械制造用合金钢（渗碳钢、调质钢、弹簧钢、滚动轴承钢和易切削钢等）。

（7）工具钢用于制造刀具、模具和量具等各种工具。工具钢按化学成分可分为非合金工具钢（碳素工具钢）与合金工具钢，按用途分为刃具钢、模具钢和量具钢。

（8）不锈钢是不锈钢和耐酸钢的总称。不锈钢是指能抵抗大气腐蚀的钢；耐酸钢是指能抵抗化学介质腐蚀的钢。

（9）具有热化学稳定性和热强性的钢称为耐热钢。

（10）耐磨钢主要用于在运转过程中承受严重磨损和强烈冲击的零件，如铁路道岔、坦克履带、挖掘机铲齿等构件，具有表面硬度高、耐磨、心部韧性好、强度高的特点。高锰钢是最重要的耐磨钢。

（11）硬质合金虽不是合金工具钢，却是一种常用的、主要的刃具材料，主要用来制造高速切削刀具和切削硬而韧的材料的刃具。

思考与练习

1. 碳素钢在性能上主要有哪几方面的不足？
2. 合金钢按用途可分为哪几类？
3. 列举 5 个低合金高强度结构钢的牌号。
4. 什么是低合金耐候钢？
5. 列举两个常用低合金刃具钢牌号。
6. 说明 20CrMnTi 属于什么类型钢的牌号，含义是什么。
7. 说明热作模具钢的应用特点。
8. 不锈钢是绝对不受腐蚀的钢种吗？为什么？
9. 说明耐磨钢的应用特点。
10. 说明硬质合金的应用领域。

1. 碳素钢在机械工业有哪些应用和作用？
2. 合金钢的用途有哪些种类？
3. 列举 5 个合金元素强度和韧性的影响。
4. 什么是合金钢的回火脆？
5. 列举两个常用合金合金引起脆？
6. 钢号 20CrMnTi 中各个字母和数字的含义，有什么意义？
7. 滚动轴承具有哪些的适用范围？
8. 不锈钢有耐什么变得而耐和耐和，为什么？
9. 合时期和溶解钢的用来做？
10. 高速钢具有合金的比较用度

第 6 章　铸　铁

🔵 学习重点及难点
　　◇ 铸铁的成分及性能特点
　　◇ 常用的铸铁类型
　　◇ 灰铸铁的典型牌号及应用
　　◇ 球墨铸铁的典型牌号及应用
　　◇ 可锻铸铁的典型牌号及应用
　　◇ 其他铸铁的特性及应用

🔵 引导案例

　　河北省的沧州铁狮子是我国最大的铸铁文物，1961 年，被国务院列为第一批全国重点保护文物。铁狮子又名"镇海吼"，相传，在距今 1000 多年的五代后周广顺三年（公元 953 年），为了震慑海啸，当地百姓请山东匠人李云用铸铁铸造了身高 3.8m、头部高 1.5m、通高 5.3m、通长 6.1m、身躯宽 3.17m 的铁狮子。史书记载："铁狮子矫健异常，势若飞奔，雄姿壮观"。

　　1987 年我国开始举办中国吴桥（沧州）国际杂技艺术节，其金狮、银狮、铜狮奖杯和以雄狮作图形的节徽，其创意来源和图案范本就取自沧州铁狮子。如今，沧州铁狮子已是声名远播，在国内外有很高的知名度，它作为中国的象征和友谊的使者，为国家争得了荣誉。

　　1000 多年来，历经了历代的风吹雨淋，虽然狮体内外斑痕累累，但铁狮子一直巍然屹立。近几十年来，威武雄壮的沧州铁狮子身上、腿上出现了开裂现象，并且裂纹越来越大，如果不是用铁架子充当"拐杖"，铁狮子可能无法站立，如图 6-1 所示。铁狮子雄姿消减，雄风渐逝，令人心痛不已。

　　面对这样一件具有较高历史和艺术价值的国宝，人们本应爱护备至，是什么原因让铁狮子在短短的几十年间落到如此地步呢？

图 6-1　如今的沧州铁狮子

6.1　铸铁概述

　　铸铁是碳质量分数大于 2.11%，并比碳素钢含有较多的硅、锰、硫、磷等元素的铁碳合金。铸铁件生产工艺简单，成本低廉，并且具有优良的铸造性、切削加工性、耐磨性和减振性等。因此，铸铁件广泛应用于机械制造、冶金、矿山及交通运输等部门。据统计，在各类机械中，铸铁件约占 40%～70%，在机床和重型机械中，则达到 60%～90%。

6.1.1 铸铁的成分及性能特点

与碳素钢相比，铸铁的化学成分中除了含有较高 C、Si 等元素外，还含有较多的 S、P 等杂质，在特殊性能铸铁中，还含有一些合金元素。各元素含量的不同，将直接影响铸铁的组织和性能。

1. 成分与组织特点

工业上常用铸铁的成分（质量分数）一般为：含 C2.5% ~4.0%、含 Si1.0% ~3.0%、含 Mn0.5% ~1.4%、含 P0.01% ~0.5%、含 S0.02% ~0.2%。为提高铸铁的力学性能或某些物理、化学性能，还可添加一定量的 Cr、Ni、Cu、Mo 等合金元素，以得到合金铸铁。

铸铁中的碳主要是以石墨形式存在的，铸铁的基体有珠光体、铁素体、珠光体加铁素体 3 种，它们都是钢中的基体组织。因此，铸铁的组织特点，可以看作是在钢的基体上分布着不同形态的石墨。

2. 性能特点

铸铁的力学性能主要取决于铸铁的基体组织及石墨的数量、形状、大小和分布。石墨的硬度仅为 3 ~5HBW，抗拉强度约为 20MPa，伸长率接近于零，故分布于基体上的石墨可视为空洞或裂纹。由于石墨的存在，减少了铸件的有效承载面积，且受力时石墨尖端处产生应力集中，大大降低了基体强度的利用率。

因此，铸铁的抗拉强度、塑性和韧性比碳素钢低。另外，由于石墨的存在，使铸铁具有了一些碳素钢所没有的性能，如良好的耐磨性、消振性、低的缺口敏感性以及优良的切削加工性能。此外，铸铁的成分接近共晶成分，因此铸铁的熔点低，约为 1200℃ 左右，液态铸铁流动性好。由于石墨结晶时体积膨胀，所以铸造收缩率低，其铸造性能优于钢。

6.1.2 铸铁的分类及应用

根据铸铁中碳（石墨）存在的形态不同，可将铸铁分为以下几种：

1. 白口铸铁

此类铸铁中的碳除少数溶于铁素体外，其中的碳几乎全部以 Fe_3C 的形式存在，断口呈银白色，故称为**白口铸铁**。此类铸铁组织中存在大量莱氏体，硬而脆，切削加工较困难。除少数用来制造不需加工的硬度高、耐磨零件外，主要用作炼钢原料。

2. 灰铸铁

此类铸铁组织中的碳以片状石墨形式存在，力学性能较差，但生产工艺简单，价格低廉，工业上应用最广。

3. 可锻铸铁

此类铸铁组织中的碳以团絮状石墨形式存在，力学性能好于灰铸铁，但生产工艺较复杂，成本高，可用来制造一些重要的小型铸件。

4. 球墨铸铁

此类铸铁组织中的碳以球状石墨形式存在，生产工艺比可锻铸铁简单，且力学性能较好，故得到广泛应用。

5. 蠕墨铸铁

此类铸铁组织中的碳以短小的蠕虫状石墨形式存在，蠕墨铸铁的强度和塑性介于灰铸铁和球墨铸铁之间。此外，其铸造性、耐热疲劳性比球墨铸铁好，因此可用来制造大型复杂的铸件，以及在较大温度梯度下工作的铸件。

6.2 灰铸铁

6.2.1 灰铸铁的成分、组织与性能特点

1. 灰铸铁的化学成分

灰铸铁中的碳、硅、锰是调节组织的元素，磷是控制使用的元素，硫是应限制的元素。目前生产中，灰铸铁的化学成分范围一般为：$w_C = 2.7\% \sim 3.6\%$，$w_{Si} = 1.0\% \sim 2.5\%$，$w_{Mn} = 0.5\% \sim 1.3\%$，$w_P \leq 0.3\%$，$w_S \leq 0.15\%$。

2. 灰铸铁的组织

灰铸铁的显微组织特征是片状石墨分布在各种基体组织上，片状石墨实际上是一个立体的多枝石墨团。由于石墨各分枝都长成翘曲的薄片，在金相磨片上所看到的仅是这种多枝石墨团的某一截面，因此呈孤立的长短不等的片状（或细条状）石墨，其立体形态如图6-2所示。

图6-2 片状石墨形态

由于第三阶段石墨化程度（具体细节可参阅相关参考书）的不同，可以获得三种不同基体组织的灰铸铁。

（1）铁素体灰铸铁　获得的组织是铁素体基体上分布着片状石墨，如图6-3a所示。

（2）珠光体灰铸铁　获得的组织是珠光体基体上分布着片状石墨，如图6-3b所示。

（3）珠光体+铁素体灰铸铁　获得的组织是珠光体和铁素体基体上分布着片状石墨，如图6-3c所示。

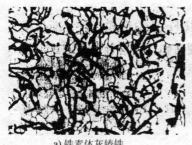 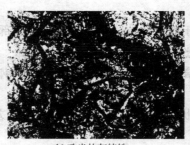 

a) 铁素体灰铸铁　　　　　　b) 珠光体灰铸铁　　　　　　c) 珠光体+铁素体灰铸铁

图6-3 灰铸铁的显微组织

3. 灰铸铁的性能特点

石墨的存在，会降低铸铁的抗拉强度、塑性和韧性，但也正是由于石墨的存在，使铸铁具有一系列其他的优良性能。

（1）铸造性能良好　由于灰铸铁的碳含量接近共晶成分，故与钢相比，不仅熔点低，流动性好，而且铸铁在凝固过程中要析出比体积较大的石墨，部分补偿了基体的收缩，从而

减小了灰铸铁的收缩率，所以灰铸铁能浇铸形状复杂与薄壁的铸件。

（2）减摩性好　减摩性是指减少对偶件被磨损的性能。灰铸铁中石墨本身具有润滑作用，而且当它从铸铁表面掉落后，所遗留下的孔隙具有吸附和储存润滑油的能力，使摩擦面上的油膜易于保持而具有良好的减摩性。所以承受摩擦的机床导轨、汽缸体等零件可用灰铸铁制造。

（3）减振性强　铸铁在受振动时，石墨能阻止振动的传播，起缓冲作用，并将振动能量转变为热能，灰铸铁减振能力约比钢大 10 倍，故常用作承受压力和振动的机床底座、机架、机床床身和箱体等零件。

（4）切削加工性良好　由于石墨割裂了基体的连续性，使铸铁切削时容易断屑和排屑，且石墨对刀具具有一定润滑作用，可使刀具磨损减少。

（5）缺口敏感性小　钢常因表面有缺口（如油孔、键槽和刀痕等）造成应力集中，使力学性能显著降低，故钢的缺口敏感性大。灰铸铁中石墨本身已使金属基体形成了大量缺口，致使外加缺口的作用相对减弱，所以缺口敏感性小。

6.2.2　灰铸铁的牌号和应用

1. 灰铸铁的牌号

灰铸铁的牌号以其力学性能来表示。灰铸铁的牌号以"HT"起首，其后以 3 位数字来表示，其中"HT"表示灰铸铁，数字为其最低抗拉强度值。例如，HT200，表示以 $\phi 30mm$ 单个铸出的试棒测出的抗拉强度值大于 200MPa（但小于 250MPa）。灰铸铁分为 HT100、HT150、HT200、HT250、HT300、HT350 等 6 个牌号。

2. 灰铸铁的应用

由于灰铸铁具有一系列的优良性能，而且价廉、易于获得，所以在目前工业生产中，灰铸铁仍然是应用最广泛的金属材料之一。不同壁厚的灰铸铁件抗拉强度和用途举例见表6-1。

表 6-1　灰铸铁的牌号、力学性能及用途

铸铁类别	牌号	铸件壁厚/mm	最小抗拉强度 σ_b/MPa	适用范围及举例
铁素体 灰铸铁	HT100	2.5～10	130	低载荷和不重要的零件，如盖、外罩、手轮、支架、重锤等
		10～20	100	
		20～30	90	
		30～50	80	
珠光体＋铁素体 灰铸铁	HT150	2.5～10	175	承受中等应力（抗弯应力小于100MPa）的零件，如支柱、底座、齿轮箱、工作台、刀架、端盖、阀体、管路附件及一般无工作条件要求的零件
		10～20	145	
		20～30	130	
		30～50	120	

（续）

铸铁类别	牌号	铸件壁厚/mm	最小抗拉强度 σ_b/MPa	适用范围及举例
珠光体灰铸铁	HT200	2.5~10	220	承受较大应力（抗弯应力小于300MPa）和较重要的零件，如汽缸体、齿轮、机座、飞轮、床身、缸套、活塞、刹车轮、联轴器、齿轮箱、轴承座、液压缸等
		10~20	195	
		20~30	170	
		30~50	160	
	HT250	4.0~10	270	
		10~20	240	
		20~30	220	
		30~50	200	
孕育铸铁	HT300	10~20	290	承受高弯曲应力（小于500MPa）及抗拉应力的重要零件，如齿轮、凸轮、车床卡盘、剪床和压力机的机身、床身、高压液压缸、滑阀壳体等
		20~30	250	
		30~50	230	
	HT350	10~20	340	
		20~30	290	
		30~50	260	

注意： 选择铸铁牌号时必须考虑铸件的壁厚，例如，某铸件的壁厚40mm，要求抗拉强度值为200MPa，此时，应选HT250，而不是HT200。

6.2.3　灰铸铁的孕育处理

为了提高灰铸铁的力学性能，生产上常进行孕育处理。**孕育处理**是在浇注前往铁液中加入少量孕育剂，改变铁液的结晶条件，从而获得细珠光体基体加细小均匀分布的片状石墨组织的工艺过程。经孕育处理后的铸铁称为**孕育铸铁**（也称**变质铸铁**）。

生产中常先熔炼出含碳（2.7%~3.3%）、硅（1%~2%）均较低的铁液，然后向出炉的铁液中加入孕育剂，经过孕育处理后再浇注成形。常用的孕育剂为含硅75%的硅铁，加入量为铁液重量的0.25%~0.6%。

孕育铸铁的石墨也为片状，塑性和韧性很低，其本质仍属灰铸铁。孕育铸铁各个部位截面上的组织与性能都均匀一致，力学性能上的一个显著的特点是断面敏感性小。铸铁具有较高的强度和硬度，可用来制造力学性能要求较高、截面尺寸变化较大的大型铸件，如汽缸、曲轴、凸轮、机床床身等。

6.2.4　灰铸铁的热处理

1. 去内应力退火

铸件在铸造冷却过程中容易产生内应力，易导致铸件变形和裂纹，为保证尺寸的稳定，防止变形开裂，对一些大型复杂的铸件，如机床床身、柴油机汽缸体等，往往需要进行消除内应力的退火处理（又称人工时效）。

退火工艺规范一般为：

保持加热速度 60～120℃/h→加热温度到 500～550℃→经一定时间保温
→炉冷到 150～220℃→出炉空冷

2. 改善切削加工性退火

灰铸铁的表层及一些薄截面处，由于冷却速度较快，可能产生白口，并且硬度增加，造成切削加工困难，故需要进行退火处理以降低硬度。其工艺规程依铸件壁厚而定。一般情况下，厚壁铸件加热至 850～950℃，保温 2～3h；薄壁铸件加热至 800～850℃，保温 2～5h。冷却方法根据性能要求而定，如果主要是为了改善切削加工性，可采用炉冷或以30～50℃/h速度缓慢冷却。若需要提高铸件的耐磨性，应采用空冷。

3. 表面淬火

表面淬火的目的是提高灰铸铁件的表面硬度和耐磨性。除感应加热表面淬火外，铸铁还可以采用接触电阻加热表面淬火。

6.3 球墨铸铁

球墨铸铁的石墨呈球状，球状石墨使铸铁具有很高的强度，又有良好的塑性和韧性。球墨铸铁的综合力学性能接近于钢，因其铸造性能好，成本低廉，生产方便，所以在工业中得到了广泛的应用。

6.3.1 球墨铸铁的组织与性能

经过球化处理的铸铁液，浇注后石墨结晶成为球状，获得球墨铸铁，从而提高了铸铁的力学性能。

1. 组织

球墨铸铁的显微组织由球状石墨和金属基体两部分组成，按基体组织的不同球墨铸铁分为铁素体基体球墨铸铁、铁素体＋珠光体基体球墨铸铁和珠光体基体球墨铸铁。常见球墨铸铁的显微组织如图 6-4 所示。

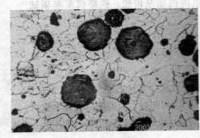  

a) 铁素体基体球墨铸铁　　　b) 铁素体+珠光体基体球墨铸铁　　　c) 珠光体基体球墨铸铁

图 6-4　常见球墨铸铁的显微组织

2. 性能

球墨铸铁的强度、塑性与韧性都大大优于灰铸铁，力学性能可与相应组织的铸钢相媲美。缺点是凝固收缩较大，容易出现缩松与缩孔，熔铸工艺要求高，铁液成分要求严格。

6.3.2 球墨铸铁的牌号及用途

1. 牌号表示

球墨铸铁的牌号是由"QT"("球铁"两字汉语拼音首字母)后附最低抗拉强度 σ_b 值（MPa）和最低断后伸长率的百分数表示。

例如牌号 QT700—2，表示最低抗拉强度为 700MPa、最低断后伸长率 δ 为 2% 的球墨铸铁。

2. 应用场合

球墨铸铁的力学性能优于灰铸铁，与钢相近，可用其代替铸钢和锻钢制造各种载荷较大、受力较复杂和耐磨损的零件。如珠光体球墨铸铁常用于制造汽车、拖拉机或柴油机中的曲轴、连杆、凸轮轴、齿轮，机床中的主轴、蜗杆和蜗轮等。而铁素体球墨铸铁多用于制造受压阀门、机器底座和汽车后桥壳等。

3. 常见球墨铸铁的牌号、力学性能及用途

常见球墨铸铁的牌号、力学性能及用途见表6-2。

表 6-2　球墨铸铁的牌号、力学性能及用途

牌　号	基体类型	力学性能				应用举例
		σ_b/MPa	$\sigma_{0.2}$/MPa	δ（%）	HBW	
		不小于				
QT400—18	铁素体	400	250	18	130~180	承受冲击、振动的零件，如汽车、拖拉机的轮毂、驱动桥壳、差速器壳、拨叉、农机具零件，中低压阀门，上、下水及输气管道，压缩机上高低压汽缸，电机机壳，齿轮箱，飞轮壳等
QT400—15	铁素体	400	250	15	130~180	
QT450—10	铁素体	450	310	10	160~210	
QT500—7	铁素体＋珠光体	500	320	7	170~230	机器座架、传动轴、飞轮、电动机架、内燃机的机油泵齿轮、铁路机车车辆轴瓦等
QT600—3	珠光体＋铁素体	600	370	3	190~270	载荷大、受力复杂的零件，如汽车、拖拉机的曲轴、连杆、凸轮轴、汽缸套，部分磨床、铣床、车床的主轴，机床蜗杆、蜗轮，轧钢机轧辊，大齿轮，小型水轮机主轴，汽缸体，桥式起重机大小滚轮等
QT700—2	珠光体	700	420	2	225~305	
QT800—2	珠光体或回火组织	800	480	2	245~335	
QT900—2	贝氏体或回火马氏体	900	600	2	280~360	高强度齿轮，如汽车后桥螺旋锥齿轮，大减速器齿轮，内燃机曲轴、凸轮轴等

6.3.3 球墨铸铁的热处理

铸态下的球墨铸铁基体组织一般为铁素体与珠光体，采用热处理方法来改变球墨铸铁基体组织，可有效地提高其力学性能。

1. 退火

球墨铸铁的退火分为去应力退火、低温退火和高温退火。去应力退火工艺与灰铸铁相同。低温退火和高温退火的目的是使组织中的渗碳体分解，获得铁素体球墨铸铁，提高塑性与韧性，改善切削加工性能。

2. 正火

球墨铸铁正火的目的是增加基体中珠光体的数量，或获得全部珠光体的基体，起细化晶粒、提高铸件强度和耐磨性能的作用。

3. 调质处理

将铸件加热到860~920℃，保温2~4h后油中淬火，然后在550~600℃回火2~4h，得到回火索氏体加球状石墨的组织，经此处理后，铸件可具有良好的综合力学性能，用于受力复杂和综合力学性能要求高的重要铸件，如曲轴与连杆等。

4. 等温淬火

将铸件加热到850~900℃，保温后迅速放入250~350℃的盐浴中等温60~90min，然后出炉空冷，获得下贝氏体基体加球状石墨（详细可参考相关资料）的组织，其综合力学性能良好，可用于形状复杂，热处理易变形开裂，要求强度高、塑性和韧性好，截面尺寸不大的零件。

6.4 可锻铸铁

可锻铸铁是将白口铸铁通过石墨化或氧化脱碳退火处理，改变其金相组织或成分而获得的具有较高韧性的铸铁，其石墨呈团絮状。

6.4.1 可锻铸铁的生产过程及成分

可锻铸铁的生产过程是：首先浇注成白口铸铁件，然后再经可锻化（石墨化）退火，使渗碳体分解为团絮状石墨，即可制成可锻铸铁。

为保证在一般的冷却条件下铸件能获得全部白口，可锻铸铁中碳、硅含量较低。可锻铸铁的化学成分要求较严，一般为：$w_C = 2.3\% \sim 2.8\%$，$w_{Si} = 1.0\% \sim 1.6\%$，$w_{Mn} = 0.3\% \sim 0.8\%$，$w_S \leqslant 0.2\%$，$w_P \leqslant 0.1\%$。

6.4.2 可锻铸铁的组织与性能

将白口铸铁加热到900~980℃，使铸铁组织转变为奥氏体加渗碳体，在此温度下长时间保温，渗碳体分解为团絮状石墨，按随后的冷却方式不同，可获得珠光体基体可锻铸铁或铁素体基体可锻铸铁。可锻铸铁的显微组织如图6-5所示。

可锻铸铁中的石墨呈团絮状，大大减弱了对基体的割裂作用，与灰铸铁相比，具有较高的力学性能，尤其具有较高的塑性和韧性，因此称为"可锻"铸铁，但实际上可锻铸铁并不能锻造。与球墨铸铁相比，可锻铸铁具有质量稳定，铁液处理简易，容易组织流水生产，但生产周期长。在缩短可锻铸铁退火周期取得很大进展后，可锻铸铁具有了广阔的发展前景，在汽车、拖拉机制造中得到了应用。

a) 珠光体基体可锻铸铁

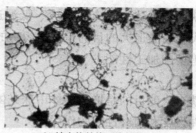
b) 铁素体基体可锻铸铁

图 6-5 可锻铸铁的显微组织

6.4.3 可锻铸铁的牌号及用途

1. 牌号表示方法

可锻铸铁的牌号是由 "KTH" （"可铁黑" 三字汉语拼音首字母）或 "KTZ"（"可铁珠" 三字汉语拼音首字母）后附最低抗拉强度值（MPa）和最低断后伸长率的百分数表示。例如牌号 KTH350—10 表示最低抗拉强度为 350MPa、最低断后伸长率为 10% 的黑心可锻铸铁，即铁素体可锻铸铁；KTZ650—02 表示最低抗拉强度为 650MPa、最低断后伸长率为 2% 的珠光体可锻铸铁。

可锻铸铁的牌号、力学性能及用途见表 6-3。

表 6-3 可锻铸铁的牌号、力学性能及用途

种类	牌号	试样直径/mm	力学性能				应用举例
			σ_b/MPa	$\sigma_{0.2}$/MPa	δ（%）	HBW	
			不小于				
黑心可锻铸铁	KTH300—06	12 或 15	300	—	6	不大于 150	弯头、三通管接头、中低压阀门等承受低动载荷及静载荷、要求气密性的零件
	KTH330—08		330		8		扳手、犁刀、犁柱、车轮壳等承受中等动载荷的零件
	KTH350—10		350	200	10		汽车、拖拉机前后轮壳，减速器壳、转向节壳、制动器及铁道零件等承受较高冲击、振动的零件
	KTH370—12		370		12		
珠光体可锻铸铁	KTZ450—06	12 或 15	450	270	6	150～200	载荷较高、耐磨损并有一定韧性要求的重要零件，如曲轴、凸轮轴、连杆、齿轮、活塞环、轴套、耙片、万向接头、棘轮、扳手、传动链条等
	KTZ550—04		550	340	4	180～250	
	KTZ650—02		650	430	2	210～260	
	KTZ700—02		700	530	2	240～290	

2. 应用

黑心可锻铸铁的强度、硬度低，塑性、韧性好，用于载荷不大、承受较高冲击和振动的零件。珠光体基体可锻铸铁因具有高的强度和硬度，用于载荷较高、耐磨损并有一定韧性要求的重要零件，如石油管道、炼油厂管道和商用及民用建筑的供气和供水系统的管件。

6.5 其他铸铁

6.5.1 蠕墨铸铁

蠕墨铸铁是近年来发展起来的一种新型材料，是由熔融铁液经变质和孕育处理并冷却凝固后所获得的一种铸铁。常采用的变质元素（蠕化剂）有稀土硅铁镁合金、稀土硅铁合金、稀土硅铁钙合金等。

1. 蠕墨铸铁的组织

熔融铁液经蠕化处理后可得到具有蠕虫状石墨的铸铁，方法为浇注前向铁液中加入蠕化剂，促使石墨呈蠕虫状。蠕墨铸铁的显微组织如图6-6所示。

2. 蠕墨铸铁的性能

蠕虫状石墨的形态介于片状与球状之间，所以蠕墨铸铁的力学性能介于灰铸铁和球墨铸铁之间，在工艺性能方面，与灰铸铁相近，而铸造性能、减振性和导热性都优于球墨铸铁。

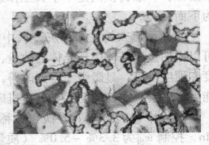

图6-6 蠕墨铸铁的显微组织

3. 蠕墨铸铁的牌号及应用

蠕墨铸铁的牌号、力学性能及用途见表6-4。牌号中"RuT"表示"蠕铁"，"RuT"后面的数字表示最低抗拉强度。

表6-4 蠕墨铸铁的牌号、力学性能及用途

牌号	力学性能				应用举例
	σ_b/MPa	$\sigma_{0.2}$/MPa	δ（%）	硬度/HBW	
	不大于				
RuT260	260	195	3	121～197	增压器废气进气壳体，汽车底盘零件等
RuT300	300	240	1.5	140～217	排气管，变速箱体，汽缸盖，液压件，纺织机零件，钢锭模等
RuT340	340	270	1.0	170～249	重型机床件，大型齿轮箱体、盖、座，飞轮，起重机卷筒等
RuT380	380	300	0.75	193～274	活塞环，汽缸套，制动盘，钢珠研磨盘，吸淤泵体等
RuT420	420	335	0.75	200～280	

由于蠕墨铸铁的组织是介于灰铸铁与球墨铸铁之间的中间状态，所以蠕墨铸铁的性能也介于两者之间，即强度和韧性高于灰铸铁，但不如球墨铸铁。蠕墨铸铁的耐磨性较好，它适用于制造重型机床床身、机座、活塞环、液压件等。蠕墨铸铁的导热性比球墨铸铁要高得多，几乎接近于灰铸铁，它的高温强度、热疲劳性能大大优于灰铸铁，适用于制造承受交变热负荷的零件，如钢锭模、结晶器、排气管和汽缸盖等。蠕墨铸铁的减振能力优于球墨铸铁，铸造性能接近于灰铸铁，铸造工艺简便，成品率高。

6.5.2 特殊性能铸铁

工业上除了要求铸铁有一定的力学性能外，有时还要求它具有较高的耐磨性以及耐热性、耐蚀性。为此，在普通铸铁的基础上加入一定量的合金元素，制成特殊性能铸铁（合金铸铁）。它与特殊性能钢相比，熔炼简便，成本较低。缺点是脆性较大，综合力学性能不如钢。

1. 耐磨铸铁

有些零件如机床的导轨、托板，发动机的缸套，球磨机的衬板、磨球等，要求有更高的耐磨性，一般铸铁满足不了其工作条件的要求，应当选用耐磨铸铁。耐磨铸铁根据组织可分为下面几类。

（1）耐磨灰铸铁　在灰铸铁中加入少量合金元素（如磷、钒、铬、钼、锑和稀土等）可以增加金属基体中珠光体的数量，并且可使珠光体细化，同时也细化石墨。由于铸铁的强度和硬度升高，显微组织得到改善，使得这种灰铸铁具有良好的润滑性和抗咬合、抗擦伤的能力。耐磨灰铸铁广泛用于制造机床导轨、汽缸套、活塞环和凸轮轴等零件。

（2）中锰抗磨球墨铸铁　在稀土—镁球墨铸铁中加入 5.0% ~ 9.5%（质量分数）的 Mn，控制 w_{Si} 为 3.3% ~ 5.0%（质量分数），其组织为马氏体＋奥氏体＋渗碳体＋贝氏体＋球状石墨，具有较高的冲击韧度和强度，适用于同时承受冲击和磨损的工作条件，可代替部分高锰钢。中锰抗磨球墨铸铁常用于农机具耙片、犁铧和球磨机磨球等零件。

2. 耐热铸铁

普通灰铸铁的耐热性较差，只能在小于 400℃ 左右的温度下工作。耐热铸铁指在高温下具有良好的抗氧化能力的铸铁。通过在铸铁中加入 Si、Al、Cr 等合金元素，可使之在高温下形成一层致密的氧化膜（如 SiO_2、Al_2O_3、Cr_2O_3 等），从而使其内部不再继续氧化。此外，这些元素还会提高铸铁的临界点，使其在所使用的温度范围内不发生固态相变，以减少由此造成的体积变化，防止显微裂纹的产生。

3. 耐蚀铸铁

耐蚀铸铁具有较高的耐蚀性能，耐蚀措施与不锈钢相似，一般加入 Si、Al、Cr、Ni、Cu 等合金元素，在铸件表面形成牢固的、致密而又完整的保护膜，阻止腐蚀继续进行，并提高铸铁基体的电极电位，提高铸铁的耐蚀性。

应用最广泛的是高硅耐蚀铸铁，这种铸铁在含氧酸类和盐类介质中有良好的耐蚀性，但在碱性介质和盐酸、氢氟酸中，因表面 SiO_2 保护膜被破坏，耐蚀性有所下降。耐蚀铸铁广泛用于化工部门，用来制造管道、阀门、泵类、反应锅及盛储器等。

🔵 **案例释疑**

历史上对铁狮子的保护从清朝开始至今就没停止过，保护措施的主要事件为：

（1）据史料记载，清朝嘉庆八年，铁狮子被飓风刮倒，在地上躺了 90 年后，光绪十九年，时任沧州知府的宫昱命工匠将铁狮子扶起。由于当时技术条件所限，只能在铁狮子身边挖一个大坑，使铁狮子慢慢滑入坑内将其立起。虽然后来又将其提上地面，但随着时间的推移，还是在铁狮子周围形成了一个深达 2m 的洼地。每当雨季，铁狮子就会被积水没过腿部，周身锈迹斑斑。

（2）1956 年，为使铁狮子免遭风吹雨淋，沧州行署为其搭建了一个八角亭，然而低矮的小亭阻止了周围潮气的蒸发，导致铁狮子周身锈迹更为严重。1974 年，有关部门将亭子拆掉。

（3）1984 年，沧州市为使铁狮子免受雨水浸泡之苦又便于游人观瞻，将铁狮子向北移位 8m，放置于一个 2m 高的石台上。然而正是此次抬高，为铁狮子埋下了祸根。吊装时，为避免铁狮子腿被钢钩卡坏，施工人员在狮腿内填充了一种硫磺合剂，此液态合剂被灌进去后很快凝固，坚如岩石，起到了支撑作用。但工程结束后，施工单位未将本应取出的硫磺合剂取出。

（4）1995 年，铁狮子腿部出现了较大裂纹，正是在 1984 年吊装时在腿里填充的硫磺合剂膨胀所致。为防止裂纹进一步扩大，河北省文物局迅速将合剂取出，考虑到内部支撑问题，技术人员又准备向铁狮子腿中灌进沙、水泥和白灰组成的三合土，并用沥青密封，以免进水。然而，在后来调查时了解到，施工时，工人师傅出于好心，想减轻铁狮子负重，将三合土中的白灰换成了炉灰，这种合成物遇水后膨胀得要比硫磺合剂更严重，导致铁狮子腿部被撑涨，裂纹发展非常迅速，甚至撑断了固定在铁狮子腿上的钢筋。

（5）1995 年，为了挽救有倾倒危险的千年铁狮，河北省文物局被迫采取一种抢救性的保护措施，在铁狮子周身支起了外支架，铁狮子就成了今天的样子。

（6）2000 年，国家文物局曾请北京科技大学用当时最先进的三维激光扫描仪为铁狮子做了一次全身的"CT 扫描"。扫描后测出了铁狮子全身应力分布数据，经过有限元法分析得出的结论是：铁狮子抬上石台后，四条腿与地面接触由原来泥地的弹性支撑变为水泥台的刚性支撑，全身几十吨的重量全压在了四条腿上，加之石台基础不平，四条腿的重力分布不均，导致铁狮子四条腿局部负重过大，加速了原有裂纹的增大。

结论：考虑铸铁的性能，综合以上几次保护措施可以看出，近几十年对铁狮子的保护每次都不是十分科学。

（1）铸铁容易与空气及水产生锈蚀。为其搭建一个八角亭阻止了周围潮气的蒸发，导致锈蚀更为严重。

（2）铸铁较脆，抗拉强度、塑性和韧性都较低。将铁狮子放置到 2m 的高石台上后，腿部出现了较大的裂纹，原因是在吊高时在腿部填充的硫磺合剂未被取出，膨胀后将腿部撑裂。后来将硫磺合剂取出更换了更为错误的填充物，导致腿部被深度撑涨，裂纹更为严重。四条腿与地面接触由原来泥地的弹性支撑变为水泥台的刚性支撑，导致铁狮子四条腿局部负重过大，加速了原有裂纹的增大。

本 章 小 结

（1）铸铁是碳质量分数大于 2.11% 的铁碳合金。铸铁中石墨形态、基体组织对铸铁的性能有很大的影响。

（2）常见的铸铁包括灰铸铁、球墨铸铁、可锻铸铁、蠕墨铸铁等几类。可通过加入合金元素和热处理来改善其性能。

（3）铸铁具有铸造性能良好、减摩性好、减振性强、切削加工性良好、缺口敏感性小等一系列优良性能。

（4）球墨铸铁的力学性能优于灰铸铁，与钢相近，可用其代替铸钢和锻钢制造各种载荷较大、受力较复杂和耐磨损的零件。

（5）可锻铸铁由于石墨呈团絮状，大大减弱了对基体的割裂作用，与灰铸铁相比，具有较高的力学性能，尤其具有较高的塑性和韧性，因此被称为"可锻"铸铁，但实际上可锻铸铁并不能锻造。

（6）常用铸铁牌号有：HT150、HT250、KTH350—10、KTZ450—06、QT420—10、QT800—2 等。

思考与练习

1. 简述工业上常用铸铁的成分含量。
2. 简述铸铁的性能特点。
3. 铸铁可以分为哪些类别？
4. 为什么说球墨铸铁是"以铁代钢"的好材料？
5. 说明可锻铸铁的应用范围。

第7章 有色金属及其合金

⬤ **学习重点及难点**

   ◇ 铜及铜合金的特性、常用牌号与应用

   ◇ 铝及铝合金的特性、各类型的应用场合

   ◇ 钛及钛合金的特性与应用

⬤ **引导案例**

    随着航空工业的发展，飞机的飞行速度越来越快。速度越快、飞机跟空气摩擦产生的飞机表面温度就越高，当速度达到 2.2 倍音速的时候，铝合金外壳将不能胜任，而用钢又太重；火箭、人造卫星和宇宙飞船在宇宙航行中，飞行速度要比飞机快得多，并且工作环境变化更大，所以对材料的要求也更高、更严格。神舟六号宇宙飞船从地面到太空，再从太空返回地面的过程中，飞行速度要经历从超低进入超高、从超高到超低的过程，表面温度变化剧烈，飞船进入大气层的时候，外壳表面温度迅速上升到 540～650℃。

    不论是超过音速的高速飞机，还是火箭、人造卫星和宇宙飞船，制造它们所用的材料都要求重量轻、强度大，一般是用比强度来表示这种特性要求，这个比值越大越好，并且还要耐高温。那么什么材料能满足以上要求呢？

7.1 有色金属概述

    金属材料分为黑色金属和有色金属两大类。黑色金属主要指钢和铸铁，而其余金属，如铝、铜、锌、镁、铅、钛、锡等及其合金统称为**有色金属**。

    与黑色金属相比，有色金属及其合金具有许多特殊的力学、物理和化学性能。因此，在空间技术、核能和计算机等新型工业领域有色金属材料应用广泛。例如，铝、镁、钛等金属及其合金，具有比密度小、比强度高的特点，在航天航空工业、汽车制造、船舶制造等方面应用十分广泛。银、铜、铝等金属，导电性能和导热性能优良，是电器工业和仪表工业不可缺少的材料。钨、钼、铌是制造在 1300℃以上使用的高温零件及电真空元件的理想材料。

    本章只对工业上使用普遍的铜、铝、钛及其合金进行介绍。

7.2 铜及铜合金

7.2.1 工业纯铜

1. 性能

    纯铜呈玫瑰红色，工业上使用的纯铜，含铜量为 99.5%～99.95%，呈紫红色，故又称为紫铜。纯铜有如下特性：

    密度为 $8.9 \times 10^3 kg/m^3$，比钢密度大 15%；熔点为 1083℃；导电性和导热性仅次于金和银，是最常用的导电、导热材料；强度不高，塑性相当好，$\delta = 45\% \sim 50\%$，易于冷、热压力加工，并兼有耐蚀性和可焊接性。

工业纯铜中常有 0.1% ~0.5% 的杂质（铝、铋、氧、硫、磷等），使得铜的导电能力降低。另外，铅、铋杂质能与铜形成熔点很低的共晶体，当铜进行热加工时（温度为 820 ~ 860℃），共晶体熔化，破坏晶界的结合，使铜造成脆性破裂，称为**热脆**。硫、氧也能与铜形成共晶体，均为脆性化合物，冷加工时易产生破裂，称为**冷脆**。

2. 代号

根据工业纯铜杂质含量不同，分为 T1、T2、T3 和 T4 四个代号。代号中的"T"为"铜"的汉语拼音首字母，其后的数字表示序号，序号越大，纯度越低。工业纯铜的牌号、化学成分与用途见表 7-1。

表 7-1 工业纯铜的牌号、化学成分与用途

牌号	铜的质量分数 w（%）	杂质的质量分数 w（%）		杂质总量 w（%）	主要用途
		Bi	Pb		
T1	99.95	0.001	0.003	0.05	电线、电缆、配制高纯度合金
T2	99.90	0.001	0.005	0.1	电线、电缆、雷管、储藏器等
T3	99.70	0.002	0.01	0.3	铜材、电气开关、垫圈、铆钉、油管等
T4	99.50	0.003	0.05	0.5	

纯铜除工业纯铜外，还有一类无氧铜，其含氧量极低，不大于 0.003%。无氧铜材的牌号用 TU 加序号表示，如 TU1、TU2，主要用来制作电真空器件及高导电性铜线。这种导线能抵抗氢的作用，不发生氢脆现象。

3. 应用

纯铜主要用于制造电线、电缆、电子元器件和配制合金。纯铜和铜合金的低温力学性能很好，所以是制造冷冻设备的主要材料，具体应用见表 7-1。

7.2.2 铜合金

纯铜的强度低，不宜做结构材料，为改善力学性能，可在纯铜中加入合金元素制成铜合金。铜合金一般仍具有较好的导电、导热、耐蚀、抗磁等特殊性能及足够高的力学性能。铜合金分为黄铜、青铜和白铜。在普通机器制造业中，应用较为广泛的是黄铜和青铜。

1. 黄铜

黄铜是以锌为主要合金元素的铜合金，因呈金黄色，故称**黄铜**。黄铜具有良好的力学性能，工艺性能和耐蚀性都较好，易于加工成形。按化学成分的不同，黄铜分为普通黄铜、特殊黄铜和铸造黄铜。

（1）普通黄铜 以铜和锌组成的二元铜合金称**普通黄铜**。普通黄铜的牌号用"H + 数字"表示。其中 H 为"黄"字汉语拼音的首字母，数字表示平均含铜量，如 H90，表示黄铜的平均含铜量为 90%。

当含锌量低于 30% ~32% 时，随着含锌量的增加，合金的强度和塑性都升高；当含锌量超过 32% 后，塑性开始下降，但强度继续升高；当含锌量高于 45% 时，黄铜的强度和塑性随含锌量的增加急剧下降，在实际生产中无实用价值。

（2）特殊黄铜　在普通黄铜的基础上加入其他合金元素的铜合金，称为**特殊黄铜**。特殊黄铜的牌号以"H + 添加元素符号 + 数字 + 数字"，数字依次表示含铜量和加入元素的含量。如典型牌号 HPb59 - 1，表示加入铅的特殊黄铜，其中铜的含量为 59%，铅的含量为 1%，主要用于制造各种结构零件，如销钉、螺钉、螺母和衬套等。

（3）铸造黄铜　在牌号前加"Z"，如 ZCuZn38。

常用黄铜的牌号、化学成分、力学性能及用途见表 7-2。

表 7-2　常用黄铜的牌号、化学成分、力学性能及用途

类别	牌号	化学成分 w（%）			状态	力学性能			用途举例
		Cu	其他	Zn		σ_b/MPa	δ（%）	HBW	
						不小于			
普通黄铜	H68	67.0 ~ 70.0		余量	软	320	55		复杂的冷冲件和深冲件、散热器外壳、导管及波纹管等
					硬	660	3	150	
	H62	60.5 ~ 63.5		余量	软	330	49	56	销钉、铆钉、螺母、垫圈、导管、夹线板、环形件及散热器等
					硬	600	3	164	
特殊黄铜	HPb59 - 1	57 ~ 60	Pb0.8 ~ 1.9	余量	硬	650	16	HRB 140	销子、螺钉等冲压件或加工件
	HMn58 - 2	57 ~ 60	Mn1.0 ~ 2.0	余量	硬	700	10	175	船舶零件及轴承等耐磨零件
铸造黄铜	ZCuZn16Si4	79 ~ 81	Si2.5 ~ 4.5	余量	S	345	15	88.5	接触海水工作的配件以及水泵、叶轮和在空气、淡水、油、燃料以及工作压力在 4.5MPa 和 250℃ 以下蒸汽中工作的零件
					J	390	20	98.0	
	ZCuZn40Pb2	58 ~ 63	Pb0.5 ~ 2.5 Al0.2 ~ 0.8	余量	S	220	15	78.5	一般用途的耐磨、耐蚀零件，如轴套、齿轮等
					J	280	20	88.5	

注：软—600℃退火；硬—变形度50%；S—砂型铸造；J—金属型铸造。

2. 青铜

青铜原指铜锡合金，但是，工业上习惯将铜合金中不含锡而含有铝、镍、锰、硅、铍、铅等特殊元素组成的合金也称为青铜。所以青铜实际上包含锡青铜、铝青铜、铍青铜和硅青铜等。青铜也可分为压力加工青铜（以青铜加工产品供应）和铸造青铜两类。青铜的编号规则是："Q + 主加元素符号 + 主加元素含量（+ 其他元素含量）"，"Q"表示青的汉语拼音首字母。如 QSn4—3 表示成分为 4%Sn、3%Zn、其余为铜的锡青铜。铸造青铜的编号前加"Z"。

（1）锡青铜　以锡为主加元素的铜合金称为**锡青铜**。锡青铜是我国历史上使用得最早的有色合金，也是最常用的有色合金之一。按生产方法，锡青铜可分为压力加工锡青铜和铸造锡青铜两类。

压力加工锡青铜含锡量一般小于 10%，适宜于冷热压力加工。经加工硬化后，强度、硬度提高，但塑性有所下降。典型牌号为 CuSn5Pb5Zn5，主要用于仪表中的耐磨、耐蚀零件，以及弹性零件及滑动轴承、轴套等。

铸造锡青铜含锡量一般为 10% ~ 14%，适宜用来生产强度和密封性要求不高、但形状

复杂的铸件。典型牌号 ZCuSn10Zn2，主要用于制造阀、泵壳、齿轮和蜗轮等零件。锡青铜在造船、化工机械、仪表等工业中有广泛的应用。

（2）无锡青铜　**无锡青铜**是指不含锡的青铜，常用的有铝青铜、铅青铜、锰青铜、硅青铜等。

铝青铜是无锡青铜中用途最为广泛的一种，它是以铝为主要合金元素的铜合金。铝青铜的力学性能比黄铜和锡青铜都高，当含铝量小于 5% 时，强度很低；含铝量在 5% ~7% 时的塑性最好，适于冷加工；含铝量在 10% 左右时，强度最高，常以铸态使用；当含铝量大于 12% 时，塑性很差，加工困难。因此实际应用的铝青铜含铝量为 5% ~12% 。

铝青铜的耐蚀性优良，在大气、海水、碳酸及大多数有机酸中具有比黄铜和锡青铜更高的耐蚀性。铝青铜的耐磨性也比黄铜和锡青铜好。铝青铜还有耐寒冷、冲击时不产生火花等特性。

铝青铜可用于制造齿轮、轴套和蜗轮等在复杂条件下工作的高强度抗磨零件以及弹簧和其他高耐蚀性的弹性零件。

3. 白铜

以镍为主要元素的铜合金称为**白铜**。白铜分为结构白铜和电工白铜两类。其牌号表示举例如下：B30 表示含 30% Ni 的简单白铜；BMn40 – 1.5 表示含 40% Ni 和 1.5% Mn 的复杂白铜，又可称为**锰白铜**，俗称"康铜"。

7.3　铝及铝合金

铝及其合金是我国优先发展的重要有色金属，铝是地壳中储量最多的一种元素，约占地表总重量的 8.2% 。

7.3.1　工业纯铝

1. 性能特点

工业纯铝一般指纯度为 99% ~99.99% 并含有少量杂质的纯铝，主要杂质为铁和硅，此外还有铜、锌、镁、锰和钛等。工业纯铝具有下述性能特点：

1）密度小（约 $2.7 \times 10^3 \text{kg/m}^3$）；熔点为 660℃；热处理原理和钢不同。

2）导电性、导热性很高，仅次于银、铜、金。

3）是无磁性、无火花的材料，而且反射性能好，既可反射可见光，也可反射紫外线。

4）强度很低，但塑性很高，通过加工硬化，可使纯铝的硬度提高，但塑性下降。

5）表面可生成致密、隔绝空气的氧化膜，具有良好的大气耐蚀性，但不耐酸、碱、盐的腐蚀。

2. 主要用途

工业纯铝的强度很低，抗拉强度仅为 50MPa，虽可通过冷作硬化方式强化，但也不能直接用于制作结构材料。工业纯铝经常代替贵重的铜合金制作导线，另外，可配制各种铝合金以及制作要求质轻、导热或耐大气腐蚀但强度要求不高的器具。

3. 分类

工业纯铝的分类如下：

$$
工业纯铝 \begin{cases} 纯铝（99\% < w_{Al} < 99.85\%） \begin{cases} 未压力加工产品：铸造纯铝 \\ 压力加工产品：变形纯铝 \end{cases} \\ 高纯铝（w_{Al} > 99.85\%） \end{cases}
$$

（1）铸造纯铝 按 GB/T 8063—1994 规定，牌号由"Z"和铝的化学元素符号及表明铝含量的数字组成，例如 ZA199.5 表示 w_{Al} = 99.5% 的铸造纯铝。

（2）变形纯铝 按 GB/T 16474—1996 规定，其牌号用四位字符体系的方法命名，即用 1×××表示，牌号的最后两位数字表示铝的最低百分含量中小数点后面的两位数字，牌号第二位的字母表示原始纯铝的改型情况，如果字母为 A，则表示为原始纯铝。按 GB/T 3190—1996 规定，我国变形铝的牌号有 1A50、1A30 等。例如，牌号 1A30 的变形铝表示 w_{Al} = 99.30% 的原始纯铝，若为其他字母，则表示为原始纯铝的改型。

（3）高纯铝 牌号有 1A99、1A97、1A93、1A90、1A85 等，命名含义与变形纯铝相同。

7.3.2 铝合金

纯铝的强度低，不适宜用作结构材料，在纯铝中加入硅、铜、镁、锰、锌等合金元素，形成铝合金，可以显著提高其强度。铝合金具有密度小，耐腐蚀，导热和塑性好等性能，很多铝合金还可通过冷变形和热处理，使强度显著提高。

根据铝合金的成分及生产工艺特点，可将铝合金分为变形铝合金和铸造铝合金两大类。

1. 变形铝合金

常用铝合金大都具有如图 7-1 所示的相图，合金元素含量小于 D 点的合金，平衡组织以固溶体为主，加热时可得到均匀单相固溶体，塑性变形能力很好，适于锻造、轧制和挤压，称为**变形铝合金**。

变形铝合金具有良好的塑性变形能力，将合金熔融铸成锭子后，再通过压力加工（轧制、挤压、模锻等）制成半成品或模锻件。根据特点和用途可分为防锈铝合金、硬铝合金、超硬铝合金和锻铝合金。

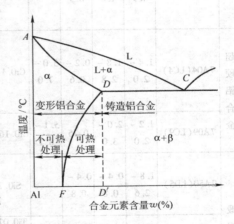

图 7-1 铝合金相图及铝合金分类

（1）防锈铝合金 工艺特点是塑性及焊接性能好，常用拉延法制造各种高耐蚀性的薄板容器（如油箱等）、防锈蒙皮以及受力小、质轻、耐蚀的制品与结构件（如管道、窗框和灯具等）。

（2）硬铝合金 具有优良的加工工艺性能，可以加工成板、棒、管、型材等。广泛应用在航空，汽车和机械中。

（3）超硬铝合金 铝—锌—铜系合金是目前室温强度最高的一类铝合金，其强度达 500～700MPa，超过高强度的硬铝合金 2A12 合金（400～430MPa），航空飞机大梁、起落架等承受重载的零部件就是用它制造的，另外，在光学仪器中，用于制造要求重量轻而受力较大的结构零件。

（4）锻铝合金 铝—镁—硅—铜系合金具有优良的锻造工艺性能，主要用来制作外形复杂的锻件。

变形铝合金的主要牌号、成分、力学性能及用途见表7-3。

表7-3 变形铝合金的主要牌号、成分、力学性能及用途

类别	代号	化学成份 w（%）						热处理处态	力学性能			用途
		Cu	Mg	Mn	Zn	其他	Al		σ_b/MPa	δ(%)	HBW	
防锈铝合金	5A05（LF5）		4.8～5.5	0.3～0.6			余量	退火	270	23	70	中载零件、铆钉、焊接油箱、油管
	3A21（LF21）	0.05		1.0～1.6			余量		130	23	30	管道、容器、铆钉及轻载零件及制品
硬铝合金	2A01（LY1）	2.2～3.0	0.2～0.5				余量	固溶处理+自然时效	300	24	70	中等强度、工作温度不超过100℃的铆钉
	2A11（LY11）	3.8～4.8	0.4～0.8	0.4～0.8			余量		420	18	100	中等强度构件和零件，如骨架、螺旋桨叶片、铆钉
	2A12（LY12）	3.8～4.9	1.2～1.8	0.3～0.9			余量		480	11	131	高强度的构件及150℃以下工作的零件，如骨架、梁、铆钉
超硬铝合金	7A04（LC4）	1.4～2.0	1.8～2.8	0.2～0.6	5.0～7.0	Cr0.1～0.25	余量	固溶处理+人工时效	600	12	150	主要受力构件及高载荷零件，如飞机大梁、加强框、起落架
	7A09（LC9）	1.2～2.0	2.0～3.0	0.15	5.1～6.1	Cr0.16～0.30	余量					同上
锻铝合金	2A50（LD5）	1.8～2.6	0.4～0.8	0.4～0.8		Si0.7～12	余量	固溶处理+人工时效	420	13	105	形状复杂和中等强度的锻件及模锻件
	2A70（LD7）	1.9～2.5	1.4～1.8	0.2	0.3	Ti0.02～0.1 Ni0.9～1.5 Fe0.9～1.5 Si0.35	余量		440	13	120	高温下工作的复杂锻件和结构件、内燃机活塞
	2A14（LD10）	3.9～4.8	0.4～0.8	0.4～1.0		Si0.5～1.2	余量		480	10	135	高载荷锻件和模锻件

注：代号列中字母后面括号中是旧国标代号。

铝—镁—硅—铜系合金具有优良的锻造工艺性能，主要用来制作外形复杂的锻件。

2. 铸造铝合金

如图7-1所示，合金元素含量在 D 点右侧的合金，有共晶组织存在，塑性、韧性差，但是流动性好，且高温强度也比较高，可防止热裂现象，适于铸造，但不适于压力加工，称为**铸造铝合金**。

铸造铝合金经熔融后可直接铸成质轻、耐蚀、复杂的甚至薄壁的成形件。

铸造铝合金种类很多，其中铝硅合金具有良好的铸造性能，足够的强度，而且密度小，用得最广，约占铸造铝合金总产量的 50% 以上，Si 含量为 10% ~ 13% 的 Al - Si 合金是最典型的铝硅合金，属于共晶成分，通常称为"硅铝合金"。

铸造铝合金的牌号由"铸"字的汉语拼音字首"Z" + Al + 其他主要元素符号及百分含量来表示，如 ZAlSi12 表示 Si 含量为 12% 的铸造 Al - Si 合金。而合金的代号用"铸铝"的汉语拼音字首"ZL"加 3 位数字表示。第 1 位数字表示合金类别，第 2、3 位则表示合金的顺序号。例 ZL102 表示 2 号 Al - Si 系铸造铝合金。

7.4　钛及钛合金

钛及钛合金具有优良的综合性能，具有密度小、质量轻、比强度高，σ_b 最高可达 1400MPa、耐高温、耐腐蚀以及良好低温韧性等优点，在 300 ~ 550℃ 下有一定的高温持久强度，并有很好的低温冲击韧度，在 -253℃（液氢温度）时仍保持良好的塑性和韧性，是一种理想的轻质结构材料，特别适用于航天、航空、造船和化工工业等要求比强度高的器件。

钛资源丰富，有着广泛的应用前景。但目前钛及钛合金的加工条件复杂，成本较昂贵，在一定程度上又限制了应用。

7.4.1　工业纯钛

1. 纯钛性能

钛是银白色的金属，密度小（$4.5 \times 10^3 kg/m^3$），熔点高（1725℃），热膨胀系数小，导热性差。纯钛塑性好、强度低，经冷塑性变形可显著提高工业纯钛的强度，容易加工成形，可制成细丝和薄片。钛在大气和海水中有优良的耐蚀性，在硫酸、盐酸、硝酸、氢氧化钠等介质中都很稳定。钛的抗氧化能力优于大多数奥氏体不锈钢。

2. 晶体结构

钛在固态有两种结构，882.5℃ 以上直到熔点为体心立方晶格，称 β - Ti。882.5℃ 以下转变为密排六方晶格，称 α - Ti。

3. 牌号及用途

工业纯钛按纯度分为 4 个等级：TA0、TA1、TA2 和 TA3。其中"T"为"钛"的汉语拼音首字母，后面的数字增加，则纯度降低、强度增大、塑性降低。

工业纯钛是航空、航天、船舶常用的材料，为 α - Ti，其板材、棒材常用于制造 350℃ 以下工作的低载荷件，如飞机骨架、蒙皮、隔热板、热交换器、发动机部件、海水净化装置及柴油机活塞、连杆和电子产品（如笔记本电脑外壳）等。

7.4.2　钛合金

为了提高钛的力学性能，满足现代工业的需求，一般通过钛合金化的方法，获取所需性能。钛合金按退火组织不同分为 α 合金、β 合金和 α + β 合金三类，分别以 TA、TB、TC 表示。

钛合金除具有比钛更优良的力学性能外，还具有优良的抗腐蚀性能，在硫酸、盐酸、硝酸、氢氧化钠及海水中均有优良的稳定性，在 85% 醋酸条件下，耐蚀性优于不锈钢。钛合金具有超塑性的功能特点，采用超塑成形—扩散连接技术，可以用很少的能量及材料消耗制成形状复杂和尺寸精密的合金制品。

1. α钛合金

α钛合金是α相固溶体组成的单相合金，不论是在一般温度下还是在较高的实际应用温度下，均是α相，组织稳定，耐磨性高于纯钛，抗氧化能力强。在500～600℃的温度下，仍保持其强度和抗蠕变性能，但不能进行热处理强化，室温强度不高。

典型牌号是TA7，成分为Ti－5Al－2.5Sn。其使用温度不超过500℃，主要用于制造导弹的燃料罐、超音速飞机的涡轮机匣等。

2. β钛合金

β钛合金是β相固溶体组成的单相合金，未经热处理就可以具有较高的强度，淬火、时效后合金得到进一步强化，室温强度可达1372～1666MPa；但热稳定性较差，不宜在高温下使用。

β钛合金的典型牌号是TB1，成分为Ti－3Al－13V－11Cr，一般在350℃以下使用，适于制造压气机叶片、轴、轮盘等重载的回转件，以及飞机构件等。

3. α+β钛合金

α+β钛合金是双相合金，具有良好的综合性能，组织稳定性好，有良好的韧性、塑性和高温变形性能，能较好地进行热压力加工，能进行淬火、时效使合金强化。热处理后强度约比退火状态提高50%～100%；高温强度高，可在400～500℃的温度下长期工作，其热稳定性稍次于α钛合金。

典型牌号是TC4，成分为Ti－6Al－4V，经淬火及时效处理后，显微组织为块状α+β+针状α。其中针状α是时效过程中从β相析出的。TC4强度高，塑性好，在400℃时组织稳定，蠕变强度较高，低温时有良好的韧性，并有良好的抗海水应力腐蚀及抗热盐应力腐蚀的能力，适于制造在400℃以下长期工作的零件，或要求一定高温强度的发动机零件，以及在低温下使用的火箭、导弹的液氢燃料箱部件等。

注意：三种钛合金中最常用的是α钛合金和α+β钛合金；α钛合金的切削加工性最好，α+β钛合金次之，β钛合金最差。

7.5 滑动轴承合金

7.5.1 轴承及轴承合金的类别

1. 轴承及其类别

轴承可定义为一种在其中有另外一种元件（诸如轴颈或杆）旋转或滑动的机械零件。依据轴承工作时摩擦的形式，它们又分为滚动轴承与滑动轴承。滑动轴承是指支承轴颈和其他转动或摆动零件的支承件，由轴承体和轴瓦两部分构成。滑动轴承中自身具有自润滑性的轴承称为含油轴承或自润滑轴承。

2. 轴瓦及轴承合金

滑动轴承的轴瓦可以直接由耐磨合金制成，也可在钢背上浇铸（或轧制）一层耐磨合金内衬制成。用来制造轴瓦及其内衬的合金，称为轴承合金。

常用轴承合金，按其主要化学成份可分为铅基、锡基、铝基和铜基等几种。

3. 轴承的工作条件

当机器不运转时，轴停放在轴承上，对轴承施以压力。当轴高速旋转运动时，轴对轴承施以周期性交变载荷，有时还伴有冲击。滑动轴承的基本作用就是将轴准确定位，并在载荷作用下支撑轴颈而不破坏。

当滑动轴承工作时，轴和轴承不可避免地会产生摩擦。为此，在轴承上常注入润滑油，以便在轴颈和轴承之间有一层润滑油膜相隔，进行理想的液体摩擦。实际上，在低速和重载荷的情况下，润滑并不良好，这时处于边界润滑状态。

边界润滑意味着金属和金属直接接触的可能性存在，它会使磨损增加。当机器在起动、停车、空转和载荷变动时，也常出现边界润滑或半干摩擦甚至干摩擦状态。只有在轴转动速度逐渐增加，当润滑油膜建立起来之后，摩擦系数才逐渐下降，最后达到最小值。如果轴转动速度进一步增加，摩擦系数又重新增大。

4. 滑动轴承合金的性能要求

根据轴承的工作条件，轴承合金应具备如下一些性能：

1）良好的减摩性。良好的减摩性应综合体现为：①摩擦系数低；②磨合性（跑合性）好，就是开始工作后，轴承与轴能很快地自动吻合，使载荷均匀作用在工作面上，避免局部磨损；③抗咬合性好，是指摩擦条件不良时，轴承材料不致与轴粘着或焊合。

2）足够的力学性能。滑动轴承合金要有较高的抗压强度和疲劳强度，并能抵抗冲击和振动。

3）良好的导热性、小的热膨胀系数、良好的耐蚀性和铸造性能。

7.5.2 铅基轴承合金

铅基轴承合金是在铅锑合金的基础上加入锡、铜等元素形成的合金，又称为铅基巴氏合金。我国铅基轴承合金的牌号、成分和力学性能见表7-4。

表7-4 铅基轴承合金的牌号、成分和力学性能

牌 号	化学成分（%）					硬度 HBW ≥	用途举例
	w_{Sb}	w_{Cu}	w_{Pb}	w_{Sn}	$w_{杂质}$		
ZPbSb16Sn16Cu2	15.0 ~ 17.0	1.5 ~ 2.0	余量	15.0 ~ 17.0	0.6	30	110 ~ 880kW 蒸汽涡轮机，150 ~ 750kW 电动机和小于1500kW 起重机及重载荷推力轴承
ZPbSb15Sn5Cu3Cd2	14.0 ~ 16.0	2.5 ~ 3.0	w_{Cd}: 1.75 ~ 2.25 w_{As}: 0.6~1.0 w_{Pb}: 余量	5.0 ~ 6.0	0.4	32	船舶机械、小于 250kW 电动机、抽水机轴承

（续）

牌　号	化学成分（%）					硬度 HBW ≥	用途举例
	w_{Sb}	w_{Cu}	w_{Pb}	w_{Sn}	$w_{杂质}$		
ZPbSb15Sn10	14.0 ~ 16.0	0.7	余量	9.0 ~ 11.0	0.45	24	中等压力机械，也适用于高温轴承
ZPbSb15Sn5	14.0 ~ 15.5	0.5 ~ 1.0	余量	4.0 ~ 5.5	0.75	20	低速、轻压力的机械轴承
ZPbSb10Sn6	9.0 ~ 11.0	0.7	余量	5.0 ~ 7.0	0.70	18	重载荷、耐蚀、耐磨轴承

铅基轴承合金的突出优点是成本低、高温强度好、亲油性好、有自润滑性，适用于润滑较差的场合。但耐蚀性和导热性不如锡基轴承合金，对钢背的附着力也较差。

7.5.3　锡基轴承合金

锡基轴承合金是以锡为主，并加入少量锑和铜的合金。锡基轴承合金的牌号、成分和力学性能见表 7-5。

表 7-5　锡基轴承合金的牌号、成分和力学性能

牌　号	化学成分（%）					硬度 HBW ≥	用途举例
	w_{Sb}	w_{Cu}	w_{Pb}	w_{Sn}	$w_{杂质}$		
ZSnSb12Pb10Cu4	11.0 ~ 13.0	2.5 ~ 5.0	9.0 ~ 11.0	余量	0.55	29	一般发动机的主轴承，但不适于高温工作
ZSnSb11Cu6	10.0 ~ 12.0	5.5 ~ 6.5	0.35	余量	0.55	27	1500kW 以上蒸汽机、370kW 涡轮压缩机，涡轮泵及高速内燃机轴
ZSnSb8Cu4	7.0 ~ 8.0	3.0 ~ 4.0	0.35	余量	0.55	24	一般大机器轴承及高载荷汽车发动机的双金属轴承
ZSnSb4Cu4	4.0 ~ 5.0	4.0 ~ 5.0	0.35	余量	0.50	20	涡轮内燃机的高速轴承及轴承衬

锡基轴承合金的主要特点是摩擦系数小，对轴颈的磨损少，基体是塑性好的锑在锡中的固溶体，硬度低、顺应性和嵌镶性好，抗腐蚀性高，对钢背的粘着性好。它的主要缺点是抗疲劳强度较差，且随着温度升高机械强度急剧下降，最高运转温度一般应小于 110℃。

7.5.4　铝基轴承合金

铝基轴承合金密度小、导热性好、抗疲劳强度高、价格低廉，用于高速、高负荷下工作的轴承。

铝基轴承合金按成分可分为铝锡系、铝锑系和铝石墨系三类。

1. 铝锡系铝基轴承合金

该合金是以铝（60%~95%）和锡（5%~40%）为主要成分的合金，其中以 Al - 20Sn - 1Cu

合金最为常用。这种合金的组织是在硬基体（Al）上分布着软质点（Sn）。硬的铝基体可承受较大的负荷，且表面易形成稳定的氧化膜，既有利于防止腐蚀，又可起减摩耐磨作用。低熔点锡在摩擦过程中易熔化并覆盖在摩擦表面，起到减少摩擦与磨损的作用。铝锡系铝基轴承合金具有抗疲劳强度高，耐热性、耐磨性和耐蚀性均良好等优点，因此被各国广泛采用，尤其适用于高速、重载条件下工作的轴承。

2. 铝锑系铝基轴承合金

该合金的化学成分为：$w_{Sb} = 4\%$，$w_{Mg} = 0.3\% \sim 0.7\%$，其余为 Al。组织为软基体（Al）上分布着硬质点（AlSb），加入镁可提高合金的抗疲劳强度和韧性，并可使针状 AlSb 变为片状。这种合金适用于载荷不超过 20MPa、滑动线速度不大于 10m/s 的工作条件，可与 08 钢板热轧成双金属轴承使用。

3. 铝石墨系铝基轴承合金

铝石墨减摩材料是近年发展起来的一种新型材料。为了提高基体的力学性能，基体可选用铝硅合金（含硅量 6% ~ 8%）。由于石墨在铝中的溶解度很小，且在铸造时易产生偏析，故需采用特殊铸造办法制造或以镍包石墨粉或铜包石墨粉的形式加入到合金中，合金中适宜的石墨含量为 3% ~ 6%。

铝石墨减摩材料的摩擦系数与铝锡系轴承合金相近，由于石墨具有优良的自润滑作用、减振作用及耐高温性能，故该种减摩材料在干摩擦时，具有自润滑的性能，特别是在高温恶劣条件下（工作温度达 250℃），仍具有良好的性能。因此，铝石墨系减摩材料可用来制造活塞和机床主轴的轴瓦。

7.5.5 铜基轴承合金

铜基轴承合金的牌号、成分及力学性能见表 7-6。

表 7-6 铜基轴承合金的牌号、化学成分及力学性能

牌 号	化学成分（%）				力学性能			用 途
	w_{Pb}	w_{Sn}	$w_{其他}$	w_{Cu}	σ_b/MPa	δ（%）	HBW	
ZCuPb30	27.0 ~ 33.0			余量			25	高速高压下工作的航空发动机、高压柴油机轴承
ZCuPb20Sn5	18.0 ~ 23.0	4.0 ~ 6.0		余量	150	6	44 ~ 54	高压力轴承，轧钢机轴承，机床、抽水机轴承
ZCuPb15Sn8	13.0 ~ 17.0	7.0 ~ 9.0		余量	170 ~ 200	5 ~ 6	60 ~ 65	冷轧机轴承
ZCuSn10P1		9.0 ~ 11.5	w_P: 0.5 ~ 1.0	余量	220 ~ 310	3 ~ 2	80 ~ 90	高速、高载荷柴油机轴承
ZCuSn5Pb5Zn5	4.0 ~ 6.0	4.0 ~ 6.0	w_{Zn}: 4.0 ~ 6.0	余量	200	13	60 ~ 65	中速、中载轴承

铅青铜是硬基体软质点类型的轴承合金。同巴氏合金相比，它具有较高的抗疲劳强度和承载能力，优良的耐磨性、导热性和低摩擦系数，能在较高温度（250℃）下正常工作。铅青铜适于制造大载荷、高速度的重要轴承，例如航空发动机、高速柴油机的轴承等。

锡基、铅基轴承合金及不含锡的铅青铜的强度比较低，承受不了太大的压力，所以使用时必须将其镶铸在钢的轴瓦时，形成一层薄而均匀的内衬，做成双金属轴承。含锡的铅青铜由于锡溶于铜中使合金强化，获得高的强度，不必做成双金属，可直接做成轴承或轴套使用。由于具有较高的强度，锡青铜也适于制造高速度、高载荷的柴油机轴承。

● **案例释疑**

分析：在航天工业上，很重视钛这种材料。纯净的钛是银白色的金属，约在 1725℃ 熔化，其主要特点是密度小而强度大，兼有铝和钢的特点。由于钛有很多优点，所以自 20 世纪 50 年代以来，一跃成为突出的稀有金属。钛可用于制造超过音速 3 倍的高速飞机，钛合金在 550℃ 以上仍保持良好的力学性能。超 3 倍音速的飞机用钛量占其结构总重量的 5%，有钛飞机之称。目前，有人将钛称为"时髦金属"，也有人根据钛在工业上发挥的重要作用及其未来发展趋势，将钛称为第三金属或未来的钢铁。

制造宇宙飞船的材料，必须适应剧烈的温度变化，钛合金能满足这些要求。从 1957 开始，钛材料大量在宇宙航行上使用，主要用来制造火箭的发动机壳体，以及人造卫星外壳、紧固件、燃料储箱、压力容器等，还有飞船的船舱、骨架、内外蒙皮等。在宇宙航行中，钛的使用，可大大减轻飞行器的重量。从经济效果来看，由于结构重量的减轻，能够大量节省燃料，同时可大大降低火箭和导弹的建造和发射费用。

结论：钛的比强度是目前使用材料中最大的，并且能适应剧烈的温度变化，钛合金符合超音速高速飞机、火箭、人造卫星和宇宙飞船的制造要求。

本 章 小 结

（1）金属材料分为黑色金属和有色金属两大类。黑色金属主要指钢和铸铁，而其余金属，如铝、铜、锌、镁、铅、钛、锡等及其合金统称为有色金属。

（2）根据杂质含量的不同，工业纯铜可分为 T1、T2、T3、T4 四个代号。代号中的"T"为铜的汉语拼音首字母，其后的数字表示序号，序号越大，纯度越低。

（3）铜合金分为黄铜、青铜和白铜。在普通机器制造业中，应用较为广泛的是黄铜和青铜。

（4）工业纯铝经常代替贵重的铜合金制作导线，还可配制各种铝合金以及制作要求质轻、导热或耐大气腐蚀但强度要求不高的器具。

（5）纯铝的强度低，不适宜用作结构材料，在纯铝中加入硅、铜、镁、锰、锌等合金元素，形成铝合金，可以显著提高其强度。

（6）钛及钛合金具有优良的综合性能，密度小、质量轻、比强度高，耐高温、耐腐蚀以及良好低温韧性等优点，并有很好的低温冲击韧度，是一种理想的轻质结构材料，特别适用于制造航天、航空、造船和化工工业中要求比强度高的器件。

（7）用来制造轴瓦及其内衬的合金，称为轴承合金。常用轴承合金，按其主要化学成份可分为铅基、锡基、铝基和铜基等几种。

思考与练习

1. 什么是有色金属？
2. 简述工业纯铜的应用领域。
3. 说明黄铜和青铜在成分上的区别。
4. 简述工业纯铝的应用领域。
5. 说明钛合金的性能特点及应用。

第8章　非金属材料及新型材料

学习重点及难点

◇ 各类非金属材料的种类、性能特点及应用

◇ 新型材料的种类、性能特点及应用

引导案例

19世纪70年代，美国海军军械实验室的科学家布勒（W. J. Buchler）发现了一种具有"记忆"形状功能的合金。这种"记忆"合金是一种颇为特别的金属条，它极易被弯曲，一根螺旋状高温合金，经过高温退火后，它的形状处于螺旋状态。在室温下，即使用很大力气把它强行拉直，但只要把它加热到一定的"变态温度"时，这根合金仿佛记起了什么似的，立即恢复到它原来的螺旋形态。

假如用"记忆"合金制作眼镜架，是不是不小心被碰弯曲了后，只要将其放在热水中加热，就可以恢复原状？假如汽车外壳也用"记忆"合金制作，是不是不小心碰瘪了后，只要用电吹风加加温就可恢复原状？

以上这些是怎么回事？难道合金也具有人类那样的记忆力？

8.1　非金属材料概述

长期以来，在机械工程中主要使用的金属材料，主要是钢铁材料。但是随着生产的发展和科学技术的进步，金属材料已不能完全满足各种不同零件的要求，非金属材料正越来越多的应用于各类工程结构中，并且取得了巨大的技术及经济效益。

非金属材料是指除金属材料以外的其他一切材料的总称，主要包括：高分子材料、陶瓷、复合材料及新型材料等。

非金属材料具有金属材料所不及的一些特异性能，如塑料的质轻、绝缘、耐磨、隔热、美观、耐腐蚀、易成形；橡胶的高弹性、吸振、耐磨、绝缘等；陶瓷的高硬度、耐高温、抗腐蚀等。非金属材料来源广泛，自然资源丰富，成形工艺简便，故在生产中的应用得到了迅速发展，在某些生产领域中已成为不可取代的材料。由几种不同材料复合而成的复合材料，不仅保留了各自优点，而且能得到单一材料无法比拟的、优越的综合性能，成为一类很有发展前途的新型工程材料。

8.2　高分子材料

由分子量很大（一般1000以上）的有机化合物为主要组成部分组成的材料，称为**高分子材料**。高分子材料主要有塑料、橡胶、纤维和胶粘剂等。

8.2.1 塑料

塑料是以合成树脂为主要成分，加入各种添加剂，在加工过程中能塑制成型的有机高分子材料。其具有质轻、绝缘、减摩、耐蚀、消音、吸振、价廉和美观等优点，已成为人们日常生活中不可缺少的材料之一，并且越来越多地应用于各工业部门及各类工程结构中。

1. 塑料的分类

（1）**按使用范围分类** 分为通用塑料和工程塑料。

通用塑料产量大，用途广，价格低廉，主要指通用性强的聚乙烯、聚氯乙烯、聚苯乙烯、聚丙烯、酚醛塑料和氨基塑料等 6 大品种，占塑料总产量的 3/4 以上。

工程塑料力学性能比较好，可以代替金属在工程结构和机械设备中的应用，通常具有较高的强度、刚度和韧性，而且耐热、耐辐射、耐蚀性能以及尺寸稳定性能好。常用的工程塑料有聚酰胺（尼龙）、聚甲醛、酚醛塑料、有机玻璃和 ABS 等。

（2）**按受热性能分类** 分为**热塑性塑料**和**热固性塑料**，热塑性塑料和热固性塑料的热性能及常用品种见表 8-1。

表 8-1　热塑性塑料和热固性塑料的热性能及常用品种

类　别	热性能	常用塑料及代号
热塑性塑料	能溶于有机溶剂，加热可软化，易于加工成型，并能反复塑化成型，一般耐热性较差	聚氯乙烯（PVC）、聚乙烯（PE）、聚酰胺（PA）、聚甲醛（POM）、聚碳酸酯（PC）、聚丙烯（PP）、聚苯乙烯（PS）、聚四氟乙烯（PTFE，F－4）、聚砜（PSF）、聚甲基丙烯酸甲酯（PMMA）、苯乙烯—丁二烯—丙烯腈共聚体（ABS）
热固性塑料	固化后重新加热不再软化和熔融，亦不溶于有机溶剂，不能再成型使用，耐热性较好	酚醛塑料（PF）、氨基塑料（UF）、有机硅塑料（SI）、环氧树脂（EP）、聚氨酯塑料（PUR）

2. 塑料的性能

（1）**密度小、比强度高（抗拉强度/密度）** 塑料的相对密度一般在 0.83～2.2 之间，仅为钢铁材料的 1/8～1/4，铝的 1/2，对于需要全面减轻结构自重的车辆、船舶、飞机、宇航器等都具有重要的意义。

（2）**化学稳定性高** 塑料对酸、碱和有机溶剂均有良好的耐蚀性。特别是号称"塑料王"的聚四氟乙烯，除能与熔融的碱金属作用外，对各种酸、碱均有良好的耐蚀能力，甚至使黄金都能溶解的"王水"也不能将其腐蚀。因此，塑料在腐蚀条件下和化工设备中被广泛应用。

（3）**绝缘性能好** 在高分子塑料的分子链中因其化学键是共价键，不能电离，故没有自由电子和可移动的离子，所以塑料是不良导体。由于分子链细长、卷曲，在受声、热之后振动困难，故对声、热也有良好的绝缘性能。广泛用于电机、电器和电子工业作绝缘材料。

（4）**减摩性好** 大部分塑料的摩擦系数都较小，具有良好的减摩性。用塑料制成的轴承、齿轮、凸轮、活塞环等摩擦零件，可以在各种液体、半干摩擦和干摩擦条件下有效地工作。

（5）减振、消音、耐磨性好 用塑料制作传动件、摩擦零件，可以吸收振动，降低噪声，而且耐磨性好。

（6）生产效率高、成本低 塑料制品可以一次成型，生产周期短，比较容易实现自动化或半自动化生产，加上其原料来源广泛，故价格低廉。

（7）塑料的缺点 强度比一般金属要低，耐热性差（一般仅能在100℃以下长期工作，少数能在200℃左右温度下工作），热膨胀系数很大（约为金属的10倍），导热性很差，易老化，易燃烧等。

3. 常用塑料简介

在塑料的通用品种中，聚乙烯、聚苯乙烯、聚氯乙烯、聚丙烯四大品种的总产量在亿吨左右。其他还有：透光性好的有机玻璃，称为"塑料王"的耐腐蚀塑料聚四氟乙烯，作为工程塑料的聚砜、聚碳酸酯、聚甲醛、聚酰亚胺和常用作泡沫塑料的聚氨酯等。常用塑料的特性及应用见表8-2。

表8-2 常用塑料的特性及应用

塑料名称	特 性	应 用 举 例
聚氯乙烯 （PVC）	硬聚氯乙烯强度高、绝缘性、耐蚀性好，但耐热性差，使用温度为 -10~55℃	可部分代替不锈钢、铜、铝等金属材料作耐腐蚀设备及零件，可作灯头、插座、开关、阀门管件等
	软质聚氯乙烯强度低，伸长率高，易老化，绝缘性、耐蚀性好；泡沫聚氯乙烯密度低、隔热、隔音、防振	可制作工农业用包装薄膜、电线绝缘层、人造革、密封件衬套垫。因有毒，不能用于食品和药品包装；泡沫聚氯乙烯可作衬垫
聚乙烯（PE）	低压聚乙烯强度、硬度较高，耐蚀性、绝缘性好	减摩自润滑零件，轻载齿轮、轴承等；耐腐蚀设备的零件；电气绝缘材料，如高频、水底和一般电缆的包皮等；茶杯、奶瓶等
	高压聚乙烯柔软性好（在-70℃时仍柔软），伸长率、韧性、透明性好，摩擦系数低（为0.21）	薄膜、软管、包覆电缆、塑料瓶、食品和药品包装
聚丙烯（PP）	是最轻的塑料之一，刚性好，耐热性好，可在100℃以上的高温使用，化学稳定性好，几乎不吸水，高频电性能好，易成型、低温呈脆性、耐磨性不高	耐腐蚀的化工设备及零件、受热的电气绝缘零件，电视机、收音机等家用电器外壳，一般用途的齿轮、管道、接头等
聚苯乙烯（PS）	有较好的韧性、优良的透明度（和有机玻璃相似）、化学稳定性较好、易成型	透明结构零件，如汽车用各种灯罩、电气零件、仪表零件、浸油式多点切换开关、电池外壳等
苯乙烯—丁二烯—丙烯腈共聚体（ABS）	具有良好的综合性能，即高的冲击韧度和良好的强度；优良的耐热性、耐油性能；尺寸稳定，易成型，表面可镀金属；电性能良好	一般结构或耐磨受力零件，如齿轮、轴承等；耐腐蚀设备和零件；ABS制成的泡沫夹层板可作轿车车身；文教体育用品、乐器、家具、包装容器及装饰件

（续）

塑料名称	特　性	应用举例
聚酰胺（尼龙）（PA）	尼龙6：疲劳极限、刚性和耐热性不及尼龙66，但弹性好，有较好的消振和消音性，其余同尼龙66	轻载荷、中等温度（80～100℃）、无润滑或少润滑、要求低噪声条件下工作的耐磨受力零件
	尼龙66：疲劳强度和刚性较高，耐热性较好，耐磨性好，摩擦系数低，但吸湿大，尺寸不够稳定	适于中等载荷、使用温度≤100～120℃、无润滑或少润滑条件下工作的耐磨受力传动件
	尼龙610：强度、刚性、耐热性略低于尼龙66，但吸湿性小，耐磨性好	作用同尼龙6，如制作要求比较精密的齿轮，并适合于湿度波动较大条件下工作的零件
聚碳酸酯（PC）	力学性能优异，尤其具有优良的抗冲击性，尺寸稳定性好，耐热性高于尼龙、聚甲醛，长期工作温度可达130℃，疲劳极限低、易产生应力开裂，耐磨性欠佳，透光率达89%，接近有机玻璃	支架、壳体、垫片等一般结构零件；也可作耐热透明结构零件，如防爆灯、防护玻璃等；各种仪器、仪表的精密零件；高压蒸煮消毒医疗器械
聚甲醛（POM）	耐疲劳极限和刚度高于尼龙，尤其弹性模量高，硬度高，这是其他塑料所不能比的，自润滑性好、耐磨性好，吸水和蠕变较小，尺寸稳定性好，长期使用温度为 -40～+100℃	用作对强度有一定要求的一般结构零件；轻载荷、无润滑或少润滑的各种耐磨、受力传动零件；减摩和自润滑零件，如轴承、滚轮、齿轮、化工容器、仪表外壳、表盘等
聚四氟乙烯（F-4，塑料王）（PTFE）	具有高的化学稳定性，只有对熔融状态下的碱金属及高温下的氟元素才不耐腐蚀；有异常好的润滑性，摩擦系数极低，对金属的摩擦系数只有0.07～0.14；可在260℃长期使用，也可在 -250℃的低温下使用；电绝缘性优良，耐老化；但强度低，刚性差，制造工艺较麻烦	耐腐蚀化工设备及其衬里与零件，如反应器、管道；减摩自润滑零件，如轴承、活塞销、密封圈等；电绝缘材料及零件，如高频电缆、电容线圈架等
聚砜（PSF）	耐高温和耐低温，可在 -100～+150℃下长期使用，化学稳定性好，电绝缘和热绝缘性能良好，用F-4填充后可作摩擦零件	适宜于高温下工作的耐磨受力零件，如汽车分速器盖、齿轮、真空泵叶片、仪表壳体、汽车护板等，及电绝缘零件
聚甲基丙烯酸甲酯（有机玻璃）（PMMA）	有极好的透光性（可透过92%的太阳光，紫外线光达73.5%）；综合性能超过聚苯乙烯等一般塑料，机械强度较高，有一定的耐热性、耐寒性、耐蚀性和耐绝缘性良好；尺寸稳定，易于成型；较脆，表面硬度不高	可制作要求有一定强度的透明零件、透明模型、装饰品、广告牌、飞机窗、灯罩、油标、油杯等
聚氨酯塑料（PUR）	柔韧、耐油、耐磨、耐氧、耐臭氧、耐辐射及许多化学药品的腐蚀，泡沫聚氨酯塑料弹性及隔热性优良	用于密封件、传动带，泡沫聚氨酯塑料用于隔热、隔音及吸振材料，实心轮胎、汽车零件

（续）

塑料名称	特 性	应用举例
酚醛塑料（电木）（PF）	高强度、硬度、耐热性好（在140℃以下使用），绝缘、化学稳定性好，耐冲击、耐酸、耐水、耐霉菌，加工性能差	一般机械零件，水润滑轴承，电绝缘件，耐化学腐蚀的结构材料和衬里材料，电器绝缘板，绝缘齿轮，耐酸泵，刹车片，整流罩
环氧树脂（EP）	强度高，电绝缘性好，化学稳定性好，耐有机溶剂，防潮、防霉、耐热、耐寒，对许多材料粘着力强。成型方便	塑料模具、精密量具、电气和电子元器件的灌封与固定、修复机件
氨基塑料（电玉）（UF）	力学性能、耐热性、绝缘性能接近电木。半透明如玉，颜色鲜艳，耐水性差，在80℃下长期使用	机械零件、电绝缘材料、装饰件，如开关、插座、把手、旋钮、仪表外壳等
有机硅塑料（SI）	电绝缘性好、高电阻、高频绝缘性好、耐热（可在180～200℃长期使用）、防潮、耐辐射、耐臭氧、耐低温	浇注料用于电气和电子元器件的灌封与固定；塑料粉可压制耐热件、绝缘件

8.2.2 橡胶

橡胶是具有高弹性的高分子材料，在较小的载荷下就能产生很大的变形，当载荷去除后又能很快恢复原状，是常用的弹性材料、密封材料、传动材料、防震和减振材料。

1. 橡胶的分类

（1）按来源不同分类　可分为天然橡胶与合成橡胶。**天然橡胶**是橡胶树的液状乳汁经采集和适当加工而成，天然橡胶的主要化学成分是聚异戊二烯；合成橡胶主要成分是合成高分子物质，其品种较多，丁苯橡胶和顺丁橡胶是较常用的合成橡胶。

（2）按用途分类　可分为通用橡胶和特种橡胶。**通用橡胶**的用量一般较大，主要用于制作轮胎、输送带、胶管和胶板等，主要品种有丁苯橡胶、氯丁橡胶、乙丙橡胶等；**特种橡胶**主要用于高温、低温、酸、碱、油和辐射介质条件下的橡胶制品，主要有丁腈橡胶、硅橡胶和氟橡胶等。

2. 橡胶的组成

橡胶制品是以生胶为基础，并加入适量的配合剂和增强材料制成的。

（1）生胶　是未加配合剂的天然或合成橡胶，是橡胶制品的主要成分，生胶不仅决定了橡胶的性能，还能把各种配合剂和增强材料粘成一体。不同的生胶可制成不同性能的橡胶制品。

（2）配合剂　作用是提高橡胶制品的使用性能和工艺性能。配合剂的种类很多，一般有硫化剂、硫化促进剂、增塑剂、防老化剂和填充剂等。

1）硫化剂的作用是使橡胶变得有富有弹性，目前生产中多采用硫磺作为硫化剂。

2）硫化促进剂主要作用是促进硫化，缩短硫化时间并降低硫化温度。常用的硫化促进剂有 MgO、ZnO 和 CaO 等。

3）增塑剂的主要作用是提高橡胶的塑性，使之易于加工和与各种配料混合，并降低橡胶的硬度、提高耐寒性等，常用增塑剂主要有硬酯酸、精制蜡和凡士林等。

125

4）防老化剂可防止橡胶制品在受光、热等介质的作用时出现变硬、变脆，提高使用寿命，主要靠加入石蜡、密蜡或其他比橡胶更易氧化的物质，在橡胶表面形成稳定的氧化膜，抵抗氧的侵蚀。

5）填充剂的作用是提高橡胶的强度和降低成本，常用的有炭黑、MgO、ZnO 和 CaO 等。

（3）增强材料 其作用是提高橡胶的力学性能，如强度、硬度、耐磨性和刚性等。常用的增强材料是各种纤维织物、金属丝及编织物。如在传送带、胶管中加入帆布、细布，在轮胎中加入帘布、在胶管中加入钢线等。

3. 橡胶的性能

1）极好的弹性。橡胶的主要成分是具有高弹性的高分子物质，受到较小的外力作用就能产生很大的变形（变形量在 100% ~1000%），取消外力后又能恢复原状。

2）具有很高的可挠性、伸长率、良好的耐磨性、电绝缘性、耐腐蚀性、隔音、吸振以及与其他物质易于粘结等优点。

4. 常用橡胶及其应用

在机械工业中，橡胶主要用于以下产品的制造：

1）轮胎、动静密封元件，如旋转轴密封、管道接口密封。

2）各种胶管，如用于输送水、油、气、酸、碱等的管路。

3）减振、防振件，如机座减振垫片、汽车底盘橡胶弹簧。

4）传动件，如 V 带、传动滚子。

5）运输胶带。

6）电线、电缆和电工绝缘材料。

7）制动件等。

通用橡胶价格较低，用量较大，其中丁苯橡胶是产量和用量最大的品种，占橡胶总产量的 60% ~70%，顺丁橡胶的发展最快；特种橡胶的价格较高，主要用于要求耐寒、耐热、耐腐蚀等场合。常用橡胶的特性及应用见表 8-3。

表 8-3 常用橡胶的特性及应用

类别	品种	抗拉强度 $\sigma_b/(10^5 Pa)$	使用温度 $T/℃$	性 能 特 点	应 用 举 例
通用橡胶	天然橡胶（NR）	25 ~30	-50 ~120	高弹性、耐低温、耐磨、绝缘、防振、易加工。不耐氧、不耐油、不耐高温	通用制品，轮胎、胶带、胶管等
	丁苯橡胶（SBR）	15 ~20	-50 ~140	耐磨性突出，耐油、耐老化。但不耐寒、加工性较差、自粘性差、不耐屈挠	通用制品，轮胎、胶板、胶布、各种硬质橡胶制品
	顺丁橡胶（BR）	18 ~25	-73 ~120	弹性和耐磨性突出，耐寒性较好，易与金属粘合。但加工性差、自粘性和抗撕裂性差	轮胎、耐寒胶带、橡胶弹簧、减振器，电绝缘制品
	氯丁橡胶（CR）	25 ~27	-35 ~130	耐油、耐氧、耐臭氧性，良好阻燃、耐热性好。但电绝缘性、加工性较差	耐油、耐蚀胶管、运输带、各种垫圈、油封衬里、胶粘剂、汽车门窗嵌件

（续）

类别	品种	抗拉强度 $\sigma_b/(10^5 Pa)$	使用温度 $T/℃$	性 能 特 点	应 用 举 例
特种橡胶	丁腈橡胶 （NBR）	15~30	-35~175	耐油性突出，耐溶剂、耐热、耐老化、耐磨性均超过一般通用橡胶，气密性、耐水性良好，但耐寒性、耐臭氧性、加工性均较差	输油管、耐油密封垫圈、耐热及减振零件、汽车配件
	聚氨酯橡胶 （UR）	20~35	80	耐磨性高于其他橡胶，耐油性良好，强度高。但耐碱、耐水、耐热性均较差	胶辊、实心轮胎、同步齿形带及耐磨制品
	硅橡胶	4~10	-70~275	耐高温、耐低温性突出，耐臭氧、耐老化、电绝缘、耐水性优良，无味无毒。强度低、不耐油	各种管接头，高温使用的垫圈、衬垫、密封件，耐高温的电线、电缆包皮
	氟橡胶 （FPM）	20~22	-50~300	耐腐蚀性突出，耐酸、碱、强氧化剂能力高于其他橡胶。但价格贵，耐寒性及加工性较差	化工容器衬里、发动机耐油、耐热制品、高级密封圈、高真空橡胶件

5. 橡胶的维护保养

为保持橡胶的高弹性，延长其使用寿命，在橡胶的储存、使用和保管过程中要注意以下问题：

1）光、氧、热及重复的屈挠作用，都会损害橡胶的弹性，应注意防护。

2）橡胶中如含有少量变价金属（铜、铁、锰）的盐类，都会加速其老化，应根据需要选用合适的橡胶配方。

3）不使用时，尽可能使橡胶件处于松弛状态。

4）运输和储存过程中，避免日晒雨淋，保持干燥清洁，不要与酸、碱、汽油、有机溶剂等物质接触，远离热源。

5）橡胶件如断裂，可用室温硫化胶浆胶结。

8.2.3 纤维

纤维是指长度比其直径大100倍、均匀条状或丝状的高分子材料。

1. 纤维的分类

纤维包括天然纤维和化学纤维。其中，化学纤维又分为人造纤维和合成纤维。人造纤维是用自然界的纤维加工制成，如称为"人造丝"、"人造棉"的粘胶纤维、硝化纤维和醋酸纤维等。合成纤维以石油、煤、天然气为原料制成，发展很快。

2. 常用合成纤维

合成纤维主要分为6大类，主要合成纤维的性能与用途见表8-4。

表8-4 主要合成纤维的性能与用途

化学名称		聚酯纤维	聚酰胺纤维	聚丙烯腈	聚乙烯醇缩醛	聚丙烯	聚氯乙烯
商品名称		涤纶（的确良）	锦纶（尼龙）	腈纶（人造毛）	维纶	丙纶	氯纶
强度	干态	优	优	中	优	优	中
	湿态	优	中	中	中	优	中
密度/（g/cm³）		1.38	1.14	1.14~1.17	1.26~1.3	0.91	1.39

（续）

化学名称	聚酯纤维	聚酰胺纤维	聚丙烯腈	聚乙烯醇缩醛	聚丙烯	聚氯乙烯
商品名称	涤纶（的确良）	锦纶（尼龙）	腈纶（人造毛）	维纶	丙纶	氯纶
吸湿率	0.4～0.5	3.5～5	1.2～2.0	4.5～5	0	0
软化温度/℃	238～240	180	190～230	220～230	140～150	60～90
耐磨性	优	最优	差	优	优	中
耐光性	优	差	最优	优	差	中
耐酸性	优	中	优	中	中	优
耐碱性	中	优	优	优	优	优
特点	挺括不皱、耐冲击，耐疲劳	结实耐磨	蓬松耐晒	成本低	轻、坚固	耐磨不易燃
主要用途	渔网、高级帘子布、缆绳、帆布	渔网、工业帘子布、降落伞、运输带	制作碳纤维及石墨纤维原料	工业帆布、过滤网、渔具、缆绳等	军用绳索、渔网、水龙带、合成纸等	导火索皮、劳保用品、帐篷等

（1）涤纶 又叫的确良，高强度、耐磨、耐蚀、易洗快干，是很好的衣料。

（2）尼龙 在我国称为锦纶，强度大、耐磨性好、弹性好，主要缺点是耐光性差。

（3）腈纶 在国外称为奥纶、开司米纶，其质地柔软、轻盈，保暖好，有人造毛之称。

（4）维纶 原料易得，成本低，性能与棉花相似且强度高，缺点是弹性较差，织物易起皱。

（5）丙纶 发展很快，纤维以轻、牢、耐磨著称，缺点是可染性差，日晒易老化。

（6）氯纶 难燃、保暖、耐晒、耐磨，弹性也好，由于染色性差、热收缩大，限制了应用。

8.2.4　胶粘剂

胶粘剂统称为胶，以粘性物质为基础，并加入各种添加剂组成。

1. 胶粘剂的特性

胶粘剂可将各种零件、构件牢固地胶接在一起，有时可部分代替铆接或焊接等工艺。由于胶粘工艺操作简便，接头处应力分布均匀，接头的密封性、绝缘性和耐蚀性较好，且可连接各种材料，所以在工程中应用日益广泛。

2. 胶粘剂的分类

胶粘剂分为天然胶粘剂和合成胶粘剂两种，浆糊、虫胶和骨胶等属于天然胶粘剂，而环氧树脂、氯丁橡胶等则属于合成胶粘剂。通常，人工合成树脂型胶粘剂由粘剂（如酚醛树脂、聚苯乙烯等）、固化剂、填料及各种附加剂（增韧剂、抗氧剂等）组成。

3. 胶粘剂的使用

胶粘剂不同，形成胶接接头的方法也不同。有的接头在一定的温度和时间条件下由固化形成；有的加热胶接，冷凝后形成接头；还有的需先溶入易挥发溶液中，胶接后溶剂挥发形成接头。

不同材料也要选用不同的胶粘剂，两种不同材料胶接时，可选用两种材料共同适用的胶粘剂。此外，正确设计胶接接头，是获得高质量接头的关键。接头的形状和尺寸是否合理，以能否获得合理的应力分布为判断原则。胶接的操作工艺（表面处理、涂胶、固化等）必须严格按有关规程实施，这也是获得高质量接头的重要条件。

8.2.5 涂料

涂料就是通常所说的油漆，这是一种有机高分子胶体的混合溶液，涂在物体表面上能干结成膜。

1. 涂料的功能

涂料主要有三大基本功能：

（1）保护功能 起着避免外力碰伤、摩擦，防止腐蚀的作用。

（2）装饰功能 起着使制品表面光亮美观的作用。

（3）特殊功能 可作为标志使用，如管道、气瓶和交通标志牌等。

2. 涂料的组成

涂料是由粘接剂、颜料、溶剂和其他辅助材料组成。其中，粘接剂是主要的膜物质，一般采用合成树脂作粘接剂，其决定了膜与基体层粘接的牢固程度；颜料也是涂膜的组成部分，不仅使涂料着色，而且能提高涂膜的强度、耐磨性、耐久性和防锈能力；溶剂是涂料的稀释剂，其作用是稀释涂料，以便于施工，涂料干结后溶剂挥发掉；辅助材料通常有催干剂、增塑剂、固化剂和稳定剂等。

3. 常用涂料

酚醛树脂涂料是应用最早的合成涂料，有清漆、绝缘漆、耐酸漆和地板漆等。

氨基树脂涂料的涂膜光亮、坚硬，广泛用于电风扇、缝纫机、化工仪表、医疗器械和玩具等各种金属制品。

醇酸树脂涂料涂膜光亮，保光性强，耐久性好，广泛用于金属和木材的表面涂饰。

环氧树脂涂料的附着力强，耐久性好，适用于作金属底漆，也是良好的绝缘涂料。

聚氨脂涂料的综合性能好，特别是耐磨性和耐蚀性好，适用于列车、地板、舰船甲板、纺织用的纱管以及飞机外壳等。

有机硅涂料耐高温性能好，耐大气腐蚀、耐老化、适于高温环境下使用。

8.3 陶瓷材料

陶瓷具有高熔点、高硬度、高耐磨性、耐氧化等优点。可用作结构材料、刀具材料，由于陶瓷还具有某些特殊的性能，又可作为功能材料。

8.3.1 陶瓷的分类

1. 普通陶瓷

普通陶瓷采用天然的硅酸盐矿物原料（如长石、粘土和石英等）烧结而成，主要组成元素是硅、铝、氧，普通陶瓷来源丰富、成本低、工艺成熟。此类陶瓷按性能特征和用途又可分为日用陶瓷、建筑陶瓷、电绝缘陶瓷和化工陶瓷等。

2. 特种陶瓷

特种陶瓷采用高纯度人工合成的原料，利用精密控制工艺成形烧结制成，一般具有某些特殊性能，以适应各种需要。根据其主要成分，分为氧化物陶瓷、氮化物陶瓷、碳化物陶瓷和金属陶瓷等；特种陶瓷具有特殊的力学、热、电、化学、光学、磁、声等性能。

8.3.2 陶瓷的性能特点

1. 力学性能

与金属比较，陶瓷刚度大，硬度非常高，抗压强度较高，但抗拉强度较低，塑性和韧性很差。

2. 热性能

陶瓷材料熔点高（大多在2000℃以上），在高温下具有极好的化学稳定性；陶瓷的导热性低于金属材料，是良好的隔热材料。温度变化时，陶瓷具有良好的尺寸稳定性。

3. 电性能

大多数陶瓷具有良好的电绝缘性，因此大量用于制作各种电压（1～110kV）的绝缘器件。铁电陶瓷（钛酸钡 $BaTiO_3$）具有较高的介电常数，可用于制作电容器，铁电陶瓷在外电场的作用下，还能改变形状，将电能转换为机械能（具有压电材料的特性），可用于扩音机、电唱机、超声波仪、声纳和医疗用声谱仪等。少数陶瓷还具有半导体的特性，可制作整流器。

4. 化学性能

陶瓷在高温下不易氧化，并对酸、碱、盐具有良好的抗腐蚀能力。

5. 光学性能

陶瓷还可用作固体激光器材料、光导纤维材料和光储存器等，透明陶瓷可用于高压钠灯管。磁性陶瓷（铁氧体如 $MgFe_2O_4$、$CuFe_2O_4$、Fe_3O_4）在录音磁带、唱片、变压器铁心、大型计算机记忆元件方面有着广泛的应用。

8.3.3 常用陶瓷的种类及应用

1. 普通陶瓷

质地坚硬，绝缘性、耐蚀性、工艺性都好，可耐1200℃高温，成本低廉。使用温度一般为 -15～100℃，冷热骤变温差不大于50℃，抗拉强度低，脆性大。除用作日用陶瓷外，工业上主要用作绝缘的电瓷和对酸碱有耐蚀性的化学瓷，有时也可做承载较低的结构零件用瓷。

2. 氧化铝陶瓷

主要组成为 Al_2O_3，一般含量大于45%。氧化铝陶瓷具有各种优良的性能，耐高温，可在1600℃长期使用，耐腐蚀，高强度，强度为普通陶瓷的2～3倍，高者可达5～6倍。

氧化铝陶瓷的缺点是脆性大，不能承受环境温度的突然变化。可用作坩埚、发动机火花塞、高温耐火材料、热电偶套管和密封环等，也可作刀具和模具。

3. 氮化硅陶瓷

主要组成物是 Si_3N_4，这是一种高温强度高、高硬度、耐磨、耐腐蚀并能自润滑的高温陶瓷，线膨胀系数在各种陶瓷中最小，使用温度高达1400℃，具有极好的耐腐蚀性，除氢氟酸外，能耐其他各种酸的腐蚀，并能耐碱和各种金属的腐蚀，还具有优良的电绝缘性和耐辐射性。可用作高温轴承、在腐蚀介质中使用的密封环、热电偶套管，也可用作金属切削刀具。

4. 碳化硅陶瓷

主要组成物是 SiC，这是一种高强度、高硬度的耐高温陶瓷，在 1200~1400℃使用仍能保持高的抗弯强度，是目前高温强度最高的陶瓷，碳化硅陶瓷还具有良好的导热性、抗氧化性、导电性和高的冲击韧度。是良好的高温结构材料，可用于火箭尾喷管喷嘴、热电偶套管、炉管等高温下工作的部件；利用其导热性可制作高温下的热交换器材料；利用其高硬度和耐磨性制作砂轮、磨料等。

5. 立方氮化硼（CBN）陶瓷

是一种切削工具陶瓷，硬度高，仅次于金刚石，热稳定性和化学稳定性比金刚石好。可制成刀具、磨具和拉丝模等，用于淬火钢、耐磨铸铁、热喷涂材料和镍等难加工材料的切削加工。

6. 功能陶瓷

功能陶瓷通常具有特殊的物理性能，常用功能陶瓷的组成、特性及应用见表 8-5。

表 8-5　常用功能陶瓷的组成、特性及应用

种　类	性能特征	主要组成	用　途
介电陶瓷	绝缘性	Al_2O_3、Mg_2SiO_4	集成电路基板
	热电性	$PbTiO_3$、$BaTiO_3$	热敏电阻
	压电性	$PbTiO_3$、$LiNbO_3$	振荡器
	强介电性	$BaTiO_3$	电容器
光学陶瓷	荧光、发光性	Al_2O_3CrNd 玻璃	激光
	红外透过性	$CaAs$、$CdTe$	红外线窗口
	高透明度	SiO_2	光导纤维
	电发色效应	WO_3	显示器
磁性陶瓷	软磁性	$ZnFe_2O_3$、$\gamma-Fe_2O_3$	磁带、各种高频磁心
	硬磁性	SrO、Fe_2O_3	电声器件、仪表及控制器件的磁心
半导体陶瓷	光电效应	CdS、Ca_2Sx	太阳电池
	阻抗温度变化效应	VO_2、NiO	温度传感器
	热电子放射效应	LaB_6、BaO	热阴极

8.4　复合材料

8.4.1　复合材料的概念

复合材料是由两种或两种以上不同化学性质或不同组织结构的材料经人工组合而成的合成材料。复合材料通常具有多相结构，其中一类组成物（或相）为基体，起粘结作用，另一类组成物为增强相，起提高强度和韧性的作用。

自然界中，许多物质都可称为复合材料，如树木是由纤维素和木质素复合而成，纤维素抗拉强度大，比较柔软，木质素则将众多纤维素粘结成刚性体；动物的骨骼是由硬而脆的无机磷酸盐和软而韧的蛋白质骨胶组成的复合材料。人们早就利用复合原理，在生产中创造了

许多人工复合材料，如混凝土是由水泥、砂子和石头组成的复合材料；轮胎是纤维和橡胶的复合体等。

复合材料既保持了各组分材料的性能特点，同时通过叠加效应，使各组分之间取长补短，相互协同，形成优于原材料的特性，取得多种优异性能，这是任何单一材料所无法比拟的。例如：玻璃和树脂的强度和韧性都很低，可是由它们组成的复合材料（玻璃钢）却具有很高的强度和韧性，而且重量轻。

8.4.2 复合材料的分类

1. 按基体类型分类

（1）金属基复合材料 如纤维增强金属和铝聚乙烯复合薄膜等。

（2）高分子基复合材料 如纤维增强塑料、碳碳复合材料和合成皮革等。

（3）陶瓷基复合材料 如金属陶瓷、纤维增强陶瓷和钢筋混凝土等。

2. 按增强材料类型分类

（1）纤维增强复合材料 如玻璃纤维、碳纤维、硼纤维、碳化硅纤维和难熔金属丝等。

（2）粒子增强复合材料 如金属离子与塑料复合、陶瓷颗粒与金属复合等。

（3）层叠复合材料 如双金属和填充泡沫塑料等。

3. 按复合材料用途分类

（1）结构复合材料 通过复合，材料的力学性能得到显著提高，主要用作各类结构零件，如利用玻璃纤维优良的抗拉、抗弯、抗压及抗蠕变性能，可用来制作减摩、耐磨的机械零件。

（2）功能复合材料 通过复合，使材料具有一些其他特殊的物理、化学性能，从而制成多功能的复合材料，如雷达用玻璃钢天线罩就是具有良好透过电磁波性能的磁性复合材料。

8.4.3 复合材料的性能特点

复合材料是各向异性的非匀质材料，与传统材料相比，具有以下几种性能特点：

1. 比强度与比模量高

比强度与比模量是指材料的强度、弹性模量与其相对密度之比。比强度越大，同样承载能力下零件自重越轻；比模量越大，零件刚性越好。复合材料的比强度和比模量比金属要高得多。部分金属材料与复合材料的性能比较见表8-6。

表8-6 部分金属材料与复合材料的性能比较

材料名称	密度/（g/cm³）	弹性模量/（10²GPa）	抗拉强度/MPa	比模量/（10²m）	比强度/（0.1m）
钢	7.8	2100	1030	0.27	0.13
硬铝	2.8	750	470	0.26	0.17
玻璃钢	2.0	400	1060	0.21	0.53
碳纤维-环氧树脂	1.45	1400	1500	0.21	1.03
硼纤维-环氧树脂	2.1	2100	1380	1.00	0.66

2. 抗疲劳性能好

纤维增强复合材料的基体中密布着大量细小纤维，当发生疲劳破坏时，裂纹的扩展要经历非常曲折和复杂的路径，且纤维与基体间的界面处能有效阻止疲劳裂纹的进一步扩展，因此其疲劳强度很高。如碳纤维增强塑料的疲劳强度为其抗拉强度的70%～80%，而金属材料一般只有40%～50%。

3. 减振性能好

机构的自振频率与材料比模量的平方根成正比，由于复合材料的比模量大，自振频率很高，不易产生共振，同时纤维与基体的界面具有吸振能力，故减振性能好。

4. 优良的高温性能

大多数增强纤维可提高耐高温性能，使材料在高温下仍保持相当的强度。例如，铝合金在400℃时强度已显著下降，若以碳纤维或硼纤维增强铝材，则能显著提高材料的高温性能，400℃时的强度与模量几乎与室温下一样。同样，用钨纤维增强钴、镍及其合金，可将这些材料的使用温度提高到1000℃以上。而石墨纤维复合材料的瞬时耐高温性可达2000℃。

5. 工作安全性好

复合材料每平方厘米截面上的独立纤维有几千甚至几万根，当构件过载并有少量纤维断裂后，会迅速进行应力重新分配，由未断裂的纤维来承载，使构件在短时间内不会失去承载能力，提高使用的安全性。

此外复合材料一般都具有良好的化学稳定性，而且制造工艺简单，这些优点使之得到广泛应用。复合材料是近代重要的工程材料，已大量用于飞机结构件、汽车、轮船、压力容器、管道和传动零件等，且应用量呈逐年增加的趋势。

8.4.4 常用复合材料

常见的复合材料有颗粒复合材料、纤维增强复合材料和层叠复合材料。

1. 颗粒复合材料

颗粒复合材料是由一种或多种颗粒均匀地分布在基体中所组成的材料。一般粒子的尺寸越小，增强效果越明显，颗粒的直径小于0.01～0.1μm的称为**弥散强化材料**。按需要不同，加入金属粉末可增加导电性；加入Fe_3O_4磁粉可改善导磁性；加入MoS_2可提高减摩性；而陶瓷颗粒增强的金属基复合材料具有高的强度、硬度、耐磨性、耐蚀性和小的膨胀系数，用于制作刀具、重载轴承及火焰喷嘴等高温工作零件。

2. 纤维增强复合材料

（1）玻璃纤维增强复合材料　玻璃纤维增强塑料通常称为**玻璃钢**。由于其成本低，工艺简单，所以目前是应用最广泛的复合材料。它的基体可以是热塑性塑料，如尼龙、聚碳酸酯和聚丙烯等；也可以是热固性塑料，如环氧树脂、酚醛树脂和有机硅树脂等。波音747喷气式客机上，有一万多个用玻璃钢制作的部件；越来越多的帆船、游艇、交通艇、救生艇、渔轮及扫雷艇等都改用玻璃钢制造；意大利、法国等许多著名汽车公司制造的玻璃钢壳体汽车已达数百万辆；在化学工业中，采用玻璃钢的反应罐、储罐、搅拌器和管道，节省了大量金属；玻璃钢在建筑业的作用也越来越大，许多新建的体育馆、展览馆、商厦的巨大屋顶都是由玻璃钢制成的，其不仅质轻、强度大，还能透过阳光。

（2）碳纤维增强复合材料　碳纤维是将各种纤维（目前主要使用的是聚丙烯腈系碳纤维）在隔绝空气中经高温碳化制成，一般在2000℃烧成的是**碳纤维**，若在2500℃以上石墨化后可得到**石墨纤维**（或称高模量碳纤维）。碳纤维比玻璃纤维的强度略高，而弹性模量则是玻璃纤维的 4~6 倍，并且碳纤维具有较好的高温力学性能。碳纤维可以和树脂、碳、金属以及陶瓷等组成复合材料。常与环氧树脂、酚醛树脂、聚四氟乙烯等复合，不但保持了玻璃钢的优点，而且许多性能优于玻璃钢。如碳纤维-环氧树脂复合材料的弹性模量接近于高强度钢，而其密度比玻璃钢小，同时还具有优良的耐磨、减摩、耐热和自润滑性。不足之处是碳纤维与树脂的结合力不够大，各向异性明显。碳纤维复合材料多用于齿轮、活塞和轴承密封件；航天器外层、人造卫星和火箭机架、壳体等；也可用于化工设备、运动器材（如羽毛球拍、钓鱼杆等）、医学领域；发达国家还大量采用碳纤维增强的复合建筑材料，使建筑物具有良好的抗震性能。

（3）硼纤维增强复合材料　硼纤维是在直径约为 $10\mu m$ 的钨丝、碳纤维上或其他芯线上沉积硼元素制成直径约为 $100\mu m$ 的硼纤维增强材料。其强度和弹性模量高，耐辐射，导电，导热。

（4）有机纤维增强复合材料　常用的是以芳香族聚酰胺纤维（芳纶）增强，以合成树脂为基体。这类纤维的密度是所有纤维中最小的，而强度和弹性模量都很高。主要品种有凯芙拉（Kevlar）、诺麦克斯（Nomex）等。凯芙拉材料在军事上有"装甲卫士"之称号，可提高坦克、装甲车的防护性能。有机纤维与环氧树脂结合的复合材料已在航空、航天工业方面得到应用。可用于轮胎帘子线、传动带和电绝缘件等。

3. 层叠复合材料

层叠复合材料是用几种性能不同的板材经热压胶合而成。根据复合形式分为夹层结构的复合材料、双层金属复合材料、塑料-金属多层复合材料。夹层复合材料已广泛应用于飞机机翼、船舶、火车车厢、运输容器、安全帽和滑雪板等；将两种膨胀系数不同的金属板制成的双层金属复合材料可用于测量和控制温度的简易恒温器等；SF 型三层复合材料（如钢—铜—塑料）可制作在高应力、高温及低温、无润滑条件下的轴承。

8.5　新型材料

8.5.1　高温材料

1. 高温材料的概念

所谓高温材料一般是指在 600℃ 以上，甚至在 1000℃ 以上能满足工作要求的材料，这种材料在高温下能承受较高的应力并具有相应的使用寿命。常见的高温材料是高温合金，出现于 20 世纪 30 年代，其发展和使用温度的提高与航天航空技术的发展紧密相关。

2. 应用领域

高温材料的应用范围日益广泛，从锅炉、蒸汽机、内燃机到石油、化工用的各种高温物理化学反应装置、核反应堆的热交换器、喷气涡轮发动机和航天飞机的多种部件都有广泛的使用。高新技术领域对高温材料的使用性能不断提出要求，促使高温材料的种类不断增多，耐热温度不断提高，性能不断完善。反过来，高温材料的性能提高，又扩大了其应用领域，推动了高新技术的发展。

3. 分类

（1）铁基高温合金　铁基高温合金由奥氏体不锈钢发展而来。这种高温合金在成分中加入比较多的 Ni 以稳定奥氏体基体。现代铁基高温合金有的 Ni 含量甚至接近 50%。另外，加入 10% ~25% 的 Cr 可以保证获得优良的抗氧化及抗热腐蚀能力；W 和 Mo 主要用来强化固溶体的晶界，A1、Ti、Nb 起沉淀强化作用。我国研制的 Fe – Ni – Cr 系铁基高温合金有 GH1 140、GH2 130、K214 等，用作导向叶片的工作温度最高可达 900℃。一般而言，这种高温合金抗氧化性和高温强度都还不足，但其成本较低，可用于制作一些使用温度要求较低的航空发动机和工业燃气轮机部件。

（2）镍基高温合金 这种合金以 Ni 为基体，Ni 含量超过 50%，使用温度可达 1000℃。镍基高温合金可溶解较多的合金元素，可保持较好的组织稳定性。高温强度、抗氧化性和抗腐蚀性都较铁基合金好，现代喷气发动机中，涡轮叶片几乎全部采用镍基合金制造。镍基高温合金按其生产方式可分为变形合金与铸造合金两大类。由于使用温度越高的镍基高温合金，其锻造性能越差，因此，现今耐热温度高的零部件大多选用铸造镍基高温合金制造。

（3）高温陶瓷材料 高温高性能陶瓷正在得到普遍关注。以氮化硅陶瓷为例，已成为制造新型陶瓷发动机的重要材料。其不仅有良好的高温强度，而且热膨胀系数小，导热系数高，抗热振性能好。用高温陶瓷材料制成的发动机可在比高温合金更高的温度下工作，效率得到了很大提高。

8.5.2 形状记忆材料

1. 形状记忆的概念

形状记忆是指某些材料在一定条件下，虽经变形仍然能够恢复到变形前原始形状的能力。最初具有形状记忆功能的材料是一些合金材料，如 Ni – Ti 合金。目前高分子形状记忆材料因为其优异的综合性能也已成为重要的研究与应用对象。

形状记忆效应是热弹性马氏体相变产生的低温相在加热时向高温相进行可逆转变的结果。这种效应分为两种情况：材料在高温下制成某种形状，在低温下将其任意变形，若将其加热到高温时，材料恢复高温下的形状，但重新冷却时材料不能恢复低温时的形状，这是单程记忆效应；若低温下材料仍能恢复低温下的形状，就是双程记忆效应。

2. 形状记忆合金

目前形状记忆合金主要分为 Ni – Ti 系、Cu 系和 Fe 系合金等。Ni – Ti 系形状记忆合金是最具有实用化前景的形状记忆材料，其室温抗压强度可达 1000MPa 以上，密度较小为 6.45g/cm³，疲劳强度高达 480MPa，而且还具有很好的耐蚀性。近年来又发展了一系列改良的 Ni – Ti 合金，如在 Ni – Ti 合金中加入微量的 Fe、Cr、Cu 等元素，可以进一步扩大 Ni – Ti 材料的应用范围。

3. 形状记忆高聚物

高聚物材料的形状记忆机理与金属不同，目前开发的形状记忆高聚物具有两相结构，即固定成品形状的固定相和在某种温度下能可逆的发生软化和固化的可逆相。固化相的作用是记忆初始形态，第二次变形和固定是由可逆相来完成的。凡是有固定相和软化 - 固化可逆相的聚合物都可以做形状记忆高聚物。根据固定相的种类，其可分为热固性和热塑性两类，如聚乙烯类结晶性聚合物、苯乙烯 - 丁二烯共聚物。

4. 形状记忆合金的应用

（1）工业领域 形状记忆材料可用于各种管接头、电路的连接、自动控制的驱动器和热机能量转换材料等。大量使用形状记忆材料的是各种管接头。由于在记忆温度以下马氏体非常软，接头内径很容易扩大，在此状态下，把管子插入接头内，加热后接头内径即可恢复原来的尺寸，完成管道的连接过程，因为形状恢复力很大，故连接很严密，很少有漏油、脱落等事故发生。图8-1为自动拉紧铆钉的应用实例。

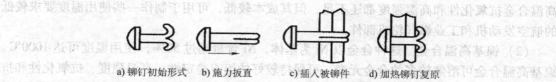

a) 铆钉初始形式   b) 施力扳直   c) 插入被铆件   d) 加热铆钉复原

图8-1　自动拉紧铆钉的应用实例

（2）医疗领域　记忆合金在临床医疗领域内有着广泛的应用，例如人造骨骼、伤骨固定加压器、牙科正畸器、各类腔内支架、栓塞器、心脏修补器、血栓过滤器、介入导丝和手术缝合线等。记忆合金在现代医疗中正扮演着不可替代的角色。

（3）日常生活　记忆合金同我们的日常生活也同样休戚相关。仅以记忆合金制成的弹簧为例，把这种弹簧放在热水中，弹簧的长度立即伸长，再放到冷水中，它会立即恢复原状。利用形状记忆合金弹簧可以控制浴室水管的水温，在热水温度过高时通过"记忆"功能，调节或关闭供水管道，避免烫伤。也可以制作成消防报警装置及电器设备的保安装置。当发生火灾时，记忆合金制成的弹簧发生形变，启动消防报警装置，达到报警的目的。还可以把用记忆合金制成的弹簧放在暖气的阀门内，用以保持暖房的温度，当温度过低或过高时，自动开启或关闭暖气的阀门。

（4）航空航天领域　记忆合金在航空航天领域内有很多成功的应用。人造卫星上庞大的天线可以用记忆合金制作，发射人造卫星之前，将抛物面天线折叠起来装进卫星体内，火箭升空把人造卫星送到预定轨道后，只需加温，折叠的卫星天线因具有"记忆"功能而自然展开，恢复抛物面形状，如图8-2所示。

图8-2　记忆合金制作的卫星天线自动打开

8.5.3　超导材料

1. 超导现象

超导材料是近年发展最快的功能材料之一。超导体是指在一定温度下材料电阻变为零，物质内部失去磁通成为完全抗磁性的物质。

超导现象是荷兰物理学家昂内斯（Onnes）在1911年首先发现的。他在检测水银低温电阻时发现，温度低于4.2K时电阻突然消失，这种零电阻现象称为**超导现象**。出现零电阻的温度称为**临界温度** T_c。T_c 是物质常数，同一种材料在相同条件下有确定值，T_c 的高低是超导材料能否实际应用的关键。1933年，迈斯纳（Meissner）发现超导的第二个标志，即完全抗磁。当金属在超导状态时，它能将通过其内部的磁力线排出体外，称为**迈斯纳效应**。零电阻和完全抗磁性是超导材料的两个最基本的宏观特性。

2. 超导技术的发展

人们不仅在超导理论研究上做了大量工作，而且在研究新的超导材料，提高超导零电阻温度上也进行了不懈的努力。T_c 值越高，超导体的使用价值越大。由于大多数超导材料的 T_c 值都太低，必须用液氦才能降到所需温度，这样不仅费用昂贵而且操作不便，因而许多科学家都致力于提高 T_c 值的研究工作。

1973 年应用溅射法制成 Nb_3Ge 薄膜，T_c 从 4.2K 提高到 23.2K。到 20 世纪 80 年代中期，超导材料研究取得突破性进展，中国、美国和日本等国家都先后获得 T_c 高达 90K 以上的 $Y-Ca-Cu-O$ 高温超导材料，而后又研制出了 T_c 超过 120K 的高温超导材料。

3. 超导材料的应用

（1）电力系统方面　超导电力储存是目前效率最高的储存方式。利用超导输电可大大降低目前高达 7% 左右的输电损耗。超导磁体用于发电机，可大大提高电机中的磁感应强度，提高发电机的输出功率。利用超导磁体实现磁流体发电，可直接将热能转换为电能，使发电效率提高 50%~60%。

（2）运输方面　超导磁悬浮列车在车底部安装许多小型超导磁体，在轨道两旁埋设一系列闭合的铝环。列车运行时，超导磁体产生的磁场相对于铝环运动，铝环内产生的感应电流与超导磁体相互作用，产生的浮力使列车浮起。列车速度越高，浮力越大。磁悬浮列车速度可达 500km/h。

（3）其他方面　超导材料可用于制作各种高灵敏度的器件，利用超导材料的隧道效应可制造运算速度极快的超导计算机等。

● **案例释疑**

分析：案例中所述都是由一种有记忆力的智能金属做成的，材料的形状记忆现象是由美国海军军械实验室的科学家布勒（W. J. Buchler）在研究 $Ni-Ti$ 合金时发现的。这种材料的微观结构有两种相对稳定的状态，在高温下这种合金可以被变成任何想要的形状，在较低的温度下合金可以被拉伸变形，但若对它重新加热，它会记起原来的形状，而变回去，此材料叫做记忆合金，主要是镍-钛合金材料。

结论：记忆合金在记忆温度以上恢复以前形状。

本 章 小 结

（1）非金属材料是指除金属材料以外的其他一切材料的总称，主要包括：高分子材料、陶瓷、复合材料及新型材料等。

（2）由分子量很大的有机化合物为主要组成部分组成的材料，称为高分子材料。高分子材料主要有塑料、橡胶、纤维和胶粘剂等。

（3）塑料是以合成树脂为主要成分，加入各种添加剂，在加工过程中能塑制成型的有机高分子材料，具有质轻、绝缘、减摩、耐蚀、消音、吸振、价廉和美观等优点。

（4）橡胶是具有高弹性的高分子材料，在较小的载荷下就能产生很大的变形，当载荷去除后又能很快恢复原状，是常用的弹性材料、密封材料、传动材料、防震和减振材料。

（5）纤维是指长度比其直径大 100 倍、均匀条状或丝状的高分子材料。

（6）胶粘剂统称为胶，以粘性物质为基础，并加入各种添加剂组成。

（7）涂料主要有三大基本功能：一是保护功能，起着避免外力碰伤、摩擦，防止腐蚀的作用；二是装饰功能，起着使制品表面光亮美观的作用；三是特殊功能，可作为标志使用，如管道、气瓶和交通标志牌等。

（8）陶瓷具有高熔点、高硬度、高耐磨性、耐氧化等优点。可用作结构材料、刀具材料，由于陶瓷还具有某些特殊的性能，还可作为功能材料。

（9）复合材料是由两种或两种以上不同化学性质或不同组织结构的材料经人工组合而成的合成材料。

（10）新型材料包括高温材料、形状记忆材料和超导材料等。

思考与练习

1. 非金属材料具有金属材料以外的什么特性？
2. 通用橡胶有哪些用途？主要品种是什么？
3. 列举常见的涂料，说明各自的用途。
4. 什么是复合材料？

第9章 机械零件材料的选择

● 学习重点及难点
　　◇ 机械零件的失效类型及原因
　　◇ 机械零件材料选择的原则
　　◇ 典型零件的选材

● 引导案例

　　某产品在选择加工材料时，经过各方面分析，决定采用1Cr18Ni9Ti钢制造，但按设计要求需钻 φ1.6mm 的细小深孔，现场采用高速钢钻头钻孔时，由于该钢材属于奥氏体不锈钢，粘刀严重，使钻头折断，无法加工。

　　通过分析可知，该产品的原材料选择1Cr18Ni9Ti显然不合适，那么该产品该如何选材呢？

9.1 机械零件的失效

　　一个机械零件无论质量多高，都不可能无限期的使用，总有一天会因各种原因而失效报废。达到或超过正常设计寿命的失效是不可避免的，但也有许多零件，其运行寿命远远低于设计寿命而发生早期失效，给生产造成很大影响，甚至酿成重大安全事故。因此，必须给予足够的重视。在零件选材初始，就必须对零件在使用中可能产生的失效方式、原因进行分析，为选材及后续加工的控制提供参考依据。

9.1.1 失效的概念及特征

1. 零件的失效

　　产品在使用过程中失去原设计所规定的功能称为**失效**，例如主轴在工作中由于变形而失去设计精度、齿轮出现断齿等。

2. 零件失效的常见特征

1）零件完全破坏已不能正常工作。

2）零件已严重损伤继续工作不安全。

3）零件工作不能达到设计的功效。

　　注意：零件在达到或超过设计的预期寿命后发生的失效，属于正常失效；在低于设计预期寿命时发生的失效，属于非正常失效。另外，有突发性失效，例如化肥厂爆炸。

9.1.2 失效的类型

　　零件工作时的受力情况一般较复杂，往往承受多种应力的复合作用，因而造成零件的不同失效形式。机械零件常见的失效形式可归纳为以下几种类型。

1. 断裂失效

断裂失效是零件最严重的失效形式，它是因零件承载过大或因疲劳损伤等发生破断。例如钢丝绳在吊运中的断裂及在交变载荷下工作的轴、齿轮、弹簧等的断裂。断裂方式有塑性断裂、疲劳断裂、蠕变断裂和低应力脆性断裂等。

2. 过量变形失效

过量变形失效是指零件变形量超过允许范围而造成的失效。它主要有过量弹性变形失效和过量塑性变形失效。例如高温下工作时，螺栓发生松脱，就是过量弹性变形转化为塑性变形而造成的失效。

3. 表面损伤失效

表面损伤失效是指零件表面及附近的材料发生尺寸变化和表面破坏的失效现象。它主要有表面磨损失效、表面腐蚀失效和表面疲劳失效。例如，齿轮经长期工作后轮齿表面磨损，而导致精度降低的现象，属于表面损伤失效。

4. 裂纹失效

裂纹失效是指零件内外的微裂纹在外力作用下扩展，造成零件断裂的现象。裂纹的产生往往是材料选取不当、工艺制定不合理造成的。例如锻件中的裂纹，往往因为钢中含硫量较高、混入铜等低熔点金属及夹杂物含量过多，造成晶界强度被削弱；或锻后冷却过快，未及时进行退火处理，容易产生表面裂纹。

同一零件可能有几种失效形式，例如轴类零件，其轴颈处因摩擦而发生磨损失效，在应力集中处则发生疲劳断裂，两种失效形式同时起作用。在一般情况下，总是由一种形式起主导作用，很少同时以两种形式使零件失效。另外，各类基本失效方式可以互相组合，形成更复杂的复合失效方式，如腐蚀疲劳断裂、蠕变疲劳和腐蚀磨损等。但它们在特点上都各自接近于其中某一种方式，而另一种方式是辅助的。

9.1.3 失效的原因

引起零件失效的因素很多且较为复杂，通常可从零件的结构设计、材料的选择、材料的加工、产品的装配及使用保养等方面进行分析。

1. 设计不合理

零件的结构形状、尺寸设计不合理易引起失效。例如，结构上存在尖角、尖锐缺口或圆角过渡过小，产生应力集中引起失效；安全系数小，达不到实际要求的承载力等。

2. 选材不合理

所选用的材料性能达不到使用要求，或材质较差，这些都容易造成零件的失效。例如，某钢材锻造时出现裂纹，经成分分析，硫含量超标，断口也呈现出热裂特征，由此判断是材料不合格造成的。

3. 加工工艺不当

零件或毛坯在加工和成形过程中，由于工艺方法、工艺参数不正确等，常会出现某些缺陷，导致失效。如热加工中产生的过热、过烧和带状组织等；冷加工不良时粗糙度太低，产生过深的刀痕、磨削裂纹等；热处理中产生的脱碳、变形及开裂等。

4. 安装使用不正确

机器在装配和安装过程中，不符合技术要求，如安装时配合过松、过紧，对中不准，固定不稳等，都可能使零件不能正常工作，或工作不安全；使用中不按工艺规程操作和维修，保养不善或过载使用等，均会造成早期失效。

9.2 机械零件材料选择的一般原则

机械零件的选材是一项十分重要的工作。选材是否恰当，特别是一台机器中关键零件的选材是否恰当，将直接影响到产品的使用性能、使用寿命及制造成本。要做到合理选用材料，就必须全面分析零件的工作条件、受力性质和大小，以及失效形式，然后综合各种因素，提出能满足零件工作条件的性能要求，再选择合适的材料并进行相应的热处理以满足性能要求。

选材的原则首先是要满足使用性能要求，然后再考虑工艺性和经济性。

9.2.1 使用性能的考虑

材料的使用性能是指机械零件在正常工作条件下应具备的力学、物理、化学等性能。它是保证该零件可靠工作的基础。对一般机械零件来说，选材时主要考虑的是其力学性能；而对于非金属材料制成的零件，则还应该考虑其工作环境对零件性能的影响。

零件按力学性能选材时，首先应正确分析零件的服役条件、形状尺寸及应力状态，结合该类零件出现的主要失效形式，找出该零件在实际使用中的主要和次要的失效抗力指标，以此作为选材的依据。根据力学计算，确定零件应具有的主要力学性能指标，能够满足条件的材料一般有多种，再结合其他因素综合比较，选择出合适材料。

9.2.2 工艺性能的考虑

材料的工艺性是指材料适应某种加工的特性。零件的选材除了首先考虑其使用性能外，还必须兼顾该材料的加工工艺性能，尤其是在大批量、自动化生产时，材料的工艺性能更显得重要。良好的加工工艺性能保证在一定生产条件下，高质量、高效率、低成本地加工出所设计的零件。

1. 铸造性

指材料在铸造生产工艺过程中所表现出的工艺性能。其好坏是保证获得合格铸件的主要因素。材料的铸造性能主要包括流动性、收缩性，还有吸气、氧化、偏析等，一般来说，铸铁的铸造性能比铸钢好得多，铜、铝合金的铸造性能较好，介于铸铁和铸钢之间。

2. 锻造性

指锻造该材料的难易程度。若该材料在锻造时塑性变形大，而所需变形抗力小，那么该材料的锻造性能就好，否则，锻造性能就差。影响材料锻造性的主要是材料的化学成分、内部组织结构以及变形条件。一般来说，碳素钢的可锻性好于合金钢，低碳钢好于高碳钢，铜合金可锻性较好，而铝合金较差。

3. 焊接性

指材料对焊接成形的适应性，也就是在一定的焊接工艺条件下材料获得优质焊接接头的难易程度。一般来说有如下特点：

1) 低碳钢焊接性良好，强度等级低的低合金结构钢焊接性也较好，但低合金结构钢的焊件热影响区有较大的淬硬性，强度等级低的低合金结构钢淬硬倾向小，随强度等级提高焊接性变差。

2）合金钢和中碳钢焊接性较差。

3）高碳钢及铸铁的焊接性很差，高合金钢焊接性也很差，一般都不作焊接结构。

4. 切削加工性

指材料切削加工的难易程度，一般用切削抗力大小、刀具磨损程度、切屑排除的难易及加工出的零件表面质量来综合衡量。一般来说，硬度适中（160～230HBW）的材料切削加工性好。易切削钢、中碳钢、一般有色金属的切削加工性好，而高强度钢、耐热钢、不锈钢的切削加工性较差。

5. 热处理工艺性

指材料对热处理加工的适应性能。它包括淬透性、淬硬性、氧化和脱碳倾向、变形开裂倾向、过热过烧倾向、回火脆性倾向等。一般来说，合金钢的淬透性好于碳素钢，高碳钢的淬硬性好于低碳钢。淬火冷却速度越慢，变形开裂倾向越小，所以合金钢油中淬火的变形开裂比碳素钢水中淬火要小。此外，合金钢比碳素钢不易产生过热过烧现象，大多数合金钢会产生高温回火脆性。

6. 粘结固化性

高分子材料、陶瓷材料、复合材料及粉末冶金材料，大多数靠粘结剂在一定条件下将各组分粘结固化而成。因此，这些材料应注意在成形过程中，各组分之间的粘结固化倾向，才能保证顺利成形。

9.2.3 经济性的考虑

从选材经济性原则考虑，应尽可能选用货源充足、价格低廉、加工容易的材料，而且应尽量减少所选材料的品种、规格，以简化供应、保管等工作。但是，仅仅考虑材料的费用及零件的制造成本并不是最合理的，还应尽量提高该产品的性价比。

某大型内燃机的曲轴，用珠光体球墨铸铁生产，成本较低，使用寿命3～4年，如改为40Cr调质再表面淬火后使用，成本为前者的2倍左右，但使用寿命近10年，可见，虽然采用球墨铸铁生产曲轴成本低，但就性价比来说，用40Cr来生产曲轴更为合理，而且曲轴是内燃机的重要零件，质量好坏直接影响整台机器的运行安全及使用寿命，因此为提高此类关键零件的使用寿命，即使材料价格和制造成本较高，全面来看其经济性仍然是合理的。

9.3 典型零件选材实例

金属材料、高分子材料、陶瓷材料及复合材料是目前最主要的工程材料，各有自己的特性和最合适的用途。但金属材料能满足绝大多数机械零件的工作要求，因此金属材料广泛用于制造各种重要的机械零件和工程结构。

9.3.1 轴类零件的选材及热处理

轴是机器中的重要零件之一，用来支持旋转的机械零件，如齿轮、带轮等。根据承受载荷的不同，轴可分为转轴、传动轴和心轴三种。此处就受力较复杂的机床主轴为例讨论选材和热处理工艺。

1. 主轴的工作条件

机床主轴工作时高速旋转，并承受弯曲、扭转、冲击等多种载荷的作用；机床主轴的某些部位承受着不同程度的摩擦，特别是轴颈部分与其他零件相配合处承受摩擦与磨损。

2. 主轴的主要失效形式

当弯曲载荷较大、转速很高时，机床主轴承受着很高的交变应力，当轴表面硬度较低、表面质量不良时常因疲劳强度不足而产生疲劳断裂，这是轴类工件最主要的失效形式。

当载荷大而转速高且轴瓦材质较硬而轴颈硬度不足时，会增加轴颈与轴瓦的摩擦，加剧轴颈的磨损而失效。

3. 对主轴的材料性能要求

（1）较高的综合力学性能　当主轴运转工作时，要承受一定的变动载荷与冲击载荷，常产生过量变形与疲劳断裂失效。如果主轴材料通过正火或调质处理后具有较好的综合力学性能，即较高的硬度、强度、塑性与韧性，则能有效地防止主轴产生变形与疲劳失效。

（2）较高的硬度和耐磨性　主轴轴颈等部位淬火后应具有高的硬度和耐磨性，以提高主轴运转精度及使用寿命。

4. 主轴选材原则

主轴的材料及热处理工艺的选择应根据其工作条件、失效形式及技术要求来确定。主要原则如下：

1）主轴的材料常采用碳素钢与合金钢，碳素钢中的35、45、50等优质中碳钢具有较高的综合力学性能，应用较多，其中以45钢用得最为广泛。为了改善材料力学性能，应进行正火或调质处理。

2）合金钢具有较高的力学性能，但价格较贵，多用于有特殊要求的轴。合金钢对应力集中的敏感性较高，因此设计合金钢轴时，更应从结构上避免或减少应力集中现象，并减少轴的表面粗糙度值。

3）当主轴尺寸较大、承载较大时，可采用合金调质钢，如将40Cr、40CrMn、35CrMo等进行调质处理后再使用。

4）对于表面要求耐磨的部位，应调质后再进行表面淬火，当主轴承受重载荷、高转速且冲击与变动载荷很大时，应选用合金渗碳钢，如将20Cr、20CrMnTi等进行渗碳淬火后再使用。

5）对于在高温、高速和重载条件下工作的主轴，必须具有良好的高温力学性能，常采用25Cr2Mo1VA、38CrMoAl等合金结构钢。

5. 典型主轴选材实例

现以C616车床主轴为例，分析其选材与热处理工艺。图9-1所示为C616车床主轴简图，该主轴承受交变弯曲应力与扭转应力，但载荷不大，转速较低，受冲击较小，故材料具有一般综合力学性能即可满足要求。主轴大端的内锥孔和外锥体，经常与卡盘、顶尖有相对摩擦，花键部位与齿轮有相对滑动，因此这些部位硬度及耐磨性有较高要求。该主轴在滚动轴承中运转，为保证主轴运转精度及使用寿命，轴颈处硬度为220～250HBW。

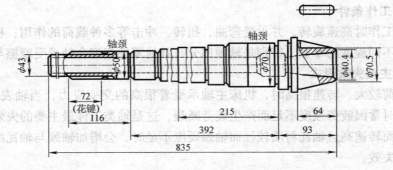

图 9-1 C616 车床主轴简图

根据上述工作条件分析，该主轴可选 45 钢。热处理工艺及应达到的技术条件是：主轴整体调质，改善综合力学性能，硬度为 220～250HBW；内锥孔与外锥体淬火后低温回火，硬度为 45～50HRC；但应注意保护键槽淬硬，故宜采用快速加热淬火；花键部位采用高频感应表面淬火，以减少变形并达到表面淬硬的目的，硬度达 48～53HRC。由于主轴较长，而且锥孔与外锥体对两轴颈的同轴度要求较高，故锥部淬火应与花键部位淬火分开进行，以减少淬火变形。随后用粗磨纠正淬火变形，然后再进行花键的加工与淬火，其变形可通过最后精磨予以消除。

9.3.2 齿轮类零件的选材与工艺分析

在各种机械装置中，齿轮主要进行速度调节和功率传递。齿轮用量较大，直径从几毫米到几米，工作环境也不尽相同，但其服役条件和性能要求还是具有很多共性。

1. 齿轮的服役条件

1）因传递动力，齿轮根部受交变弯曲应力。

2）在换挡、起动或啮合不均匀时，齿轮常受到冲击。

3）齿面承受滚动、滑动造成的强烈摩擦磨损和交变的接触应力。

2. 齿轮的失效形式

通常情况下，根据齿轮的受力状况，齿轮的主要失效形式为齿面磨损和齿根疲劳断裂。

3. 齿轮的力学性能要求

1）高的接触疲劳强度和弯曲疲劳强度。

2）高的硬度和耐磨性。

3）足够的强度和冲击韧度。

4）高的抗齿面疲劳剥落性能。

4. 常用齿轮材料

齿轮根据工作条件不同，选材比较广泛。重要用途的齿轮大都采用锻钢制作，如中碳钢或中碳合金钢用来制作中、低速和承载不大的中、小型传动齿轮；低碳钢和低碳合金钢适合于高速、能耐猛烈冲击的重载齿轮；直径较大（大于 600mm）形状复杂的齿轮毛坯，采用铸钢制作；一些轻载、低速、不受冲击、精度要求不高的齿轮，用铸铁制造，大多用于开式传动的齿轮；在仪器、仪表工业中及某些接触腐蚀介质中工作的轻载荷齿轮，常用耐腐蚀、耐磨的有色金属材料来制造；受力不大，在无润滑条件下工作的小型齿轮，采用塑料制造。

5. 典型齿轮选材实例

汽车、拖拉机齿轮的作用是将发动机的动力传到主动轮上，然后推动汽车、拖拉机运动。变速箱的齿轮因经常换挡，齿端常受到冲击；润滑油中有时夹有硬质颗粒，在齿面间造成磨损。因齿轮工作条件恶劣，对主要性能指标如耐磨性、疲劳强度、心部强韧性等要求较高，一般选用低合金钢，我国常用的钢号是20Cr或20CrMnTi。

例9-1 图9-2为某载货汽车变速齿轮简图。该齿轮工作中受一定的冲击，负载较重，轮齿表面要求耐磨。其热处理技术条件是：轮齿表层碳的质量分数 $w_C = 0.80\%$ ~

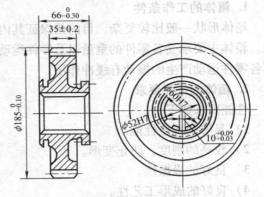

图9-2 某载货汽车变速齿轮简图

1.05%，齿面硬度为58 ~ 63HRC，齿心部硬度为33 ~ 45HRC，要求心部强度 $\sigma_b \geqslant 1000\mathrm{MPa}$，$a_K \geqslant 95\mathrm{J \cdot cm^{-2}}$。试从如下提供的材料中选择制造该齿轮的合适钢种，并制订其加工工艺路线。

材料：35，45，T12，20Cr，40Cr，20CrMnTi，38CrMoAl，1Cr18Ni9Ti，W18Cr4V。

（1）分析及选材 由题意可知，此载货汽车变速箱齿轮在工作时承受载荷较重，轮齿承受周期变化的弯曲应力较大，齿面承受着强烈的摩擦和交变接触应力，为防止磨损，要求具有高硬度、高的疲劳强度和良好的耐磨性（58 ~ 63HRC）。在换挡刹车时齿轮还受较大的冲击力，齿面承受较大的压力，还要求轮齿的心部具有一定的强度、硬度（33 ~ 45HRC）以及适当的韧性，以防止轮齿折断。根据以上分析，可知该汽车齿轮的工作条件很苛刻，因此在耐磨性、疲劳强度、心部强度和冲击韧度等方面的要求均比机床齿轮要高。

从所列钢种中，选调质钢45钢、40Cr钢淬火，均不能满足使用要求（表面硬度只能达50 ~ 56HRC）；38CrMoAl为氮化钢，氮化层较薄，适合应用于转速高、压力小、不受冲击的使用条件，故也不适合制作此汽车齿轮；合金渗碳钢20Cr钢经渗碳淬火虽然表面能达到力学性能要求，材料来源也比较充足，成本也较低，但是淬透性低，容易过热，淬火的变形开裂倾向较大，综合评价仍不能满足使用要求；合金渗碳钢20CrMnTi，经渗碳热处理后，齿面可获得高硬度（58 ~ 63HRC），高耐磨性，并且由于该钢含有Cr、Mn元素，具有较高的淬透性，油淬后可保证轮齿心部获得强韧结合的组织，具有较高的冲击韧度，同时含有Ti，不容易过热，渗碳后仍保持细晶粒，可直接淬火，变形较小，另外，20CrMnTi钢的渗碳速度较快，表面碳的质量分数适中，过渡层平缓，渗碳热处理后，具有较高的疲劳强度，故可满足使用要求。因此该载货汽车变速箱齿轮选用20CrMnTi钢制造比较适宜。

（2）确定加工工艺 加工工艺路线为：下料→齿坯锻造→正火（950 ~ 970℃空冷）→机加工→渗碳（920 ~ 950℃渗碳6 ~ 8h）→预冷淬火（预冷至870 ~ 880℃油冷）→低温回火→喷丸→校正花键孔→磨齿。

正火的目的是均匀和细化组织，消除锻造应力，获得良好切削加工性能；渗碳淬火及低温回火的目的是提高齿面硬度和耐磨性，并使心部获得低碳马氏体组织，从而具有足够强韧性；喷丸处理可使零件渗碳层表面压应力进一步增大，以提高疲劳强度。

9.3.3 箱体类零件的选材

1. 箱体的工作条件

箱体形状一般比较复杂，目的是保证其内部各个零件的正确位置，使各零件运动协调平稳。箱体主要承受各零件的重量以及零件运动时的相互作用力，以支撑零件为主；箱体对内部各零件运动产生的振动有缓冲作用。

2. 箱体的性能要求

性能要求如下：

1）足够的抗压性能。

2）较高的刚度，防止变形。

3）良好的吸振性。

4）良好的成形工艺性。

5）其他特殊性能，如比重轻等。

3. 箱体零件材料的选用

由于箱体形状比较复杂、壁厚较薄、体积较大，一般选用铸造毛坯成形，根据力学性能要求常用灰铸铁、球墨铸铁、铸钢等。工作平稳的箱体可用 HT150、HT200、HT250 等；受力较小，要求导热良好、重量轻的箱体可用铸造铝合金；受力较大的箱体可考虑铸钢；单件生产时可用低碳钢焊接而成。箱体加工前一般要进行时效处理，目的是消除毛坯的内应力。

● 案例释疑

分析：要针对具体情况，灵活运用选材原则。一般在经济性和工艺性相近或相同时，应选用使用性能最优的材料。但在加工工艺上无法实现而成为突出的制约因素时，所选材料的使用性能也可以不是最优的。此时需找到使用性能与制约因素之间恰当的平衡点。

结论：改用易切削不锈钢 Y1Cr18Ni9 钢制造，可获得较理想的效果。

本章小结

（1）机械零件常见的失效形式包括断裂失效、过量变形失效、表面损伤失效和裂纹失效。

（2）选材的原则首先是要满足使用性能要求，然后再考虑工艺性和经济性。

（3）主轴的材料及热处理工艺的选择应根据其工作条件、失效形式及技术要求来确定。

（4）重要用途的齿轮大都采用锻钢制作，中碳钢或中碳合金钢用来制作中、低速和承载不大的中、小型传动齿轮；低碳钢和低碳合金钢适合于高速、能耐猛烈冲击的重载齿轮；直径较大形状复杂的齿轮毛坯，采用铸钢制作；一些轻载、低速、不受冲击、精度要求不高的齿轮，用铸铁制造；在仪器、仪表工业中及某些接触腐蚀介质中工作的轻载荷齿轮，常用耐腐蚀、耐磨的有色金属材料来制造；受力不大，在无润滑条件下工作的小型齿轮，采用塑料制造。

思考与练习

1. 零件失效的常见特征是什么？

2. 零件失效的常见类型有哪些？

3. 机械工程材料选材的基本原则是什么？

146

第 10 章 零件毛坯成形概论

◇ 铸造成形的类型及应用

◇ 焊接成形的类型及应用

◇ 锻压成形的类型及应用

引导案例

检修汽车时，经常使用螺旋起重器将汽车车身顶起，以便操作人员进行检修。螺旋起重器如图 10-1 所示，该起重器的承载能力为 4t，工作时依靠手柄带动螺杆在螺母中转动，以便推动托杯顶起重物，螺母装在支座上。

对于此螺旋起重器，其各部件应该如何选材，又该用何种方法进行相应毛坯的制备呢？

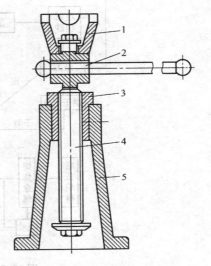

图 10-1 螺旋起重器
1—托杯 2—手柄 3—螺母
4—螺杆 5—支承座

10.1 铸造成形基础

10.1.1 铸造概述

1. 铸造

铸造是指将熔融金属浇注、压射或吸入铸型型腔中，待其凝固后而得到具有一定形状、尺寸和性能的铸件的成形方法。

2. 特点

铸造与其他金属加工方法相比，具有以下特点：

1) 可铸造出形状十分复杂的铸件，铸件的尺寸和重量几乎不受限制。

2) 铸造原材料价格低廉，铸件的成本较低。

3) 铸件的形状和尺寸与零件很接近，因而节省了金属材料及加工的工时。

3. 分类

根据生产方法的不同，铸造可分为砂型铸造和特种铸造两大类。

4. 应用

铸造成形应用十分广泛，常用于制造承重的各类结构件，如各种机器的底座、各类箱体、机床床身、汽缸体、泵体、飞轮和坦克炮塔等零件的毛坯。此外，一些有特殊性能要求的构件，如球磨机的衬板、犁铧和轧辊等也常采用铸造方法制造。

10.1.2 砂型铸造

砂型铸造是用型砂紧实成形的铸造方法。由于砂型铸造简便易行，原材料来源广，成本低，见效快，因而在目前的铸造生产中占主导地位，用砂型铸造生产的铸件，约占铸件总量的90%。

砂型铸造可分为湿砂型铸造和干砂型铸造两种。湿砂型不经烘干可直接进行浇注；干砂型是经烘干才能浇注的高黏土砂型。

通用毛坯的砂型铸造工艺过程如图10-2所示，图10-3为某齿轮毛坯的砂型铸造工艺过程。

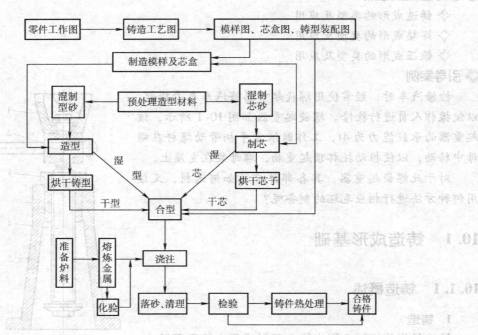

图10-2　通用毛坯的砂型铸造工艺过程

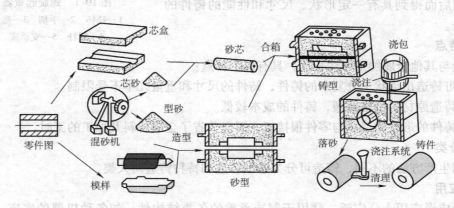

图10-3　齿轮毛坯的砂型铸造工艺过程

由图10-2和图10-3可见，砂型铸造的生产工序一般包括如下步骤：

制造模样→制备造型材料→造型（制造砂型）→造芯（制造砂芯）

→烘干（用于干砂型铸造）→合型→熔炼→浇注→落砂→清理与检验

其中，造型、造芯是砂型铸造的重要环节，对铸件的质量影响很大。

1. 模样和芯盒

模样和芯盒是用来造型和造芯的基本工艺装备，它和铸件的外形相适应；芯盒用于制造芯（芯子），其内腔与芯的形状和尺寸相适应。在单件或小批生产时，模样和芯盒可用木材制作，大批量生产时，可用铝合金和塑料等材料来制作。

2. 砂型

铸型是由型砂、金属或其他耐火材料制成，其包括形成铸件形状的空腔、型芯和浇冒口系统。

用型砂制成的铸型称为砂型，砂型用砂箱支撑时，砂箱也是铸型的组成部分。

砂型的制作是砂型铸造工艺过程中的主要工序。制造砂型使用造型材料，借助模样和芯盒造型造芯，以实现铸件的外形和内形的要求。

3. 造型材料

造型材料是指用于制造砂型（芯）的材料，主要包括型砂和芯砂。

型砂主要由原砂、粘结剂、附加物、水、旧砂按比例混合而成。根据型砂中采用粘结剂种类的不同，型砂可分为粘土砂、树脂砂、水玻璃砂和油砂等。

型砂与芯砂应具备如下性能：

1) 足够的强度。

2) 较高的耐火性。

3) 良好的透气性。

4) 较好的退让性。

4. 造型

根据生产性质不同，造型方法可分别采用手工造型或机器造型。

(1) 手工造型 全部用手工或手动工具完成的造型工序。根据铸件的形状特点，可采用整体模造型、分块模造型、挖砂造型、活块造型、三箱造型和刮板造型等。几种手工造型方法的特点及应用见表 10-1。

表 10-1 几种手工造型方法的特点及应用

造型方法		造型简图	特 点	应 用
按模样特征分	整体模造型	上型 分型面 下型	模样为一整体，分型面为一平面，型腔在同一砂箱中，不会产生错型缺陷，操作简单	最大截面在端部且为一平面的铸件，应用较广
	分块模造型	直浇口棒 分型面	模样在最大截面处分开，型腔位于上、下型中，操作较简单	最大截面在中部的铸件，常用于回转体类铸件

（续）

造型方法		造型简图	特　点	应　用
按模样特征分	挖砂造型		整体模样，分型面为一曲面，需挖去阻碍起模的型砂才能取出模样，对工人操作技能要求高，生产效率低	适宜中小型、分型面不平的铸件，单件、小批生产
	假箱造型		将模样置于预先做成好的假箱或成形底板上，可直接造出曲面分型面，代替挖砂造型，操作较简单	用于小批或成批生产、分型面不平的铸件
	活块造型		将模样上阻碍起爆模的部分做成活动的，取出模样主体部分后，小心将活块取出	造型较复杂，用于单件小批生产、带有凸台、难以起模的铸件
	刮板造型		刮板形状和铸件截面相适应，代替实体模样，可省去制模的工序	单件小批生产，大、中型轮类、管类铸件
按砂箱特征分	两箱造型		采用两个砂箱，只有一个分型面，操作简单	是应用最广泛的造型方法
	三箱造型		采用上、下、中三个砂箱，有两个分型面，铸件的中间截面小，用两个砂箱时取不出模样，必须分模，操作复杂	单件小批生产，适合于中间截面小，两端截面大的铸件
	脱箱造型		它是采用带有锥度的砂箱来造型，在铸型合型后将砂箱脱出，重新用于造型。所以一个砂箱可制出许多铸型	可用手工造型，也可用机器造型。用于大量、成批或单件生产的小件

（续）

造型方法		造型简图	特　点	应　用
按砂箱特征分	地坑造型		节省下砂箱，但造型费工	单件生产，大、中型铸件

（2）机器造型　用机器全部完成或至少完成紧砂操作的造型工序，主要用于成批大量生产。按紧砂方式不同，常用的造型机有震压造型、微震压实造型、高压造型、抛砂造型、射砂造型和气流冲击造型等，其中以震压式造型机最为常用。震压式造型机适合于中、小型铸型，主要优点是结构简单、价格低，但噪声大、生产率不够高、铸型的紧实度不高。震压式紧砂方法如图10-4所示。

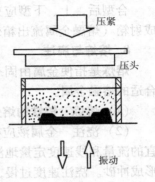

图10-4　震压式紧砂方法

5. 造芯

（1）造芯方法　芯的主要作用是形成铸件的内腔或局部外形。制造型芯的过程称造芯，造芯也可分为手工造芯或机器造芯。常用的手工造芯的方法为芯盒造芯，芯盒通常由两半组成，芯盒造芯的示意图如图10-5所示。手工造芯主要应用于单件、小批量生产中。机器造芯是利用造芯机来完成填砂、紧砂和取芯的，生产效率高，型芯质量好，适用于大批量生产。

（2）型芯的固定　型芯在砂型中靠与砂型接触的芯头来定位和稳固支撑。芯头必须有合适的尺寸和形状，使型芯在型腔中定位准确，支撑稳固，以免型芯在浇注时飘浮、偏斜或移动。

6. 浇注系统及冒口

（1）浇注系统　把液态金属引入型腔的通道称为**浇注系统**，简称**浇口**。浇注系统的作用是：保证熔融金属平稳、均匀、连续地充满型腔；阻止熔渣、气体和砂粒随熔融金属进入型腔；控制铸件的凝固顺序；供给铸件冷凝收缩时所需补充的金属熔液（补缩）。典型的浇注系统包括浇口杯、直浇道、横浇道、内浇道和冒口几部分，如图10-6所示。

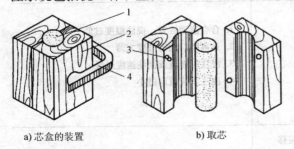

a）芯盒的装置　　　　　b）取芯

图10-5　芯盒造芯示意图
1—型芯　2—芯盒　3—定位销　4—夹钳

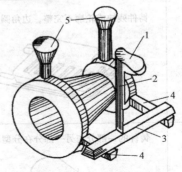

图10-6　浇注系统
1—浇口杯　2—直浇道　3—横浇道
4—内浇道　5—冒口

（2）冒口　**冒口**是在铸型内储存供补缩铸件用熔融金属的空腔。除补缩外，冒口有时还起排气和集渣的作用。

7. 合型

将铸型的各个组元如上型、下型、型芯和浇口杯等组合成一个完整铸型的操作过程称为**合型**（又称**合箱**）。合型前应对砂型和型芯的质量进行检查，若有损坏，需要进行修理；为检查型腔顶面与芯顶面之间的距离需要进行**试合型**（称为**验型**）。合型时要保证铸型型腔几何形状和尺寸的准确及型芯的稳固。

合型后，上、下型应夹紧或在铸型上放置压铁，以防止浇注时上型被熔融金属顶起，造成射箱（熔融金属流出箱外）或跑火（着火的气体溢出箱外）等事故。

8. 熔炼与浇注

熔炼是指使金属由固态转变成熔融状态的过程。熔炼的主要任务是提供化学成分和温度合适的熔融金属。

（1）熔炼　铸铁的熔炼设备主要有冲天炉、电炉等。

（2）浇注　金属液应在一定的温度范围内按规定的速度注入铸型。浇注时铁液应以适宜的流量和线速度定量地浇入铸型，速度过快，铸型中的气体来不及排出易产生气孔，并易形成冲砂。浇注速度过慢，使型腔表面烘烤时间过长，导致砂层翘起脱落，产生结疤、夹砂等缺陷。浇注时既可采用手动浇注，也可采用自动烧注，自动浇注通常用于自动造型线和离心铸管机等。

9. 落砂、清理及检验

（1）落砂　用手工或机器使铸件与型砂、砂箱分开的操作。

（2）清理　采用铁锤敲击、机械切割或气割等方法清除铸件表面粘砂、型砂、多余金属（包括浇冒口、飞翅和氧化皮）的过程。

（3）检验　用肉眼或借助于尖嘴锤找出铸件表层或皮下的铸造缺陷，如气孔、砂眼、粘砂、缩孔、冷隔和浇不足等，对铸件内部的缺陷还可采用耐压试验、磁粉探伤、超声波探伤、金相检验、力学性能试验等方法。铸件的常见缺陷及产生原因分析见表10-2。

表10-2　铸件的常见缺陷及产生原因分析

名　称	缺陷特征及示例	产生原因分析
浇不足	铸件残缺或轮廓不完整，边角圆且光亮 	1. 合金流动性差，浇注温度过低 2. 远离浇口的铸件壁太薄 3. 浇注时断流或浇注速度过慢 4. 浇注系统截面过小
错型	铸件的一部分与另一部分在分型面处发生错移 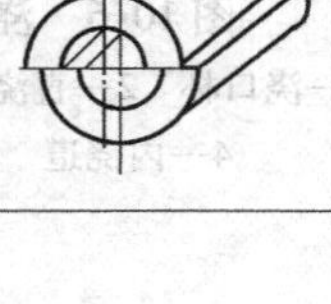	1. 合型时定位不准 2. 合型时上、下型错位 3. 上、下型未夹紧 4. 定位销或记号不准

（续）

名 称	缺陷特征及示例	产生原因分析
裂纹	在铸件转角处或厚薄交接处开裂	1. 铸件壁厚差别大，收缩不一致 2. 合金含硫、磷过高 3. 型（芯）砂的退让性差 4. 浇注温度过高
缩孔	铸件厚截面处出现形状不规则的孔洞，孔的内壁极粗糙	1. 铸件结构设计不当，有热节 2. 浇注温度过高，金属液态收缩过大 3. 冒口设计不合理，补缩不足
气孔	铸件内部出现孔洞，大孔孤立存在、小孔成群出现，孔的内壁较光滑	1. 砂型紧实度过高，透气性差 2. 砂型太湿，起模、修型时刷水过多，型芯、浇包未烘干或通气孔堵塞 3. 浇注系统不正确，气体排不出去
砂眼	铸件内部或表面带有砂粒的孔洞	1. 浇注系统不合理，冲坏铸型和型芯 2. 局部没春紧，易掉砂 3. 型砂强度不够，局部掉砂、冲砂 4. 合箱时砂型局部挤坏，掉砂

10.1.3 特种铸造简介

特种铸造是指与砂型铸造不同的其他铸造方法。可列入特种铸造的方法有近20种，常用的有金属型铸造、压力铸造、离心铸造、熔模铸造、陶瓷型铸造和实型铸造等。特种铸造在提高铸件精度和表面质量、提高生产率、改善劳动条件等方面具有独特的优点。

1. 金属型铸造

金属型铸造是指在重力的作用下将液态金属浇入金属型中获得铸件的方法。金属型可连续使用几千次甚至数万次，故又称"**永久型**"。

（1）材料与结构 金属型常采用铸铁或铸钢制造，按分型面不同，金属型有整体式、垂直分型式、水平分型式等。垂直分型式金属型的结构如图10-7所示，金属型由底座、固定半型、活动半型等部分组成，浇注系统

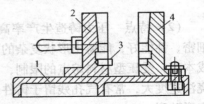

图 10-7 垂直分型式金属型
1—底座 2—活动半型
3—定位销 4—固定半型

153

在垂直的分型面上，为改善金属型的通气性，在分型面处开有 0.2 ~ 0.4mm 深的通气槽。移动活动半型、合上铸型后进行浇注，铸件凝固后移开活动半型取出铸件。

（2）工艺要点　由于金属型的导热快、无退让性、无透气性，易使铸件出现冷隔与浇不足、裂纹、气孔等缺陷。因此金属型铸造必须采取一定的工艺措施：浇注前应将铸型预热，并在内腔喷刷一层厚 0.3 ~ 0.4mm 的涂料，以防出现冷隔与浇不足缺陷，并延长金属型的寿命；铸件凝固后应及时开型取出铸件，以防铸件开裂或取出铸件困难。

（3）特点　金属型使用寿命长，可"一型多铸"，提高生产率；铸件的晶粒细小、组织致密，力学性能比砂型铸件高约 25%；铸件的尺寸精度高、表面质量好；铸造车间无粉尘和有害气体的污染，劳动条件得以改善。金属型铸造的不足之处是金属型制造周期长、成本高、工艺要求高，且不能生产形状复杂的薄壁铸件，否则易出现浇不足和冷隔等缺陷；受铸型材料的限制，浇注高熔点的铸钢件和铸铁件时，金属型的寿命会降低。

（4）应用范围　目前金属型铸造主要用于大批量生产形状简单的铝、铜、镁等非铁金属及合金铸件，如铝合金活塞、油泵壳体，铜合金轴瓦、轴套等。

2. 压力铸造

压力铸造是指熔融金属在高压下被快速压入铸型中，并在压力下凝固的铸造方法，简称"压铸"。常用的压射压力为 5 ~ 150MPa，充型速度为 0.5 ~ 50m/s，充型时间为 0.01 ~ 0.2s。

（1）工艺过程　压铸工艺是在专门的压铸机上完成的，压铸机的主要类型有冷压室压铸机和热压室压铸机两类。图 10-8 为卧式冷压室压铸机工艺过程原理图。冷压室压铸机的熔化炉与压室分开，压室和压射冲头不浸于熔融金属中，浇注时将定量的熔融金属浇到压室中，然后进行压射。压铸机主要由合型机构、压射机构和顶出机构组成，压铸机的规格通常以合型力的大小来表示。

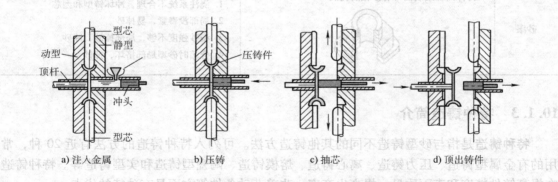

图 10-8　卧式冷压室压铸机工作原理图

a）注入金属　　b）压铸　　c）抽芯　　d）顶出铸件

（2）特点　压力铸造生产率高，便于实现自动化；铸件的精度高、表面质量好；组织细密、性能好，能铸出形状复杂的薄壁铸件。但压力铸造设备投资大，压铸型制造周期长、成本高；受压型材料熔点的限制，目前压力铸造不能用于高熔点铸铁和铸钢件的生产；由于浇注速度大，常有气孔残留于铸件内，因此铸件不宜热处理，以防气体受热膨胀，导致铸件变形破裂。

（3）适用范围　目前压力铸造主要用于大批量生产铝、锌、铜、镁等非铁金属与合金件。如汽车、仪表、计算机、航空、摩托车和日用品等行业各类中小型薄壁铸件，如发动机汽缸体、汽缸盖、仪表壳体、电动转子、照相机壳体、各类工艺品和装饰品等。常见压铸件如图10-9所示。

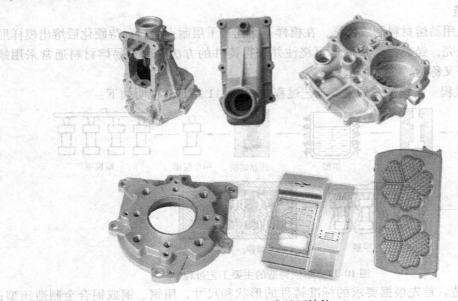

图10-9 常见压铸件

3. 离心铸造

离心铸造是指将金属浇入绕水平、倾斜或立轴旋转的铸型，在离心力的作用下凝固成铸件的铸造方法。离心铸造多用于简单的圆筒体，铸造时不用型芯便可形成内孔。

（1）铸造方法 离心铸造机按旋转轴的方位不同，可分为立式、卧式和倾斜式三种类型。立式机适宜铸造直径大于高度的圆环类铸件，卧式机适宜铸造长度大于直径的套类和管类铸件。立式和卧式离心铸造如图10-10所示。

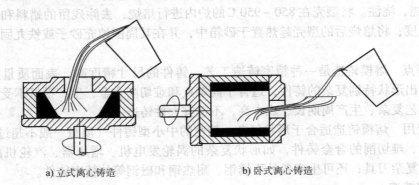

a) 立式离心铸造   b) 卧式离心铸造

图10-10 离心铸造方法

（2）特点 离心铸造可省去浇注系统和型芯，比砂型铸造省工省料，生产率高，成本低；铸件在离心力的作用下结晶，组织致密，基本上无缩孔和气孔等缺陷，力学性能好；便于双金属铸件的铸造。但铸件的内孔尺寸误差大、表面粗糙；铸件的比重偏析大，金属中的熔渣等密度小的夹杂物易集中在内表面。

（3）应用　离心铸造广泛用于大口径铸铁管、缸套、双金属轴承、活塞环和特殊钢无缝管坯等的生产。

4. 熔模铸造

熔模铸造是用易熔材料制成模样，在模样上涂挂若干层耐火涂料，待硬化后熔出模样形成无分型面的型壳，经高温焙烧后即可浇注并获得铸件的方法。由于易熔材料通常采用蜡料，故这种方法又称为"失蜡铸造"。

（1）工艺过程　熔模铸造的主要工艺过程如图 10-11 所示。说明如下：

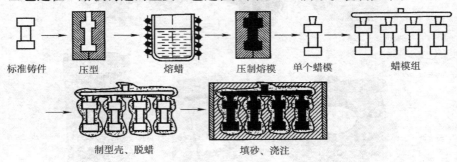

图 10-11　熔模铸造的主要工艺过程

1）蜡模制造。首先根据要求的标准铸件的形状和尺寸，用钢、铜或铝合金制造压型；然后将熔化成糊状的蜡质材料（常用 50% 石蜡 + 50% 硬脂酸）压入压型中，待冷却凝固后取出，修去分型面上的毛刺后得到单个的蜡模。为能一次铸出多个铸件，可将多个蜡模粘合在一个蜡制的浇注系统上，构成蜡模组。

2）型壳制造。在蜡模组上涂挂耐火涂料层以制成具有一定强度的耐火型壳。首先将蜡模浸入涂料中（石英粉 + 水玻璃、硅酸乙酯等），取出后撒上石英粉（砂），再浸入氯化铵的溶液中进行硬化。重复上述过程 4 ~ 6 次，制成 5 ~ 10mm 厚的耐火型壳。待型壳干燥后，置于 90 ~ 95℃ 的热水中浸泡，熔出蜡料即得到一个中空的型壳。

3）焙烧、浇注。将型壳在 850 ~ 950℃ 的炉内进行焙烧，去除残留的蜡料和水份，并提高型壳的强度；将焙烧后的型壳趁热置于砂箱中，并在其周围填充砂子或铁丸固定，即可进行浇注。

（2）特点　熔模铸造是一种精密铸造工艺，铸件的尺寸精度高、表面质量好，适应性强，能生产出形状特别复杂的铸件，适合于高熔点和难切削合金，生产批量不受限制。但熔模铸造的工艺复杂、生产周期长、成本高，不适宜大件铸造。

（3）应用　熔模铸造适合于形状复杂、精密的中小型铸件（质量一般不超过25kg）；可生产高熔点、难切削的合金铸件，如形状复杂的涡轮发电机、增压器、汽轮机的叶片和叶轮；可生产复杂刀具；还可生产各种不锈钢、耐热钢和磁钢等的精密铸件。

5. 实型铸造

实型铸造又称消失模铸造或气化模铸造，是用泡沫塑料代替木模和金属模样，造型后不取出模样，当浇入高温金属液时泡沫塑料模样气化消失，金属液填充模样的位置，冷却凝固后获得铸件的方法。图 10-12 为实型铸造工艺过程示意图。

（1）特点　实型铸造时不用起模、不用型芯、不合型，大大减化了造型工艺，并减少了由制芯、取模、合型引起的铸造缺陷及废品；由于采用了干砂造型，使砂处理系统大大简化，极易实现落砂，改善了劳动条件；由于不分型，铸件无毛刺飞边，使清理打磨工作量减

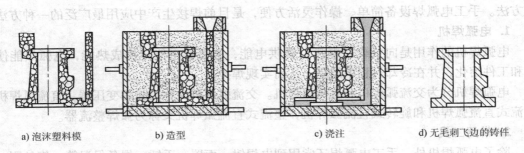

| a) 泡沫塑料模 | b) 造型 | c) 浇注 | d) 无毛刺飞边的铸件 |

图 10-12 实型铸造工艺过程示意图

少 50% 以上。但实型铸造气化模造成空气污染；泡沫塑料模具设计生产周期长，成本高，因而要求产品有相当的批量后才有经济效益；生产大尺寸的铸件时，由于模样易变形，须采取适当的防变形措施。

（2）应用 实型铸造适用于各类合金（钢、铁、铜、铝等合金），适合于结构复杂甚至相当复杂、难以起模或活块和外芯较多的铸件，如模具、汽缸头、管件、曲轴、叶轮、壳体、艺术品、床身、机座等。

10.2 焊接成形基础

焊接是一种低成本、高可靠连接材料的工艺方法。到目前为止，还没有另外一种工艺比焊接更为广泛地应用于材料间的连接。焊接技术已发展成为融材料学、力学、热处理学、冶金学、自动控制学、电子学、检验学等学科为一体的综合性学科。

10.2.1 焊接概述

1. 焊接

焊接是现代工业生产中广泛应用的一种金属连接方法，是通过加热或加压或两者兼用，并且用或不用填充材料，使焊件达到原子（分子）间结合的一种方法。

2. 特点

与机械连接、铆接、粘接等其他连接方法相比，焊接具有质量可靠（如气密性好）、生产率高、成本低、工艺性好等优点。

3. 分类

按焊接过程的特点，焊接方法分为**熔焊**（如手工电弧焊、气焊等）、**压焊**（如电阻焊、摩擦焊等）和**钎焊**（如锡焊、铜焊等）三大类。

4. 生产过程

焊接的一般生产过程为：

$$下料 \rightarrow 装配 \rightarrow 焊接 \rightarrow 矫正变形 \rightarrow 检验$$

10.2.2 手工电弧焊

手工电弧焊（又称为**焊条电弧焊**）是用手工操纵焊条进行焊接的电弧焊方法，是熔焊中最基本的焊接方法，它是利用焊条与工件间产生的电弧热，将工件和焊条熔化而进行焊接的方法。手工电弧焊设备简单、操作灵活方便，是目前焊接生产中应用最广泛的一种方法。

1. 电弧焊机

电弧焊机的作用是向负载（电弧）提供电能，电弧将电能转换成热能，电弧热能使焊条和工件熔化，并在冷却过程中结晶，从而实现焊接。

电弧焊机分为交流弧焊机和直流弧焊机。交流弧焊机又称为弧焊变压器，直流弧焊机有整流式直流弧焊机和旋转式直流弧焊机，整流式直流弧焊机又称为弧焊整流器。

2. 常用工具

除了电弧焊机外，手工电弧焊还常用到电焊钳、面罩、手锤、焊条保温筒、钢丝刷、皮手套、皮足盖、绝缘胶鞋等。

3. 电焊条

电焊条简称焊条，是手工电弧焊时的焊接材料，由焊芯和药皮两部分组成。**焊芯**是焊条内的金属丝，由特殊冶炼的焊条钢拉拔制成，主要起传导电流和填充焊缝的作用，同时可渗入合金。一般规定焊芯的直径和长度即为焊条的直径和长度。焊芯表面**药皮**由多种矿物质、有机物和铁合金等粉末用粘结剂按一定比例配制而成。主要起造气、造渣、稳弧、脱氧和渗合金等作用。

焊条按用途可分为碳素钢焊条、低合金钢焊条、不锈钢焊条、铸铁焊条、镍和镍合金焊条、铜和铜合金焊条、铝和铝合金焊条等；按药皮熔渣化学性质分为酸性焊条和碱性焊条两大类，熔渣中酸性氧化物多的称为酸性焊条，反之称为碱性焊条。酸性焊条有良好的工艺性，但焊缝的力学性能，特别是冲击韧度较差，只适合焊接强度等级一般的结构；碱性焊条的焊缝具有良好的抗裂性和力学性能，特别是冲击韧度较高，常用于焊接重要工件。

常用酸性焊条牌号有 J422、J502 等，碱性焊条牌号有 J427、J506 等。牌号中的"J"表示结构钢焊条，牌号中三位数字的前两位"42"或"50"表示焊缝金属的抗拉强度等级，分别为 420MPa 或 500MPa；最后一位数字表示药皮类型和焊接电源种类，1～5 为酸性焊条，使用交流或直流电源均可，6～7 为碱性焊条，只能用直流电源。

4. 基本操作

手工电弧焊的焊接步骤一般包括**引弧**、**运条**、**接头**、**收尾**和**焊后清理**等几个环节。

（1）引弧   引弧是指使焊条和焊件之间产生稳定的电弧，使焊接过程顺利进行。引弧时，使焊条接触焊件表面形成短路，然后迅速将焊条向上提起 2～4mm 的距离，电弧即被引燃。

（2）运条   引弧后，即进入正常的焊接过程。为了形成良好的焊缝，首先要掌握好焊条与焊件之间的角度，焊条与其纵向移动方向成 70°～80°，与垂直焊接方向成 90°，其次，焊条要作三个方向的协调运动：

1）向熔池方向逐渐的送进。

2）沿焊接方向的移动。

3）为了获得一定宽度的焊缝，焊条沿焊缝横向摆动。

（3）焊缝收尾   焊缝收尾时，要填满弧坑，因此，焊条在停止前移的同时，应在收弧处画一个小圈并自下而上慢慢将焊条提起，拉断电弧。

（4）焊后清理和检查   焊接结束后，焊缝表面被一层焊渣覆盖着，待焊缝温度降低后，用敲渣锤轻轻敲击除掉；焊件上焊缝两侧的飞溅金属，可用扁铲铲除，使用钢丝刷清理焊缝及其周围。清理干净的焊缝，可用肉眼及放大镜进行外观检查，必要时应用仪器检验。如发现焊缝有不允许存在的缺陷，需采用修补措施，若变形超过允许范围需进行矫正。

5. 焊接接头与坡口

在焊接前，应根据焊接部位形状、尺寸和受力的不同，选择合适的接头类型。常见的接头形式有对接接头、搭接接头、角接接头和 T 形接头四种，如图 10-13 所示。

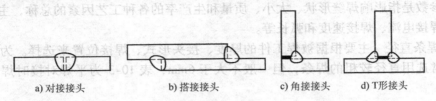

图 10-13　常见焊接接头类型

为了保证焊接质量，必须在焊接接头处开适当的坡口。**坡口**的主要作用是保证焊透，此外，坡口的存在还可形成足够容积的金属液熔池，以便焊渣浮起，不致造成夹渣。坡口的几何尺寸必须设计好，以便减少金属填充量，减少焊接工作量和减少变形。

对钢板厚度在 6mm 以下的双面焊，因手工焊的溶深可达 4mm，故可不开坡口，即 I 形坡口。对厚度在 6mm 以上的钢板，可采用 Y 形、X 形和 U 形坡口，如图 10-14 所示。

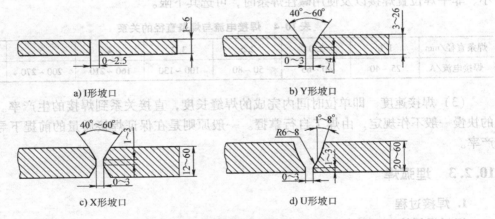

a) I 形坡口　　　　　b) Y 形坡口

c) X 形坡口　　　　　d) U 形坡口

图 10-14　对接接头坡口形式

6. 焊缝位置设计

依焊接时焊缝在空间的位置不同，有平焊、立焊、横焊和仰焊四种，如图 10-15 所示。

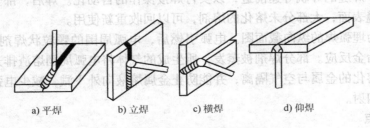

a) 平焊　　　b) 立焊　　　c) 横焊　　　d) 仰焊

图 10-15　对接焊缝的空间位置

平焊操作容易，劳动条件好，生产率高，质量易于保证，应尽量将焊缝放在平焊位置上施焊。进行立焊、横焊和仰焊时，由于重力作用，被熔化的金属向下滴落而造成施焊困难，应尽量避免，若确需采用这些焊接位置时，则应选用直径较小的焊条、较小的电流及短的电弧等措施进行焊接。

7. 焊接参数

焊接参数是指影响焊缝形状、大小、质量和生产率的各种工艺因素的总称，主要包括焊条直径、焊接电流、焊接速度和弧长等。

（1）焊条直径　主要根据被焊工件的厚度、接头形式、焊接位置来选择。为了提高生产率，通常选用直径较粗的焊条，但一般不大于6mm，表10-3为平焊对接时焊条直径的选择。

表10-3　平焊对接时焊条直径的选择

钢板厚度/mm	≤1.5	2.0	3	4~7	8~12	≥13
焊条直径/mm	1.6	1.6~2.0	2.5~3.2	3.2~4.0	4.0~4.5	4.0~5.8

（2）焊接电流　其大小主要根据焊条直径确定，可参考表10-4。焊接电流过小，焊接生产率较低，电弧不稳定，还可能焊不透工件；焊接电流过大，则引起熔化金属的严重飞溅，甚至烧穿工件。在工件厚度大、环境温度低等情况下，可选电流的上限；而在工件厚度小、非平焊位置焊接以及使用碱性焊条时，可选其下限。

表10-4　焊接电流与焊条直径的关系

焊条直径/mm	1.6	2.0	2.5	3.2	4	5	6
焊接电流/A	25~40	40~65	50~80	100~130	160~210	200~270	260~300

（3）焊接速度　即单位时间内完成的焊缝长度，直接关系到焊接的生产率。焊接速度的快慢一般不作规定，由焊工自行掌握。一般原则是在保证焊接质量的前提下寻求高的生产率。

10.2.3　埋弧焊

1. 焊接过程

埋弧焊焊接过程示意图如图10-16所示。焊接时，先在焊接件接头上面覆盖一层颗粒状的焊剂，焊剂的作用与焊条药皮基本相同，电弧是在焊剂层下燃烧的。自动焊机能自动引弧，靠送进机构可自动送进焊丝并保持一定的弧长，由一辆小车自动载运焊剂、焊丝和送进机构沿着平行于焊缝的导轨等速前进，以实行焊接操作的自动化。焊后，部分熔剂熔化成焊渣，覆盖在焊缝表面，大部分未熔化的熔剂，可以回收重新使用。

图10-17为埋弧焊的纵向截面图。电弧引燃后，电弧周围的颗粒状焊剂被熔化成熔渣，与熔池金属有冶金反应。部分焊剂被蒸发，所生成的气体将电弧周围熔渣排开，形成一个封闭的熔池，使熔化的金属与空气隔离，并能防止金属熔液向外飞溅，减少电弧热能损失，同时还阻止弧光四射。

2. 生产特点

与手工电弧焊相比较，埋弧焊有下列优点：

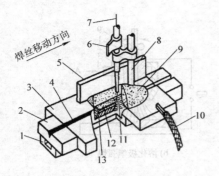

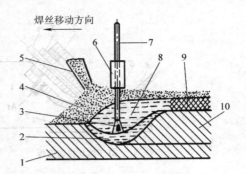

图 10-16 埋弧焊焊接过程示意图

1—垫板 2—导向板 3—焊件 4—焊缝 5—挡板
6—导电嘴 7—焊丝 8—焊剂管 9—焊剂
10—电缆 11—熔池 12—渣壳 13—焊缝

图 10-17 埋弧焊的纵截面图

1—焊件 2—熔池 3—熔滴 4—焊剂 5—焊剂斗
6—导电嘴 7—焊丝 8—熔渣 9—渣壳 10—焊缝

（1）生产率高 因为埋弧焊焊接的过程中，不存在焊条发热和金属熔液飞溅的问题，所以能用很大的焊接电流，常高达 1000V 以上，比手工电弧焊的电流高出 6～8 倍。同时，埋弧焊所用的焊丝是连续成卷的，可节省更换焊条的时间。因此，埋弧焊的生产率能比手工电弧焊提高 5～10 倍。

（2）节省金属材料 埋弧焊的电弧热量集中，焊件接头的熔深较大，厚度为 20～25mm 以下的工件，可以不开口就进行焊接。由于没有焊条头的浪费，飞溅损失也很小，因此可节省大量焊丝金属。

（3）焊接质量高 主要的原因是焊剂对金属熔液保护得比较严密，空气较难侵入，而且熔池保持液态的时间较长，冶金过程进行得较为完善，气体和焊渣也容易浮出。又因焊接过程能自动控制，所以焊接质量稳定，焊缝成形美观。

（4）劳动条件好 因为没有弧光，所以焊工不必带防护服装和面罩，焊接烟雾也较少。

3. 应用范围

1）因为设备费用较贵，准备工作费时，所以只适用于批量生产、长焊缝的焊件。

2）不能焊接薄的工件，以免烧穿，适合于焊接的钢板厚度为 6～60mm。

3）只能进行平焊，而且不能焊接任意弯曲的焊缝。

10.2.4 气体保护焊

用外加气体作为电弧介质并保护电弧和焊接区的电弧焊称为**气体保护电弧焊**，简称为**气体保护焊**。最常用的气体保护电弧焊方法有氩弧焊和二氧化碳气体保护焊。

1. 氩弧焊

氩弧焊是以氩气作为保护气体的电弧焊。按所用电极的不同，可分为不熔化极氩弧焊和熔化极氩弧焊两种，分别如图 10-18a、b 所示。

（1）不熔化极氩弧焊 不熔化极氩弧焊以高熔点的钨棒为电极。焊接时，钨棒并不熔化，只起产生电弧的作用。因为钨棒所能通过的电流密度有限，所以只适用于焊接厚度为 6mm 以下的薄件。

手工操作的不熔化极氩弧焊，在焊接 3mm 以下的薄件时，都采用弯边接头直接熔合，可以不用填充金属；在焊接较厚的工件时，需用手工添加填充金属，或预先将焊丝安放在工

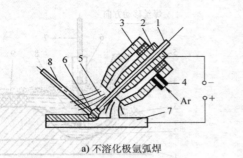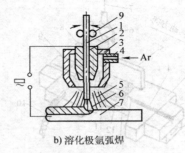

a) 不溶化极氩弧焊   b) 溶化极氩弧焊

图 10-18　氩弧焊示意图

1—焊丝或电极　2—导电嘴　3—喷嘴　4—进气管　5—氩气流

6—电弧　7—工件　8—填充焊丝　9—送丝辊轮

件的接头中。焊接钢材时，多用直流电源正接法，以减少钨极的消耗。焊接铝、镁等合金时，则希望用直流电源反接法，因为这时的极间正离子撞击工件，能使熔池表面的氧化膜破碎，以利工件的焊合。不过，反接极会使钨极消耗较快，实际上多采用交流电焊接。

注意： 用直流电源焊接时，所谓直流电源正接是指焊件接电源正极而焊条接电源负极，反之称为直流电源反接。

（2）熔化极氩弧焊　熔化极氩弧焊是以连续送进的金属焊丝为电极，因为可以用较大的焊接电流，适用于焊接厚度为 25mm 以下的焊件。自动的熔化极氩弧焊操作与埋弧焊相似，不同的是熔化极氩弧焊不用焊剂，焊接过程中没有冶金反应，氩气只起保护作用。因此，焊前必须把焊件的接头表面清理干净，否则某些杂质和氧化物会残留在焊逢内。

（3）氩弧焊的生产特点　氩弧焊的焊接质量较高，并能焊接各种金属。但因氩气的价格很贵，所以目前主要应用于铝、镁、钛及其合金的焊接，有时也用于合金钢的焊接。

2. 二氧化碳气体保护焊

二氧化碳气体保护焊是以 CO_2 作为保护气体，具有一定的氧化作用，因此二氧化碳气体保护焊不适用于焊接容易氧化的有色金属。焊接钢材时，为了保证焊缝的力学性能，补充被烧损的元素，并起一定的脱氧作用，必须应用锰、硅等元素含量较高的焊丝。

二氧化碳保护焊生产率较高、热影响区和焊接变形较小、明弧操作等。较突出的优点是 CO_2 价廉易得，焊接成本最低，只相当于埋弧焊或手工电弧焊的 40% 左右。因此广泛应用于焊接 30mm 以下厚度的各种低碳钢和低合金结构工件；缺点是不宜焊接容易氧化的有色金属等材料，也不宜在有风的场地工作，电弧光强，熔滴飞溅较严重，焊缝成形不够光滑。

10.2.5　电阻焊

电阻焊 又称接触焊，是电流通过焊件接头处的接触面及其临近区域产生的电阻热，将焊件加热到塑性状态或局部熔化状态，同时施加机械压力进行焊接的一种加工方法，因此属于压力焊。

为了提高生产率并防止热量散失，通电加热的时间极短，只有应用强大的电流才能迅速达到焊接所需要的高温。电阻焊需要大功率的焊机，通过交流变压器来提供低电压强电流的电源，焊接电流高达 5kA ~ 100kA，通电时间则由精确的电气设备自动控制。

电阻焊的主要优点是生产率高、焊接变形较小、劳动条件好，而且操作简易和便于实行机械化、自动化。但设备费用高、耗电量大，接头形式和工件厚度受到限制。因此，电阻焊主要应用于大批量生产棒料的对接和薄板的搭接。

电阻焊分点焊、缝焊和对焊三种形式。

1. 点焊

点焊是一种用柱状电极加压通电，将搭叠好的工件逐点焊合的方法，如图10-19所示。因为两个工件接触面上所产生的热量被电极中的冷却水传走，温升有限，电极与工件不会被焊牢。

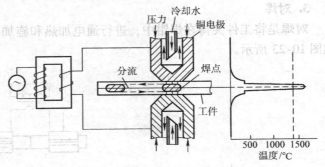

图10-19 点焊示意图

（1）操作过程 施压→通电→断电→松开，这样就完成一个点焊。先施压，后通电，是为了避免电极与工件之间产生电火花烧坏电极和工件。先断电，后松开，是为了使焊点在压力下结晶，以免焊点缩松。对于收缩性较大的材料，如焊接较厚的铝合金板材，停电之后还要适当增加压力，以获得组织致密的焊点。焊完一点后，将工件向前移动一定距离，再焊第二点。相邻两点之间应保持足够的距离，以免部分电流通过附近已有的焊点，造成过大的分流，影响焊接质量。

（2）点焊的质量 主要与焊接电流、通电时间、电极压力和工件表面的清洁程度等因素有关。焊接电流太小、通电时间太短、电极压力不足、特别是接头表面没有清理干净，都有可能焊接不牢。焊接电流过大、通电时间过长，都会使焊点熔化过大；过大的电极压力，会将工件外表面压陷，如图10-20所示。

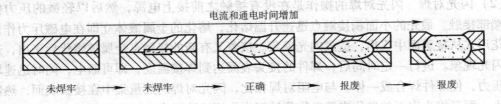

未焊牢 —→ 未焊牢 —→ 正确 —→ 报废 —→ 报废

图10-20 电流和通电时间对焊接质量的影响

（3）应用 点焊主要用于厚度为4mm以下的薄板搭接，这在钣金加工中最为常见。图10-21为几种典型的点焊接头形式。

2. 缝焊

缝焊的电极是一对旋转的圆盘，叠合的工件在圆盘间通电，并随圆盘的转动而送进，于是就能得到连续的焊缝，将工件焊合，焊接过程与点焊相同，如图10-22所示。

由于很大的分流通过已经焊合的部分，所以焊接相同的工件时，所需要的电流约为点焊的1.5～2倍，为了节省电能并使工件和焊接设备有冷却时间，采用焊缝连续送

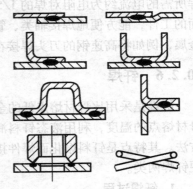

图10-21 点焊接头形式

进和间断通电的操作方法。虽然间断通电，但焊缝还是连续的，因为焊点相互重叠 50% 以上。

缝焊密封性好，主要用于 3mm 以下要求密封性的容器和管道的焊接。

3. 对焊

对焊是将工件夹持在焊钳中，进行通电加热和施加顶锻压力而将工件焊合的焊接方法，如图 10-23 所示。

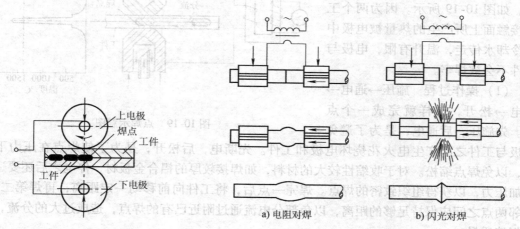

图 10-22　缝焊示意图　　　　　　　　图 10-23　对焊示意图

a) 电阻对焊　　　　　　b) 闪光对焊

（1）电阻对焊　**电阻对焊**的操作是先施加顶锻压力，使工件接头紧密接触。然后通电，利用电阻热使工件接触面上的金属迅速升温到高度塑性状态；接着断电，同时增大顶锻压力，在塑性变形中使焊件焊合成一体。电阻对焊只适宜于直径小于 20mm 的棒料对接。

（2）闪光对焊　**闪光对焊**的操作是在没有接触之前接上电源，然后以轻微的压力使工件的端部接触。最先的小面积接触点迅速升温熔化，熔化的金属液体立即在电磁斥力作用下以火花形式从接触面中飞出，造成闪光现象。接着又有新的接触点金属被熔化后飞出，连续产生闪光现象。进行一定时间后，焊件的接头表面达到焊接温度，即可断电，同时迅速增加顶锻压力，使焊件焊合成一体。与电阻对焊相比，闪光对焊的热量集中在接头表面，热影响区较小，而且接头表面的氧化皮等杂物能被闪光作用清除干净，因此焊接质量较高。闪光对焊所需的电流约为电阻对焊的 1/5 ~ 1/2，消耗的电能也较少。闪光对焊能焊接各种大小截面的工件，能方便地焊接轴类、管子、钢筋等各种断面的棒料和金属丝，并能焊接某些异种金属，例如将高速钢的刀头焊接在中碳钢的刀柄上。

10.2.6　钎焊

钎焊是采用比母材熔点低的金属材料作钎料，将焊件和钎料加热到高于钎料熔点、低于母材熔点的温度，利用液态钎料润湿母材，填充接头间隙并与母材相互扩散实现连接焊件的方法。其特点是钎料熔化而焊件接头并不熔化。按所用钎料的熔点不同，钎焊分为软钎焊和硬钎焊两类。

1. 钎焊过程

将表面清洗好的工件以搭接形式装配在一起，将钎料放在接头的间隙附近或接头间隙

中。当工件与钎料被加热到稍高于钎料熔点温度后，钎料熔化而工件未熔化，熔化的钎料借助毛细管作用被吸入和充满固态工件间隙之间，液态钎料与工件金属相互扩散溶解，冷凝后即形成钎焊接头，如图 10-24 所示。

钎焊常用的加热方式有烙铁加热、火焰加热、电阻加热、感应加热、浸渍加热和炉中加热等。

a) 安置钎料并加热　　b) 熔化钎料　　c) 钎料凝固形成钎焊接头

图 10-24　钎焊示意图

2. 软钎焊

软钎焊所用钎料的熔点在 450℃ 以下。常用的软钎料是锡铅合金，焊接接头强度一般不超过 70MPa。软钎料熔点低，熔液渗入接头间隙的能力较强，具有较好的焊接工艺性能。锡铅钎料还有良好的导电性，因此，软钎焊广泛应用于焊接受力不大的仪表、导电元件以及钢铁、铜和铜合金等材料的各种制品。

3. 硬钎焊

硬钎焊所用钎料的熔点都在 500℃ 以上。常用的硬钎料是黄铜和银铜合金，焊接接头强度都在 200MPa 以上。硬钎焊都应用于受力较大的钢铁和铜合金机件，以及某些工具的焊接。用银钎料焊接的接头具有较高的强度、导电性和耐腐蚀性，而且熔点较低，并能改善焊接工艺性能，但银钎料价格较贵，只用于要求较高的焊接件。耐热的高强度合金，须用镍铬合金作为钎料，并添加适量硅、硼等元素，以改善焊接工艺性能。

4. 钎焊工艺方法

钎焊机件的接头形式都采用板料搭接和管套件镶接，如图 10-25 所示，这样的接头之间有较大的结合面，以弥补钎料的强度不足，保证接头有足够的承载能力。接头之间还应有良好的配合，控制适当大小的间隙。间隙太大，不仅浪费钎料，而且会降低焊缝的强度。如果间隙太小，则会影响钎料熔液渗入，可能使结合面不能全部焊合。

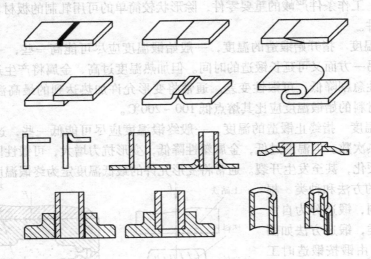

图 10-25　钎焊接头形式

焊接前应把表面的污物清除，钎焊过程中还要应用溶剂清除被焊金属表面的氧化膜，并增进钎料熔液渗入接头间隙的能力，以及保护钎料和工件接头表面免受氧化。软钎焊常用的溶剂为松香或氯化锌溶液，硬钎焊的主要溶剂是由硼砂、硼酸和碱性氟化物组成的。

5. 钎焊的特点及应用

与其他焊接方法相比，钎焊的主要优点如下：

1）钎焊过程中，工件的温升较低，因此工件的结晶组织和力学性能变化很小，而且焊接应力和变形也很小，容易保证焊件形状和尺寸的准确度。

2）钎焊可以焊接性能悬殊的异种金属，对工件厚度之差并无严格的限制。

3）整体加热钎焊时，可以同时焊合很多条焊缝，生产率较高。

4）钎焊接头外表光滑整齐，不需进行加工。

5）钎焊设备简单，生产投资较低。

但是钎料强度较低，所以接头承载能力有限，并且耐热能力较差。一般钎料都是有色金属及其合金，价格较贵。

钎焊不适用于一般钢结构和重载构件的焊接，主要用于焊接精密仪表、电气零部件、异种金属焊件，以及制造某些复杂薄板构件（如蜂窝构件、夹层构件、板式换热器）等。

10.3 锻压成形基础

10.3.1 锻压概述

锻压是一种对坯料施加外力，使其产生塑性变形，改变其尺寸、形状，用于制造机械零件或毛坯的成形方法。锻压包括锻造和冲压。

1. 锻造

（1）锻造的作用及应用 通过锻造能消除金属在冶炼过程中产生的铸态疏松等缺陷，优化微观组织结构，同时由于保存了完整的金属流线，锻件的力学性能一般优于同样材料的铸件。负载高、工作条件严峻的重要零件，除形状较简单的可用轧制的板材、型材或焊接件外，多采用锻件。

（2）始锻温度 指开始锻造的温度，一般始锻温度应尽可能高一些，一方面金属的塑性可以提高，另一方面又可延长锻造的时间。但加热温度过高，金属将产生过热或过烧的缺陷，使金属塑性急剧降低，可锻性变差。通常将变形允许加热达到的最高温度定为始锻温度。一般金属材料的始锻温度应比其熔点低 100～200℃。

（3）终锻温度 指终止锻造的温度，一般终锻温度应尽可能低一些，这样可延长锻造时间，减少加热次数。但温度过低，金属塑性降低，变形抗力增大，可锻性同样变差，金属还会产生加工硬化，甚至发生开裂。通常将变形允许的最低温度定为终锻温度。

（4）锻造的方法和种类 根据成形方式不同，锻造分为自由锻和模锻两大类，锻造方法如图10-26 所示。自由锻按锻造时工件受力来源不同，又分为手工自由锻与机器自由锻，手工自由锻劳动强度大，目前已逐步被机器自由锻和模锻所替代；模锻按所

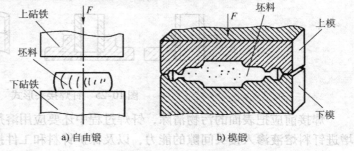

图 10-26 锻造方法

用锻造设备不同，又分为锤上模锻和胎模锻。

2. 板料冲压

利用冲模使板料产生分离或变形，以获得零件的加工方法，称为板料冲压。板料冲压一般在室温下进行，故称为冷冲压；只有当板料厚度超过 8mm 时，才采用热冲压。

10.3.2 自由锻

自由锻是利用冲击力或压力使金属在上、下两个砧铁（砧座与锤头）之间产生变形，从而获得所需形状及尺寸的锻件，由于坯料在砧铁之间受力变形时，沿变形方向可自由流动，不受限制，故而得名，也称自由锻造，如图 10-26a 所示。坯料在砧铁间受力变形时，可向各个方向变形，不受限制。自由锻分手工自由锻和机器自由锻两种，手工自由锻生产率低，劳动强度大，只适用于小锻件及修配工作。

自由锻工序分为基本工序、辅助工序和精整工序三类。基本工序是达到锻件基本成形的工序，包括镦粗、拔长、冲孔、弯曲、切割、扭转等，最常用的是镦粗、拔长和冲孔。辅助工序是为基本工序操作方便而进行的预变形工序，如压钳口、倒棱和压肩等。精整工序是修整锻件的最后尺寸和形状，消除表面的不平和歪扭，使锻件达到图样要求的工序，如修整鼓形、平整端面和校直弯曲等。

1. 镦粗

使毛坯高度减小、横断面积增大的锻造工序称为**镦粗**，如图 10-27 所示。镦粗一般用来制造齿轮坯或盘饼类毛坯，或为拔长工序增大锻造比及为冲孔工序作准备等。为了防止坯料在镦粗时产生轴向弯曲，坯料镦粗部分的高度不应大于坯料直径的 2.5~3 倍。局部镦粗时，可只对所需镦粗部分进行加热，然后放在垫环（漏盘或胎模）上锻造，以限制变形范围，如图 10-27b、c、d 所示。

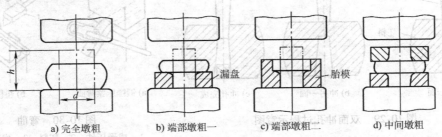

a) 完全墩粗　　b) 端部墩粗一　　c) 端部墩粗二　　d) 中间墩粗

图 10-27　镦粗

2. 拔长

使毛坯横截面积减小、长度增加的锻造工序称为**拔长**，如图 10-28 所示。拔长用来制造轴杆类毛坯，如光轴、台阶轴、连杆和拉杆等较长的锻件。拔长需用夹钳将坯料钳牢，锤击时应将坯料绕其轴线不断翻转，常用方法有两种：一种是反复 90° 翻转锤击，如图 10-28b 所示，此法操作方便，但变形不均匀；另一种是沿螺旋线翻转锤击，如图 10-28c 所示，该法坯料变形和温度变化较均匀，但操作不方便。空心毛坯的拔长是加芯轴进行变形，如图 10-28d 所示，一般用于锻造长筒类锻件。

3. 冲孔

在坯料上冲出通孔或不通孔的锻造工序称为**冲孔**。冲孔常用于制造带孔齿轮、套筒、圆

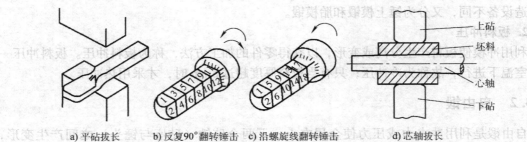

a) 平砧拔长　　b) 反复90°翻转锤击　　c) 沿螺旋线翻转锤击　　d) 芯轴拔长

图 10-28　拔长

环及重要的大直径空心轴等锻件。为减小冲孔深度和保持端面平整，冲孔前通常先将坯料镦粗。冲孔后大部分锻件还需芯棒拔长、扩孔或修整。冲孔分双面冲孔和单面冲孔两种。

双面冲孔时，先试冲一凹痕，检查孔的位置无误后，在凹痕中撒少许煤粉以利于冲子的取出，然后用冲子冲深至坯料厚度的 2/3 ~ 3/4，再翻转坯料将孔冲穿，图 10-29 为双面冲孔过程示意图。单面冲孔是直接将孔冲穿，主要用于较薄的坯料。

4. 弯曲

采用特定的工模具将毛坯弯成所规定的外形的锻造工序称为**弯曲**，弯曲方法主要有锻锤压紧弯曲法和垫模弯曲法两种，如图 10-30 所示。坯料弯曲变形时，金属的纤维组织未被切断，并沿锻件的外形连续分布，可保证力学性能不致削弱。质量要求较高并具有弯曲轴线的锻件，如角尺和吊钩等都是利用弯曲工序来锻制的。

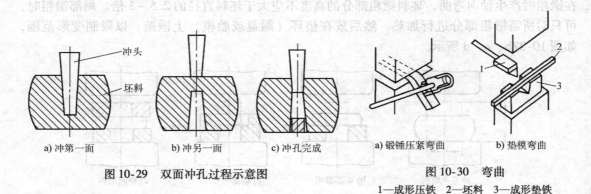

a) 冲第一面　　b) 冲另一面　　c) 冲孔完成

图 10-29　双面冲孔过程示意图

a) 锻锤压紧弯曲　　b) 垫模弯曲

图 10-30　弯曲

1—成形压铁　2—坯料　3—成形垫铁

5. 切割

把板材或型材等切成所需形状和尺寸的坯料或工件的锻造工序称为**切割**。

6. 自由锻的特点及应用

（1）特点　自由锻工艺灵活，所用工具、设备简单，通用性大，成本低，可锻造小至几克大至数百吨的锻件。但自由锻尺寸精度低，加工余量大，生产率低，劳动条件差，强度大，要求工人技术水平高。

（2）应用　自由锻是大型锻件的主要生产方法，因为自由锻可以击碎钢锭中粗大的铸造组织，锻合钢锭内部气孔、缩松等空洞，并使流线状组织沿锻件外形合理分布。自由锻是生产水轮发电机机轴、涡轮盘等重型锻件惟一可行的方法，在重型机械制造中占有重要的地位。对中、小型锻件，从经济上考虑，只在单件、小批生产中才采用自由锻。典型自由锻锻件分类、基本工序方案及应用举例见表 10-5。

表 10-5 典型自由锻锻件分类、基本工序方案及应用举例

类　别	示　意　图	基本工序方案	应用举例
饼块类		镦粗或局部镦粗	圆盘、齿轮、模块、锤头等
轴杆类		拔长 镦粗—拔长（增大锻造比） 局部镦粗—拔长（横截面相差较大的阶梯轴）	传动轴、主轴、连杆类零件
空心类		镦粗—冲孔 镦粗—冲孔—扩孔 镦粗—冲孔—芯轴拔长	圆环、法兰、齿圈、套筒、空心轴等
弯曲类		轴杆类锻件工序—弯曲	吊钩、弯杆、轴瓦盖等
曲轴类		拔长—错移（单拐曲轴） 拔长—错移—扭转	曲轴、偏心轴等
复杂形状件		前几类锻件工序的组合	阀杆、吊环等

10.3.3 模锻

利用模具使毛坯变形而获得锻件的锻造方法称为**模锻**。与自由锻比较，模锻具有模锻件尺寸精度高、形状可以很复杂、质量好、节省金属和生产率高等优点。此外，在大批量生产时，模锻件的成本较低。其不足之处是锻件质量较小，受锻模设备吨位的限制，模锻件质量一般在 150kg 以下；模锻设备投资大，每种锻模只可加工一种锻件，在小批量生产时模锻不经济；工艺灵活性不如自由锻。

模锻适用于中、小型锻件的成批和大量生产，广泛应用于汽车、拖拉机、飞机、机床和动力机械等工业中。

模锻分为锤上模锻和胎模锻两类。

1. 锤上模锻

锤上模锻简称模锻，是在模锻锤上利用模具（锻模）使毛坯变形而获得锻件的锻造方法。

（1）模锻设备　常用的锤上模锻设备有模锻空气锤、螺旋压力机、平锻机和模锻水压机等。锻模紧固在锤头（或滑块）与砧座（或工作台）上。锤头沿导向性良好的导轨运动，砧座通常与模锻设备的机架连接成整体。

（2）锻模结构　使坯料成形而获得模锻件的工具称为**锻模**。锻模由上模和下模组成，上模靠楔铁紧固在锤头上，随锤头一起作上下往复运动，下模用紧固楔铁固定在模座上。上、下模合在一起，其中间部形成的空间称为模膛。根据作用不同，模膛分成制坯模膛和模锻模膛两大类；根据模锻件的复杂程度不同，锻模又分单膛锻模和多膛锻模。

单膛锻模是在一副锻模上只有终锻模膛，如齿轮坯模锻件，就可将截下的圆柱形坯料直接放入单膛锻模中成形，如图10-31所示。**多膛锻模**是在一副锻模上具有两个以上模膛的锻模，图10-32为弯曲连杆的多模膛锻模及其模锻过程。

形状复杂的锻件应先用制坯模膛将坯料经几次变形，逐步锻成与锻件断面形状近似的毛坯，以利于金属均匀变形，顺利充满模膛，从而获得准确形状的模锻件。图10-32中的拔长、滚挤、弯曲等模膛，都属制坯模膛。

模锻模膛是锻件最终成形的模膛，包括预锻模膛和终锻模膛。

预锻模膛是复杂锻件制坯以后预锻变形用的模膛，目的是使毛坯形状和尺寸更接近锻件，在终锻时更容易充填终锻模膛，同时改善坯料锻造时的流动条件和提高终锻模膛的使用寿命。

终锻模膛是使坯料最后成形得到与锻件图一致的锻件的模膛。为了使终锻时锤击力比较集中，锻件受力均匀及防止偏心、错移等缺陷，终锻模膛一般设置在锻模的居中位置。终锻成形后的锻件，周围存在较薄的飞边，可在压力机上用切边模切除。

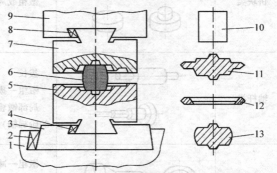

图10-31　单模膛锻模及其锻件成形过程

1—砧座　2、8—楔铁　3—模座　5—下模　6—坯料
7—上模　9—锤头　10—坯料　11—带飞边的锻件
12—切下的飞边　13—成形锻件

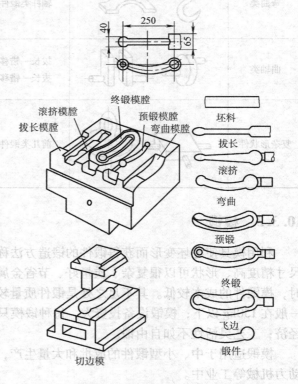

图10-32　弯曲连杆的多模膛锻模及其模锻过程

2. 胎模锻

胎模锻是在自由锻设备上使用可移动模具（胎模）生产模锻件的一种锻造方法。胎模不固定在锤头或砧座上，只在使用时才放到下砧上去。

（1）胎模锻的应用特点　胎模锻前，通常先用自由锻制坯，再在胎模中终锻成形。它既具有自由锻简单、灵活的特点，又兼有模锻能制造形状复杂、尺寸准确的锻件的优点，因此适于小批量生产中用自由锻成形困难、模锻又不经济的复杂形状锻件。

（2）胎模的种类　根据胎模的结构特点，胎模可分成制坯整形模、成形模和切边冲孔模等。

1）摔模是用于锻造回转体或对称锻件的一种简单制坯整形胎模，如图 10-33a 所示，这类胎模是最为常用，用于锻件成形前的整形、拔长、制坯和校正。用摔模锻造时，须不断旋转锻件，适用于锻制回转体锻件，如光轴和台阶轴等。

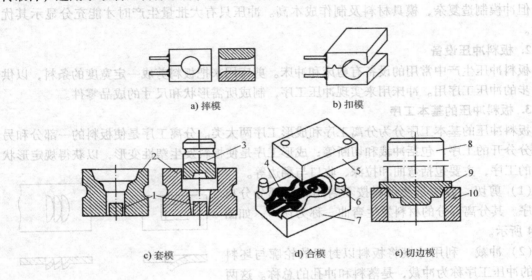

a) 摔模　　　　b) 扣模

c) 套模　　　　d) 合模　　　　e) 切边模

图 10-33　胎模种类

1—垫块　2—套筒　3、5—上模　4—模膛　6—定位销　7—下模　8—冲头　9—锻件飞边　10—垫环（凹模）

2）扣模、套模、合模分别如图 10-33b、c、d 所示，均为成形模。扣模由上扣和下扣组成，或只有下扣，而以上砧块代替上扣。扣模既能制坯，也能成形，锻造时，锻件不转动，可移动。扣模用于非回转体杆料的制坯、弯曲或终锻成形。套模分开式和闭式两种，开式套模只有下模，上模由上砧块代替，适用于回转体料的制坯或成形，锻造时常产生小飞边；闭式套模锻造时，坯料在封闭模膛中变形，无飞边，但产生纵向毛刺，除能完成制坯或成形外，还可以冲孔。

3）合模一般由上、下模及导向装置组成，如图 10-33d 所示，用于形状复杂的非回转体锻件的成形。

4）由于材料的各向异性，拉深后得到的拉深件周边高度一般不一致。对于端部要求平齐、美观的零件就需要补充一道切边工序。如果拉深件为圆筒形件，虽然可以用车床切边，但是其工作效率低且难以装夹，并有可能发生变形。用切边模具来完成这一道工序，如图 10-33e所示，不仅工作效率高而且制件质量良好。

171

10.3.4 板料冲压

使板料经分离或成形而得到制件的工艺统称为**冲压**。

1. 板料冲压的特点

板料冲压工艺广泛应用于汽车、拖拉机、农业机械、航空、电器、仪表以及日用品等工业部门。板料冲压所用的原材料通常是塑性较好的低碳钢、塑性高的合金钢、铜合金、铝合金等的薄板料、条带料。板料冲压具有下列特点：

1）可冲压形状复杂的零件，废料较少。

2）冲压件有较高的尺寸精度和表面质量，互换性好。

3）冲压件的重量轻、强度和刚度好，有利于减轻结构重量。

4）冲压操作简单，工艺过程便于实现机械化自动化，生产率高，成本低。

但冲模制造复杂，模具材料及制作成本高。冲压只有大批量生产时才能充分显示其优越性。

2. 板料冲压设备

板料冲压生产中常用的设备有剪床和冲床。剪床用来把板料剪成一定宽度的条料，以供下一步的冲压工序用。冲床用来实现冲压工序，制成所需形状和尺寸的成品零件。

3. 板料冲压的基本工序

板料冲压的基本工序分为分离工序和成形工序两大类。分离工序是使板料的一部分和另一部分分开的工序，包括冲裁和切断等；成形工序是使板料发生塑性变形，以获得规定形状工件的工序，主要包括弯曲和拉深、收口与翻边等。

（1）剪切　剪切是使板料按不封闭轮廓部分分离的工序。其分离部分的材料发生弯曲，称为切口，如图 10-34 所示。

（2）冲裁　利用冲模将板料以封闭的轮廓与坯料分离的冲压工序称为冲裁，是落料和冲孔的总称。这两个工序的模具结构和板料变形过程是相同的，只是作用

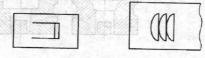

图 10-34　切口

不同。落料时，冲下的部分是工件成品，带孔的周边是废料，如图 10-35 所示；而冲孔时则相反，冲下部分是废料，周边是成品。

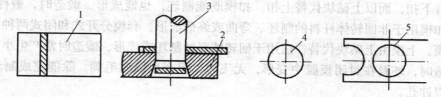

图 10-35　落料

1—板料　2—凹模　3—凸模　4—冲压制件　5—余料

（3）弯曲　弯曲是将板料、型材或管材在弯矩作用下弯成一定角度的工序，如图 10-36 所示。弯曲时，材料内侧受压，外侧受拉；塑性变形集中在与凸模接触的狭窄区域内。坯料越厚，内弯曲半径越小，则压缩及拉伸应力越大，越容易弯裂。为防止产生裂纹，可采取措施为：选用塑性好的材料；限制最小弯曲半径；使弯曲方向与坯料流线方向一致，防止坯料

172

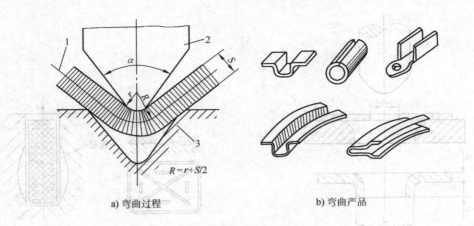

图 10-36 弯曲
1—板料 2—凸模 3—凹模

表面的划伤，以免产生应力集中。

（4）拉深（拉延） 是指变形区在拉、压应力作用下，使坯料成为空心件而厚度基本不变的加工方法，如图 10-37 所示。

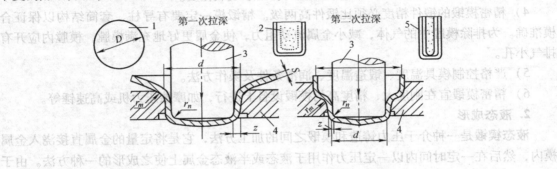

图 10-37 拉深
1—坯料 2—第一次拉深的产品（第二次拉深的坯料） 3—凸模 4—凹模 5—成品

（5）翻边 在板料或半成品上，使材料沿其内孔或外缘的一定曲线翻成竖立边缘的变形工序。若零件所需凸缘的高度较大，翻边时极易破裂，可采用先拉深后冲孔，再翻边的工艺。翻边实例如图 10-38 所示，图中 d_0 为坯料上孔的直径，δ 为坯料厚度，d 为凸缘平均直径，h 为凸缘的高度。

（6）成形 通过局部变形使坯料或半成品改变形状的工艺称为**成形**。起伏是在板料和制品表面通过局部变薄，获得各种形状的凸起和凹陷的成形方法，如图 10-39a 所示；胀形是将空心件轴向方向上的局部区段直径胀大的成形方法，如图 10-39b 所示。

10.3.5 锻压新技术简介

1. 精密模锻

精密模锻是在普通的模锻设备上锻制形状复杂的高精度锻件的一种模锻工艺，如锥齿轮、汽轮叶片、航空零件、电器零件等。锻件公差可在 ±0.02mm 以下。精密模锻具有如下工艺特点：

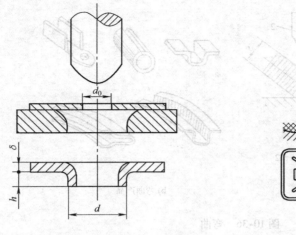

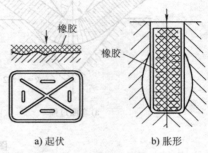

| a) 起伏 | b) 胀形 |

图 10-38　翻边　　　　　　　　　　　图 10-39　成形

1）精确计算原始坯料的尺寸，否则会增大锻件尺寸公差，降低精度。

2）需要仔细清理坯料表面，除净坯料表面的氧化皮、脱碳层及其他缺陷等。

3）采用无氧化加热方法，尽量减少坯料表面形成氧化皮。

4）精密模锻的锻件精度必须比锻件高两级。精锻模一定要有导柱、套筒结构以保证合模准确。为排除模膛中的气体，减小金属流动阻力，使金属更好地充满模膛，模膛内应开有排气小孔。

5）严格控制模具温度、锻造温度、润滑条件及操作方法。

6）精密模锻宜在刚度大、精度高的模锻设备上进行，如摩擦压力机或高速锤等。

2. 液态成形

液态模锻是一种介于压力铸造和模锻之间的加工方法，它是将定量的金属直接浇入金属模内，然后在一定时间内以一定压力作用于液态或半液态金属上使之成形的一种方法。由于结晶过程是在压力下进行的，因而改变了常态下结晶的宏观及微观组织，使柱状晶变为细小的等轴晶。用于液态模锻的金属可以是各种类型的合金，如铝合金、铜合金、灰铸铁、碳素钢、不锈钢等。液态模锻与一般模锻、铸造相比，具有以下优良的特性：

1）锻件的强度指标可以接近或达到模锻件的水平，组织致密均匀，性能优良。

2）锻件外形准确，表面粗糙度低，有时可不用进行机械加工。

3）液态模锻可以一次成形，不像一般模锻要多个模膛，而且液态金属充满模膛要比一般模锻容易得多，因而可提高生产率，减少劳动强度，也节省了大量模具钢。

4）液态模锻结构简单、紧凑。不像压铸需要浇口、浇道，使模具复杂。

5）液态模锻不需要用专门的压铸机，而采用通用设备。

3. 超塑性成形

超塑性是指金属或合金在特定条件下进行拉伸试验，其伸长率超过100%以上的特性，如纯钛可超过300%，锌铝合金可超过1000%。特定的条件是指一定的变形温度、一定的晶粒度、低的形变速率。目前常用的超塑性成形材料主要是锌铝合金、铝基合金、铁合金及高温合金。超塑性状态下的金属在变形过程中不产生缩颈现象，变形应力可比常态下降低几倍至几十倍。因此此种金属极易成形，可采用多种工艺方法制出复杂的零件。超塑性模锻工艺有以下特点：

1）扩大了可锻金属的种类。如过去认为只能采用铸造成形的某些合金，也可以进行超塑性模锻成形。

2）金属填充模腔性能好，锻件尺寸精度高，机械加工余量小，甚至可以不再加工，这对很难加工的钛合金和高温合金特别有利。

3）能获得均匀细小的晶粒组织，零件整体力学性能均匀一致。

4）金属的变形抗力小，可充分发挥中、小设备的作用。

● **案例释疑**

分析：①托杯工作时直接支持重物，承受压应力，宜选用灰铸铁材料，如HT200。由于托杯具有凹槽和内腔结构，形状较复杂，所以采用铸造方法成形。若采用中碳钢制造托杯，则可采用模锻进行生产。②手柄工作时，承受弯曲应力。受力不大，且结构形状较简单，可直接选用碳素结构钢材料，如Q235类。③螺母工作时沿轴线方向承受压应力，螺纹承受弯曲应力和摩擦力，受力情况较复杂。但为了保护螺杆，以及从降低摩擦阻力考虑，宜选用耐磨的材料，如青铜ZCuSn10Pb1，毛坯生产可以采用铸造方法成形。螺母孔尺寸较大时可直接铸出。④螺杆工作时，受力情况与螺母类似，但毛坯结构形状较简单规则，宜选用中碳钢或中碳合金钢材料，如40Cr钢等，毛坯生产方法可以采用锻造成形方法。⑤支承座是起重器的基础零件，承受静载荷压应力，宜选用灰铸铁HT200。又由于它具有锥度和内腔，结构形状较复杂，因此，采用铸造成形方法比较合理。

本 章 小 结

（1）铸造是指将熔融金属浇注、压射或吸入铸型型腔中，待其凝固后而得到一定形状、尺寸和性能的铸件的成形方法。

（2）砂型铸造可分为湿砂型（不经烘干可直接进行浇注的砂型）铸造和干砂型（经烘干的高黏土砂型）铸造两种。

（3）常用的特种铸造有金属型铸造、压力铸造、离心铸造、熔模铸造、陶瓷型铸造和实型铸造等。特种铸造在提高铸件精度和表面质量、提高生产率、改善劳动条件等方面具有独特的优点。

（4）焊接是现代工业生产中广泛应用的一种金属连接方法，是通过加热或加压或两者兼用，并且用或不用填充材料，使焊件达到原子（分子）间结合的一种方法。

（5）按焊接过程的特点，焊接方法分为熔焊（如手工电弧焊、气焊等）、压焊（如电阻焊、摩擦焊等）和钎焊（如锡焊、铜焊等）三大类。

（6）锻压是一种对坯料施加外力，使其产生塑性变形，改变其尺寸、形状，用于制造机械零件或毛坯的成形方法。锻压包括锻造和冲压。

（7）锻件的力学性能一般优于同样材料的铸件，负载高、工作条件严峻的重要零件，除形状较简单的可用轧制的板材、型材或焊接件外，多采用锻件。

思考与练习

1. 简述铸造的应用领域。

2. 说明铸件的常见缺陷。

3. 按焊接过程的特点，焊接方法分为哪几类？

4. 与手工电弧焊相比较，埋弧焊有哪些优点？

5. 简述锻造的作用及应用特点。

6. 自由锻的基本工序有哪些？

附　录

附录A　简明实验

实验1　金属材料的拉伸实验

1. 实验目的

1）了解万能材料试验机的主要功能，掌握其操作规程及使用时的注意事项。

2）测定低碳钢的屈服极限 σ_s，强度极限 σ_b，延伸率 δ 和截面收缩率 ψ。

3）测定铸铁的强度极限 σ_b。

4）观察金属材料在拉伸过程中的各种力学现象，了解受力与变形的关系。

5）比较低碳钢与铸铁拉伸性能的差别。

2. 实验设备及试样

（1）设备　万能材料试验机简图如图 A-1 所示。

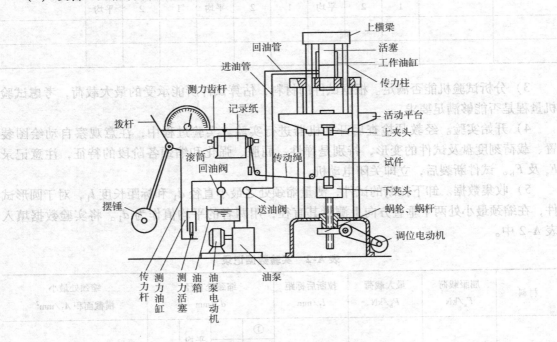

图 A-1　万能材料试验机简图

（2）量具　游标卡尺。

（3）试样　低碳钢拉伸试样和铸铁拉伸试样若干个。试样中段用于测量拉伸变形，此段的长度 l_0 称为**标距**。两端较粗的部分是头部，根据试验机的夹头的要求而定，为装入试验机中传递拉力之用。试样的尺寸和材料对实验结果具有一定的影响，为了避免这种影响和便于各种材料力学性能的数值能互相比较，所以对试件的尺寸和形状，国家定出统一规定，国标规定拉力试样分为比例试样和非比例试样两种。比例试样是指标距长度与横截面面积间具有下列关系的试件 $l = K\sqrt{A}$，其中系数 K 通常为 5.65 和 11.3，前者称为短试样，后者称为长试样。因此，直径为 d_0 的短、长圆形试样的标距长度 l_0 分别等于 $5d_0$ 和 $10d_0$。

3. 实验步骤

1）标刻度。为了量取试件的原始标距和断后标距，在实验前应将试件的标距段刻上均匀的刻度，如图 A-2 所示。

2）用分规和游标卡尺测量试样的原始直径 d_0 和标距长度 l_0。在标距中央及两条标距线附近各取一截面进行测量，每一横截面沿互垂方向各测一次取其平均值，再用所得的 3 个数据中的最小值计算试样的横截面面积。将数据填入表 A-1 中。

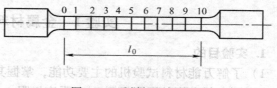

图 A-2　试样标距与刻度

表 A-1　原始尺寸记录

材料	标距 l_0/mm	直径 d_0/mm									最小横截面积 A_0/mm^2
		横截面 I			横截面 II			横截面 III			
		1	2	平均	1	2	平均	1	2	平均	

3）分析试验机能否满足。根据试件的材料，估算试件所能承受的最大载荷，考虑试验机量程是否能够满足要求。

4）开始实验。经教师检查后开动机器进行实验。实验过程中，注意观察自动绘图装置、载荷刻度盘及试件的变形，特别是弹性、屈服、强化和缩颈各阶段的特征，注意记录 F_s 及 F_b。试件断裂后，立即关闭电动机。

5）收集数据。卸下拉断的试件，测量缩颈处之最小直径 d_1 和标距长度 l_1，对于圆形试件，在缩颈最小处两个垂直方向上测量其直径，用两者的平均值作为 d_1。将实验数据填入表 A-2 中。

表 A-2　实验数据记录

材料	屈服载荷 F_s/kN	最大载荷 F_b/kN	拉断后标距 l_1/mm	缩颈处直径 d_1/mm		缩颈处最小横截面积 A_1/mm^2
				①	平均	
				②		

6）观察破坏现象并画下破坏断口的草图。

7）测量断后数据。

8）取下绘图纸，对拉伸图进行修整，注明坐标及比例尺。

9）切断电源，整理现场。

铸铁拉伸实验可参照低碳钢拉伸实验步骤进行。

4. 实验注意事项

1）开机前和停机后，送油阀一定要置于关闭位置。加载、卸载和回油均须缓慢进行。

2）拉伸试样夹住后，不得再调整下夹头的位置。

3）机器开动时，操纵者不得擅自离开。

4）实验过程中不得触动摆锤。

5）使用时，听见异声或发生任何故障应立即停止。

6）调整测力指针指零时，一定要开机进油，使活动平台上升少许。

7）试样装夹必须正确，防止偏斜和夹入部分过短的现象。读测力刻度盘显示值时，测力指针所指的刻度值必须与所挂摆锤相对应。

5. 实验结果分析

根据实验测定数据，可分别计算材料的强度指标和塑性指标，将数据填入表 A-3 中。

表 A-3　计算结果记录

材料	强　度　指　标		塑　性　指　标	
	屈服强度 σ_s/MPa	抗拉强度 σ_b/MPa	延伸率 δ(%)	截面收缩率 ψ(%)

注：计算结果取 3 位有效数字即可。

1）低碳钢。强度指标包括屈服强度、抗拉强度；塑性指标包括断后延伸率、断后截面收缩率。

2）铸铁。强度指标包括抗拉强度。

3）绘出 $F-\Delta l$ 曲线，对实验中的各种现象进行分析比较，并写进实验报告中。

实验 2　金属材料硬度的测定

1. 实验目的

1）了解硬度测定的基本原理及常用硬度试验法的应用范围。

2）掌握布氏硬度和洛氏硬度的测量方法。

3）学会正确使用硬度计。

2. 实验设备及试样

（1）布氏硬度测量　准备布氏硬度计；准备热轧状态 45 钢试样、黄铜试样若干块。根据国标规定，试样厚度至少为压痕深度的 10 倍，表面应光滑平整，无氧化物和污物，以保证测量结果的准确。

（2）洛氏硬度测量　准备洛氏硬度计；准备表面光滑、无氧化皮、无凹坑和明显的加工痕迹的试样，被测表面的粗糙度值 R_a 不应低于 $0.8\mu m$，同时要求试样在加工过程中，不应因受热或冷加工硬化而改变材料的性能，试样或实验层最小厚度应不小于压痕深度的 10 倍。

3. 实验步骤

布氏硬度测量步骤如下：

1）将试样实验面处理平坦，表面粗糙度 R_a 一般不大于 $0.80\mu m$。

2）结合布氏硬度试验规范（见表 1-1），根据试样材料选择合适的压头和载荷。

3）加载荷并保持一定的时间。

4）卸载荷。

5）将试样取下，用带刻度的低倍放大镜测压痕直径 d。

6）查附录 B《压痕直径与布氏硬度对照表》得到布氏硬度值。

洛氏硬度测量步骤如下：

1）将试样实验面处理平坦，表面粗糙度 R_a 一般不大于 $0.80\mu m$。

2）结合洛氏硬度试验条件（见表 1-2），根据试样材料选择合适的压头和初载荷 F_0。

3）施加与试样的试验面垂直的初载荷 F_0。

4）对于洛氏硬度，应调整硬度计指针指示至零点，在 $2\sim8s$ 内平稳的施加主载荷 F。

5）施加主载荷 F 后，保持一定时间。

6）主载荷要达到要求的保持时间。达到要求的保持时间后，要在 $2s$ 内平稳地卸除主载荷 F，保持初载荷 F_0，从相应的标尺刻度上读出洛氏硬度值。

7）在每个试件上的试验点数应不少于 4 点（第 1 点不记）。对大批量试件的检验，点数可适当减少。

8）洛氏硬度值应精确至 0.5 个洛氏硬度单位。

4. 实验注意事项

1）试样两端要平行，表面要平整，若有油污或氧化皮，可用砂纸打磨，以免影响测试。

2）圆柱形试样应放在带有 V 形槽的工作台上操作，以免试样滚动。

3）加载时应细心操作，以免损坏压头。

4）加初载荷 F_0 时，若发现阻力太大，应停止加载，立即报告，检查原因。

5）测定硬度值，卸掉载荷后，必须使压头完全离开试样后再取下试样。

6）金刚钻压头系贵重物件，质硬而脆，使用时要小心谨慎，严禁与试样或其他物体碰撞。

7）应根据硬度试验机使用范围，按规定合理选用不同的载荷和压头，超过使用范围将不能获得准确的硬度值。

5. 实验报告

1）简述布氏和洛氏硬度试验原理。

2）测定碳素钢（20 、45 、60 、T8 、T12）退火试样的布氏硬度值（HBW）。

3）测定碳素钢（45 、T8 、T12）正火及淬火试样的洛氏硬度值（HRC）。

4）测定 45 钢调质试样的洛氏硬度值（HRC）。

实验 3　铁碳合金显微组织的观察及分析

1. 实验目的

1）识别和研究铁碳合金（碳素钢和白口铁）在平衡状态下的显微组织。

2）分析含碳量对铁碳合金显微组织的影响，理解成分、组织与性能之间的相互关系。

2. 实验原理

碳钢合金的显微组织是研究钢铁材料性能的基础。碳钢合金平衡状态的组织是指合金在极为缓慢的冷却条件下（如退火状态）所得到的组织，其相变过程均按相图进行，因此可以根据相图来分析碳钢合金的平衡组织。

含碳量小于 2.11% 的合金为碳素钢，含碳量大于 2.11% 的合金为白口铸铁。所有碳素钢和白口铸铁在室温下的组织均由铁素体（Fe）和渗碳体（Fe_3C）这两个基本相所组成。只是因含碳量不同，铁素体和渗碳体的相对数量及分布形态有所不同，因而呈不同的组织形态。

3. 实验原理分析

碳素钢和白口铸铁的基本组织如下：

（1）铁素体（F）　是碳在铁中的固溶体。铁素体为体心立方格。具有磁性及良好的塑性，硬度较低。用 3%~4% 硝酸酒精溶液浸蚀后，在显微镜下呈现明亮色的多边形晶粒。

（2）渗碳体（Fe_3C）　是铁与碳形成的一种化合物，含碳量为 6.69%。用 3%~4% 硝酸酒精溶液浸蚀后，渗碳体呈亮白色，若用苦味酸钠溶液浸蚀，则渗碳体呈黑色而铁素体仍为白色。

（3）珠光体（P）　是铁素体和渗碳体的机械混合物，其组织是共析转变的产物。铁素体与渗碳体的含量比为 8:1，铁素体厚，渗碳体薄。

（4）莱氏体（L_d）　奥氏体和渗碳体的共晶混合物，其中奥氏体在继续冷却时析出二次渗碳体，在 727℃ 以下分解为珠光体。

铁碳合金室温下的显微组织如下：

（1）工业纯铁　含碳量 < 0.0218%，其显微组织为铁素体。

（2）碳素钢　共析钢含钢量为 0.77%，其显微组织由单一的珠光体组成，如图 A-3 所示。亚共析钢是含钢量在 0.0218%~0.77% 范围内的碳钢合金，其组织由先共析铁素体和珠光体所组成，随着含碳量的增加，铁素体的数量逐渐减少，而珠光体的数量则相应地增多，图 A-4 为亚共析钢的显微组织，其中亮白色为铁素体，暗黑色为珠光体。过共析钢含碳量在 0.77% 与 2.11% 之间。其组织由珠光体和先共析渗碳体（即二次渗碳体）组成。钢中含碳量越多，二次渗碳体数量就越多。图 A-5 为含碳量 1.2% 的过共析钢的显微组织。组织中存在

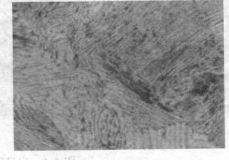

图 A-3　共析钢室温显微组织（500×）

片状珠光体和网络状二次渗碳体，经浸蚀后珠光体成暗黑色，而二次渗碳体则呈白色网络状。

（3）白口铸铁　是含碳量大于 2.11% 的铁碳合金。其中的碳以渗碳体的形式存在，断

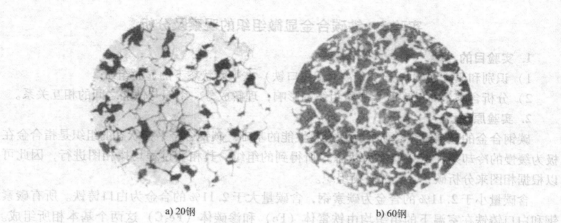

a) 20钢   b) 60钢

图 A-4　亚共析钢室温显微组织（250×）

口成亮白色而得此名。亚共晶白口铸铁含碳量 <4.3%，在室温下亚共晶白口铸铁的组织为珠光体、二次渗碳体和莱氏体，如图 A-6a 所示。用硝酸酒精溶液浸蚀后，在显微镜下呈现黑色枝晶状的珠光体和斑点状莱氏体，其中二次渗碳体与共晶渗碳体混在一起，不易分辨。共晶白口铸铁含碳量为 4.3%，其室温下的组织由单一的共晶莱氏体组成。经浸蚀后，在显微镜下，珠光体呈暗黑色细条或斑点状，共晶渗碳体呈亮白色，如图 A-6b 所示。过共晶白口铸铁含碳量 > 4.3%，在室温时的组织由一次渗碳体和莱氏体组成。用硝酸酒精溶液浸蚀后，在显微镜下可观察到在暗色斑点状的莱氏体基本上分布着亮白色的粗大条片状的一次渗碳体，其显微组织如图 A-6c 所示。

图 A-5　$w_C = 1.2\%$ 过共析钢的
室温显微组织（250×）

a) 亚共晶白口铸铁   b) 共晶白口铸铁   c) 过共晶白口铸铁

图 A-6　白口铸铁的室温显微组织（250×）

4. 实验步骤

1）准备设备和材料。包括金相显微镜、金相图册以及各种铁碳合金试样。各种铁碳合金试样及所用浸蚀剂见表 A-4。

表 A-4　各种铁碳合金及所用浸蚀剂

编号	材　料	显　微　组　织	浸　蚀　剂
1	工业纯铁	铁素体(F)	3%~4%硝酸酒精溶液
2	20 钢	铁素体(F) + 珠光体(P)	3%~4%硝酸酒精溶液
3	45 钢	铁素体(F) + 珠光体(P)	3%~4%硝酸酒精溶液
4	T8 钢	珠光体(P)	3%~4%硝酸酒精溶液
5	T12 钢	珠光体(P) + 二次渗碳体(FeC$_{II}$)	3%~4%硝酸酒精溶液
6	T12 钢	珠光体(P) + 二次渗碳体(FeC$_I$)	碱性苦味酸钠溶液
7	亚共晶白口铸铁	莱氏体(L'$_d$) + 珠光体(P)二次渗碳体(FeC$_{II}$)	3%~4%硝酸酒精溶液
8	共晶白口铸铁	莱氏体(L'$_d$)	3%~4%硝酸酒精溶液
9	过共晶白口铸铁	莱氏体(L'$_d$) + 一次渗碳体(FeC$_{II}$)	3%~4%硝酸酒精溶液

2）实验前复习相关内容，为实验做好理论方面的准备。

3）在显微镜下观察和分析表 A-4 中铁碳合金的平衡组织，识别钢和铸铁组织形态的特征。

4）绘出所观察的显微组织示意图。

5）根据显微组织近似确定亚共析钢的含碳量为：

$$C\% = \frac{P \times 0.8}{100} + \frac{F \times 0.0008}{100}$$

式中，P 和 F 分别为珠光体和铁素体所占面积的百分比。

5. 实验报告

1）实验目的。

2）在直径为 50mm 的圆内画出所观察样品的显微组织示意图（用箭头和代表符号表明各组织组成物，并注明样品成分、腐蚀剂、放大倍数）。

3）根据所观察的组织，说明含碳量对铁碳合金的组织和性能的影响规律。

实验 4　碳素钢的热处理

1. 实验目的

1）了解碳素钢的普通热处理（退火、正火、淬火、回火）工艺特点，初步掌握其操作方法。分析加热温度、冷却速度及回火温度对碳素钢热处理后的组织和力学性能的影响。

2）分析加热温度、冷却速度及回火温度对碳素钢热处理后的组织和力学性能的影响。

3）分析碳素钢的含碳量对淬火后硬度的影响。

2. 实验设备及试样

（1）实验设备　包括箱式加热炉、井式加热炉、淬火水槽、淬火油槽、砂轮机、抛光机、布氏硬度计、读数显微镜、洛氏硬度计和金相显微镜。

（2）试样　20、45、T8、T12 钢若干套。

3. 实验内容及步骤

1）实验时按小组领取试样一套，并打上钢号，以免混淆。

2）按表 A-5 所列内容进行热处理工艺操作。

3）热处理后试样分别用砂轮机磨平后测出硬度并记录在表中。

4）按表 A-5 所列金相试样在显微镜下观察金相组织。

5）分析实验结果并总结出规律。

表 A-5　热处理实验内容及数据记录表

组别	牌号	热处理方法	加热温度/℃	冷却介质	硬 度 值				显微组织
					1	2	3	平均	
1	20	淬火	895	水					
	45		830						
	T8		780						
	T12		780						
2	45	淬火	680	水					
			780						
			830						
	T12	淬火	680	水					
			780						
			830						
3	45	淬火	830	水					
		淬火	830	油					
		正火	830	空气					
4	45	回火	200	空气					
			400						
			600						
	T12	回火	200	空气					
			400						
			600						

注：以上试样均由 4%硝酸酒精溶液浸蚀。

4. 实验注意事项

1）试样淬火时，一定要用夹钳夹紧，动作要迅速，并在冷却介质中不断搅动。

2）试样入炉时所放位置尽量靠近热电偶工作端附近，以保证加热温度与所要求加热温度一致。

3）保温时间的计算从试样上升到规定温度时算起，加热时间不能算入保温时间。

4）热处理时应注意：取放试样时，应切断电路电源；炉门开关要快，以免炉温下降和损坏炉膛的耐火材料与电阻丝的寿命；取放试样时，夹钳应擦干，不能沾有水或油；同时，操作者应带上手套，以免灼伤。

5）测硬度前，必须用砂轮或砂纸将试样表面的氧化皮除去并磨光。每个试样应在不同的部位测定三次硬度，取其平均值。退火、正火试样测 HBW 值，其余测 HRC 值。

5. 实验报告

1）列出实验结果，并说明各种热处理工艺对碳素钢的显微组织和性能的影响。

2）绘出所给试样显微组织示意图，用箭头表明图中的各组织组成物，并注明成分、热处理工艺、显微组织、放大倍数及浸蚀剂。

3）谈谈实验体会。

附录 B 压痕直径与布氏硬度对照表

球直径 D/mm			试验力——压头球直径平方的比率 0.102 × F/D²					
			30	15	10	5	2.5	1
			试验力 F/N					
10			29420	14710	9807	4903	2452	980.7
	5		7355	—	2452	1226	612.9	245.2
		2.5	1839		612.9	306.5	153.2	61.29
			1	294.2	—	98.07	49.03	24.52	9.807
压痕平均直径 d/mm			布氏硬度 HBW					
2.40	1.200	0.6000	0.240	653	327	218	109	54.5	21.8
2.45	1.225	0.6125	0.245	627	313	209	104	52.2	20.9
2.50	1.250	0.6250	0.250	601	301	200	100	50.1	20.0
2.55	1.275	0.6375	0.255	578	289	193	96.3	48.1	19.3
2.60	1.300	0.6500	0.260	555	278	185	92.6	46.3	18.5
2.65	1.325	0.6625	0.265	534	267	178	89.0	44.5	17.8
2.70	1.350	0.6750	0.270	514	257	171	85.7	42.9	17.1
2.75	1.375	0.6875	0.275	495	248	165	82.6	41.3	16.5
2.80	1.400	0.7000	0.280	477	239	159	79.6	39.8	15.9
2.85	1.425	0.7125	0.285	461	230	154	76.8	38.4	15.4
2.90	1.450	0.7250	0.290	444	222	148	74.1	37.0	14.8
2.95	1.475	0.7375	0.295	429	215	143	71.5	35.8	14.3
3.00	1.500	0.7500	0.300	415	207	138	69.1	34.6	13.8
3.05	1.525	0.7625	0.305	401	200	134	66.8	33.4	13.4
3.10	1.550	0.7750	0.310	388	194	129	64.6	32.3	12.9
3.15	1.575	0.7875	0.315	375	188	125	62.5	31.3	12.5
3.20	1.600	0.8000	0.320	363	182	121	60.5	30.3	12.1
3.25	1.625	0.8125	0.325	352	176	117	58.6	29.3	11.7
3.30	1.650	0.8250	0.330	341	170	114	56.8	28.4	11.4
3.35	1.675	0.8375	0.335	331	165	110	55.1	27.5	11.0

球直径 D/mm				试验力——压头球直径平方的比率 0.102 × F/D²					
				30	15	10	5	2.5	1
				试验力 F/N					
10				29420	14710	9807	4903	2452	980.7
	5			7355	—	2452	1226	612.9	245.2
		2.5		1839	—	612.9	306.5	153.2	61.29
			1	294.2	—	98.07	49.03	24.52	9.807
压痕平均直径 d/mm				布氏硬度 HBW					
3.40	1.700	0.8500	0.340	321	160	107	53.4	26.7	10.7
3.45	1.725	0.8625	0.345	311	156	104	51.8	25.9	10.4
3.50	1.750	0.8750	0.350	302	151	101	50.3	25.2	10.1
3.55	1.775	0.8875	0.355	293	147	97.7	48.9	24.4	9.77
3.60	1.800	0.9000	0.360	285	142	95.0	47.5	23.7	9.50
3.65	1.825	0.9125	0.365	277	138	92.3	46.1	23.1	9.23
3.70	1.850	0.9250	0.370	269	135	89.7	44.9	22.4	8.97
3.75	1.875	0.9375	0.375	262	131	87.2	43.6	21.8	8.72
3.80	1.900	0.9500	0.380	255	127	84.9	42.4	21.2	8.49
3.85	1.925	0.9625	0.385	248	124	82.6	41.3	20.6	8.26
3.90	1.950	0.9750	0.390	241	121	80.4	40.2	20.1	8.04
3.95	1.975	0.9875	0.395	235	117	78.3	39.1	19.6	7.83
4.00	2.000	1.0000	0.400	229	114	76.3	38.1	19.1	7.63
4.05	2.025	1.0125	0.405	223	111	74.4	37.1	18.6	7.43
4.10	2.050	1.0250	0.410	217	109	72.4	36.2	18.1	7.24
4.15	2.075	1.0375	0.415	212	106	70.6	35.3	17.6	7.06
4.20	2.100	1.0500	0.420	207	103	68.8	34.4	17.2	6.88
4.25	2.125	1.0625	0.425	201	101	67.1	33.6	16.8	6.71
4.30	2.150	1.0750	0.430	197	98.3	65.5	32.8	16.4	6.55
4.35	2.175	1.0875	0.435	192	95.9	63.9	32.0	16.0	6.39
4.40	2.200	1.1000	0.440	187	93.6	62.4	31.2	15.6	6.24
4.45	2.225	1.1125	0.445	183	91.4	60.9	30.5	15.2	6.09
4.50	2.250	1.1250	0.450	179	89.3	59.5	29.8	14.9	5.95
4.55	2.275	1.1375	0.455	174	87.2	58.1	29.1	14.5	5.81
4.60	2.300	1.1500	0.460	170	85.2	56.8	28.4	14.2	5.68
4.65	2.325	1.1625	0.465	167	83.3	55.5	27.8	13.9	5.55
4.70	2.350	1.1750	0.470	163	81.4	54.3	27.1	13.6	5.43

（续）

球直径 D/mm				试验力——压头球直径平方的比率 $0.102 \times F/D^2$					
				30	15	10	5	2.5	1
						试验力 F/N			
10				29420	14710	9807	4903	2452	980.7
	5			7355	—	2452	1226	612.9	245.2
		2.5		1839	—	612.9	306.5	153.2	61.29
			1	294.2	—	98.07	49.03	24.52	9.807
压痕平均直径 d/mm				布氏硬度 HBW					
4.75	2.375	1.1875	0.475	159	79.6	53.0	26.5	13.3	5.30
4.80	2.400	1.2000	0.480	156	77.8	51.9	25.9	13.0	5.19
4.85	2.425	1.2125	0.485	152	76.1	50.7	25.4	12.7	5.07
4.90	2.450	1.2250	0.490	149	74.4	49.6	24.8	12.4	4.96
4.95	2.475	1.2375	0.495	146	72.8	48.6	24.3	12.1	4.86
5.00	2.500	1.2500	0.500	143	71.3	47.5	23.8	11.9	4.75
5.05	2.525	1.2625	0.505	140	69.8	46.5	23.3	11.6	4.65
5.10	2.550	1.2750	0.510	137	68.3	45.5	22.8	11.4	4.55
5.15	2.575	1.2875	0.515	134	66.9	44.6	22.3	11.1	4.46
5.20	2.600	1.3000	0.520	131	65.5	43.7	21.8	10.9	4.37
5.25	2.625	1.3125	0.525	128	64.1	42.8	21.4	10.7	4.28
5.30	2.650	1.3250	0.530	126	62.8	41.9	20.9	10.5	4.19
5.35	2.675	1.3375	0.535	123	61.5	41.0	20.5	10.3	4.10
5.40	2.700	1.3500	0.540	121	60.3	40.2	20.1	10.1	4.02
5.45	2.725	1.3625	0.545	118	59.1	39.4	19.7	9.85	3.94
5.50	2.750	1.3750	0.550	116	57.9	38.6	19.3	9.66	3.86
5.55	2.775	1.3875	0.555	114	56.9	37.9	18.9	9.47	3.79
5.60	2.800	1.4000	0.560	111	55.7	37.1	18.6	9.28	3.71
5.65	2.825	1.4125	0.565	109	54.6	36.4	18.2	9.10	3.64
5.70	2.850	1.4250	0.570	107	53.5	35.7	17.8	8.92	3.57
5.75	2.875	1.4375	0.575	105	52.5	35.0	17.5	8.75	3.50
5.80	2.900	1.4500	0.580	103	51.5	34.3	17.2	8.59	3.43
5.85	2.925	1.4625	0.585	101	50.5	33.7	16.8	8.42	3.37
5.90	2.950	1.4750	0.590	99.2	49.6	33.1	16.5	8.26	3.31
5.95	2.975	1.4875	0.595	97.3	48.7	32.4	16.2	8.11	3.24
6.00	3.000	1.5000	0.600	95.5	47.7	31.8	15.9	7.96	3.18

(续)

附录 C 黑色金属硬度与强度换算表

洛氏硬度		维氏硬度	布氏硬度	近似抗拉强度	洛氏硬度		维氏硬度	布氏硬度	近似抗拉强度
HRC	HRA	HV	HBW	σ_b/MPa	HRC	HRA	HV	HBW	σ_b/MPa
65	83.9	856			43	72.1	411	401	1389
64	83.3	825			42	71.6	399	391	1374
63	82.8	795			41	71.1	388	380	1307
62	82.2	766			40	70.5	377	370	1258
61	81.7	739			39	70	367	360	1232
60	81.2	713		2607	38		357	350	1197
59	80.6	688		2496	37		347	341	1163
58	80.1	664		2391	36		338	332	1131
57	79.5	642		2293	35		329	323	1100
56	79	620		2201	34		320	314	1070
55	78.5	599		2115	33		312	306	1042
54	77.9	579		2034	32		304	298	1015
53	77.4	561		1957	31		296	291	989
52	76.9	543		1885	30		289	283	964
51	76.3	525	501	1817	29		281	276	940
50	75.8	509	488	1753	28		274	269	917
49	75.3	493	474	1692	27		268	263	895
48	74.7	478	461	1635	26		261	257	874
47	74.2	463	449	1581	25		255	251	854
46	73.7	49	436	1529	24		249	245	835
45	73.2	436	424	1486	23		243	240	816
44	72.6	423	413	1434	22		237	234	799

附录 D 各类钢铁的牌号表示方法

1. 碳素结构钢

1）由 Q + 数字 + 质量等级符号 + 脱氧方法符号组成。其钢号冠以"Q"，代表钢材的屈服点，后面的数字表示屈服点数值，单位是 MPa。例如 Q235 表示屈服点（σ_s）为 235MPa 的碳素结构钢。

2）必要时钢号后面可标出表示质量等级和脱氧方法的符号。质量等级符号分别为 A、B、C、D。脱氧方法符号：F 表示沸腾钢；b 表示半镇静钢；Z 表示镇静钢；TZ 表示特殊镇静钢，镇静钢可不标符号，即 Z 和 TZ 都可不标。例如 Q235—AF 表示 A 级沸腾钢。

3）专门用途的碳素钢，例如桥梁钢、船用钢等，基本上采用碳素结构钢的表示方法，但在钢号最后附加表示用途的字母。

2. 优质碳素结构钢

1）钢号开头的两位数字表示钢的含碳量，以平均含碳量的万分之几表示，例如平均含碳量为 0.45% 的钢，钢号为 "45"，"45" 不是顺序号。

2）锰含量较高的优质碳素结构钢，应将锰元素标出，例如 50Mn。

3）沸腾钢、半镇静钢及专门用途的优质碳素结构钢应在钢号最后特别标出，例如平均含碳量为 0.1% 的半镇静钢，其钢号为 10b。

3. 碳素工具钢

1）钢号冠以 "T"，以免与其他钢类相混。

2）钢号中的数字表示含碳量，以平均含碳量的千分之几表示。例如 T8 表示平均含碳量为 0.8%。

3）锰含量较高者，在钢号最后标出 "Mn"，例如 T8Mn。

4）高级优质碳素工具钢的磷、硫含量，比一般优质碳素工具钢低，在钢号最后加注字母 "A"，以示区别，例如 T8MnA。

4. 易切削钢

1）钢号冠以 "Y"，以区别于优质碳素结构钢。

2）字母 "Y" 后的数字表示含碳量，以平均含碳量的万分之几表示，例如平均含碳量为 0.3% 的易切削钢，其钢号为 Y30。

3）锰含量较高者，亦在钢号后标出 "Mn"，例如 Y40Mn。

5. 合金结构钢

1）钢号开头的两位数字表示钢的含碳量，以平均含碳量的万分之几表示，如 40Cr。

2）钢中主要合金元素，除个别微合金元素外，一般以百分之几表示。当平均合金含量 <1.5% 时，钢号中一般只标出元素符号，而不标明含量，但在特殊情况下易致混淆者，在元素符号后也可标以数字 "1"，例如钢号 "12CrMoV" 和 "12Cr1MoV"，前者铬含量为 0.4%~0.6%，后者为 0.9%~1.2%，其余成分全部相同。当合金元素平均含量 ≥1.5%、≥2.5%、≥3.5%、… 时，在元素符号后面应标明含量，可相应表示为 2、3、4 等，例如 18Cr2Ni4WA。

附录 E　常用热处理工艺代号及技术条件的表示方法

热处理工艺类型	代号	表示方法
正火	Z	正火后硬度为 180~210HBW 时，标注为 Z195
调质	T	调质后硬度为 200~250HBW 时，标注为 T235
淬火	C	淬火后回火至 45~50HRC 时，标注为 C48
油淬	Y	油淬 + 回火硬度为 30~40HRC，标注为 Y35
高频淬火	G	高频淬火 + 回火硬度为 50~55HRC，标注为 G52
调质 + 高频感应加热淬火	T–G	调质 + 高频感应加热淬火硬度为 52~58HRC，标注为 T–G54
火焰表面淬火	H	火焰表面淬火 + 回火硬度为 52~58HRC，标注为 H54
氮化	D	氮化层深 0.3mm，硬度 >850HV，标注为 D0.3–900
渗碳 + 淬火	S–C	氮化层深 0.5mm，淬火 + 回火硬度为 56~62HRC，标注为 S0.5–C59
氰化	Q	氰化后淬火 + 回火硬度为 56~62HRC，标注为 Q59
渗碳 + 高频感应加热淬火	S–G	渗碳层深度 0.9mm，高频感应加热淬火后回火硬度为 56~62HRC，标注为 S0.9–G59

参考文献

[1] 余岩. 工程材料与加工基础 [M]. 北京：北京理工大学出版社，2007.

[2] 陈文凤. 机械工程材料 [M]. 2版. 北京：北京理工大学出版社，2009.

[3] 高为国. 机械工程材料基础 [M]. 长沙：中南大学出版社，2004.

[4] 卢志文. 工程材料及成形工艺 [M]. 北京：机械工业出版社，2007.

[5] 唐秀丽. 金属材料与热处理 [M]. 北京：机械工业出版社，2008.

[6] 丁仁亮. 工程材料 [M]. 北京：机械工业出版社，2008.

[7] 付廷龙，陈凌. 工程材料与机加工概论 [M]. 北京：北京理工大学出版社，2007.

[8] 汪传生，刘春廷. 工程材料及应用 [M]. 西安：西安电子科技大学出版社，2008.

[9] 程晓宇. 工程材料与热加工技术 [M]. 西安：西安电子科技大学出版社，2006.

[10] 刘春廷，汪传生，马继. 工程材料及成型工艺 [M]. 西安：西安电子科技大学出版社，2009.

[11] 宋杰. 工程材料与热加工 [M]. 大连：大连理工大学出版社，2008.

[12] 全国热处理标准化技术委员会. 金属热处理标准应用手册 [S]. 北京：机械工业出版社，2005.

[13] 戈晓岗，许晓静. 工程材料与应用 [M]. 西安：西安电子科技大学出版社，2007.

[14] 戈晓岚，洪琢. 机械工程材料 [M]. 北京：中国林业出版社，北京大学出版社，2006.

[15] 高波. 机械制造基础 [M]. 大连：大连理工大学出版社，2006.

[16] 杨慧智. 工程材料及成形工艺基础 [M]. 北京：机械工业出版社，2008.

[17] 王志刚，梁永政. 金属材料与热处理 [M]. 长春：吉林大学出版社，2009.

[18] 赵昌盛. 模具材料及热处理手册 [M]. 北京：机械工业出版社，2008.